Nachhaltigkeit und Digitalisierung

Florian Tomaschko

Nachhaltigkeit und Digitalisierung

Ein Modell zur nachhaltigen Investitionsbewertung in produzierenden Unternehmen

Springer Vieweg

Florian Tomaschko
Technische Hochschule Rosenheim
Rosenheim, Deutschland

Dissertation Universität Augsburg, 2025 (kooperative Promotion an der Universität Augsburg und der Technischen Hochschule Rosenheim).
Die vorliegende Arbeit mit dem Titel „Nachhaltigkeitsorientiertes Investitionsbewertungsmodell für Digitalisierungstechnologien zur Anwendung in produzierenden Fertigungsumgebungen“ wurde zur Erlangung des akademischen Grades Dr.-Ing. an der Mathematisch-Naturwissenschaftlich-Technischen Fakultät der Universität Augsburg eingereicht und am 14.Juli 2025 angenommen.
Erstgutachter: Prof. Dr. Siegfried Horn
Zweitgutachter: Prof. Dr. Sandra Krommes
Die Verleihung des Doktorgrades erfolgte durch die Universität Augsburg.
Die Promotion wurde gefördert vom BayWISS Bayerisches Wissenschaftsforum.

ISBN 978-3-658-50269-0 ISBN 978-3-658-50270-6 (eBook)
https://doi.org/10.1007/978-3-658-50270-6

Die Deutsche Nationalbibliothek verzeichnet diese Publikation in der Deutschen Nationalbibliografie; detaillierte bibliografische Daten sind im Internet über https://portal.dnb.de abrufbar.

Planung/Lektorat: Friederike Lierheimer
Springer Vieweg ist ein Imprint der eingetragenen Gesellschaft Springer Fachmedien Wiesbaden GmbH und ist ein Teil von Springer Nature.
Die Anschrift der Gesellschaft ist: Abraham-Lincoln-Str. 46, 65189 Wiesbaden, Germany

Geleitwort

Der Digitalisierung von Fertigungsprozessen mittels Industrie 4.0 Technologien wird in Forschung und Praxis ein großes Potential attestiert. Dieses reicht von einem verbesserten, durchgängigen Informations- und Datenfluss durch die Bereitstellung, Verarbeitung und Aufbereitung digitaler Daten aus unterschiedlichen betrieblichen Informationssystemen, Anlagen und Maschinen bis zur Nutzung eines digitalen Zwillings für die Optimierung von Prozessen und Produkten. Ebenso sind der Einsatz von Industrie 4.0 Technologien und die dadurch gewonnenen Daten des Fertigungsprozesses Basis für KI Anwendungen.

Die vorliegende Arbeit widmet sich der Investitionsbewertung von Industrie 4.0 Technologien in bestehenden Fertigungsumgebungen (Brownfield-Approach) auf Basis von Nachhaltigkeits-Indikatoren. Damit stellt sie nicht die Potentiale der Digitalisierung durch Industrie 4.0 in den Vordergrund, sondern rückt vielmehr die Investitionsbewertung in den Mittelpunkt. Dabei wird das Verhältnis von Nutzen zu Aufwand gebildet – und zwar aus der Perspektive der ökonomischen als auch ökologischen Nachhaltigkeit von Unternehmen. Anhand eines methodischen Vorgehensmodells wird Schritt für Schritt die Nachhaltigkeitsbewertung hergeleitet und angewandt. Wissenschaftlich fundierte und in der Praxis etablierte Kennzahlen werden dabei um Nachhaltigkeits-Indikatoren erweitert, um Entscheidern und Anwendern ein ganzheitliches Bewertungsinstrument an die Hand zu geben.

In der Forschung schließt die Arbeit eine methodische Lücke zur nachhaltigen Investitionsbewertung von Industrie 4.0 Technologien. In der Praxis ist sie ein Leitfaden zur Bewertung des Einsatzes von Digitalisierungstechnologien und des Digitalisierungsgrades in der Fertigung. Die Anwendung des nachhaltigkeitsorientierten Investitionsbewertungsmodells anhand eines Retro-Fitting von Fertigungsprozessen in der Möbelindustrie rundet die Inhalte für die Wissenschaft als auch den Praktiker im Betrieb verständlich und anschaulich ab. Die Arbeit liefert nicht nur denjenigen Unterstützung, die sich mit einer Digitalisierungsinvestition in eine bestehende Fertigungsumgebung auseinandersetzen, sondern kann auch bei der Investition in neue Fertigungsumgebungen wertvolle Hinweise für eine nachhaltige Investitionsentscheidung liefern.

Rosenheim
im Juli 2025

Prof. Dr.-Ing. Sandra Krommes
Arbeitsgruppe Sustainable Engineering & Management (SEM)
Technische Hochschule Rosenheim
Rosenheim, Deutschland

Vorwort

Die vorliegende Dissertation entstand im Rahmen einer kooperativen Promotion der Universität Augsburg mit der Technischen Hochschule Rosenheim. Die Forschungsarbeiten wurden an der Fakultät für Wirtschaftsingenieurwesen im Fachgebiet Sustainable Engineering and Management der Technischen Hochschule Rosenheim durchgeführt. Im Zeitraum von 2017 bis 2025 war der Autor dort als wissenschaftlicher Mitarbeiter in Forschung und Lehre tätig. Die Arbeit wurde an der Mathematisch-Naturwissenschaftlich-Technischen Fakultät der Universität Augsburg eingereicht. Die Promotion wurde vom Bayerischen Wissenschaftsforum (BayWISS) unterstützt.

Mein besonderer Dank gilt Frau Prof. Dr. Sandra Krommes (Technische Hochschule Rosenheim), die mir nicht nur die Möglichkeit zur Promotion eröffnet, sondern mich von Anfang an – bereits während meines Studiums – gefördert hat. Ihre fortwährende Unterstützung war für mich von großer Bedeutung. Besonders schätze ich die Freiheiten, die sie mir eingeräumt hat, um eigene Ideen zu entwickeln und umzusetzen. Als Mentorin war sie stets eine wertvolle Ansprechpartnerin, deren engagierter Einsatz sowohl für meine fachliche und persönliche Entwicklung als auch dafür, dass ich diesen Weg der Promotion an der Hochschule überhaupt gehen konnte, entscheidend war. Darüber hinaus waren der stetige Austausch sowie die tiefgehenden wissenschaftlichen Diskussionen mit ihr für mich äußerst bereichernd und haben mir geholfen, neue Perspektiven zu gewinnen. Dafür ein herzliches Dankeschön.

Mein Dank gilt Herrn Prof. Dr. Siegfried Horn für die Übernahme der Betreuung dieser Arbeit. Besonders wertvoll war für mich der inhaltliche Austausch sowie die konstruktiven Diskussionen zum Thema. Ich weiß es sehr zu schätzen, dass er mir stets seine Zeit gewidmet hat, um mich bei fachlichen und methodischen Fragen zu unterstützen. Vielen Dank für Ihre Unterstützung. Des Weiteren danke ich Herrn Prof. Dr. Andreas Rathgeber ebenfalls für den inhaltlichen Austausch und für die Übernahme des Vorsitzes der Promotionskommission.

Im Anschluss möchte ich meinen Kolleginnen und Kollegen an der Technischen Hochschule Rosenheim, insbesondere den Mitgliedern der Fakultät für Wirtschaftsingenieurwesen sowie dem Team des proto_labs, meinen herzlichen Dank aussprechen. Ohne ihre Unterstützung wäre die Arbeit am Demonstrator und der damit verbundene hohe Praxisbezug dieser Arbeit nicht in dieser Form möglich gewesen.

Nicht zuletzt gilt ein ganz besonderer Dank meiner Frau Magdalena, die mich bereits während meines Studiums auf diesem Weg unterstützt und begleitet hat und mir während meiner gesamten Promotionszeit ein unermüdlicher Rückhalt war. Ohne dich wäre diese Arbeit nicht möglich gewesen. Vielen Dank, dass du diesen Weg mit mir gemeinsam gegangen bist.

Rosenheim
im Juli 2025

Florian Tomaschko

Inhaltsverzeichnis

Abkürzungsverzeichnis

Abkürzungen und Akronyme

$ADP_{elementar}$	Abiotic Depletion Potential elementar (abiotischer Ressourcenverbrauch elementar)
Äquiv.	Äquivalent
BAZ	CNC-Bearbeitungszentrum
CNC	Computer Numerical Control
CO_2	Kohlenstoffdioxid
CPPS	Cyber-physisches Produktionssystem
CPS	Cyber-physische Systeme
CRISP-DM	Cross-Industry Standard Process for Data Mining
DT	Digitaler Zwilling
EBS	Eingebettete Systeme
FF	Forschungsfragen
GWP_{100}	Global Warming Potential (100 Jahre)
I4.0	Industrie 4.0
IKT	Informations- und Kommunikationstechnologie
IoT	Internet of Things (Internet der Dinge und Dienste)
KAM	Kantenanleimmaschine
KDD	Knowledge Discovery in Databases
KI	Künstliche Intelligenz
kWh	Kilowattstunde
LCA	Life Cycle Assessment (Lebenszyklusanalyse / Ökobilanzierung)
lfm	Laufmeter

LKW	Lastkraftwagen
MES	Manufacturing Execution System
MJ	Megajoule
MQTT	Message Queuing Telemetry Transport
PAS	Plattenaufteilsäge
PC	Personal Computer
ReFer	Ressourceneffizienz durch digitale Wert- und Stoffstrommodellierung in Fertigungsprozessen
ROI	Return-on-Investment
Sb	Antimon
SPS	Speicherprogrammierbare Steuerungen
SQL	Structured Query Language
TH	Technische Hochschule
VDE	Verband der Elektrotechnik, Elektronik und Informationstechnik
VDI	Verein Deutscher Ingenieure
WAV	Winkelandrückvorrichtung

Formelzeichen

A	Aufwand
A_F	fixer Aufwand
A_{F1}	fixe Aufwendungen vor der Inbetriebnahme
A_{F2}	fixe Aufwendungen nach Lebenszeitende
a_i	Fertigungsprozesse (Maschinen und Anlagen)
a_t	laufende Auszahlungen
A_V	variabler Aufwand
b	Anfangseinsparung
c	Integrationskonstante
C_o	Kapitalwert
E	Einsparfaktor
e_t	laufende Einzahlungen
FU	Fertigungsumgebung
I	Input
i	Kalkulationszinssatz
n	Anzahl
N	Nutzen
NG	Nachhaltigkeitsgewinn

O	Output
RE	Ressourceneffizienz
t	Zeitdauer (bspw. Betriebsdauer, Prozesslaufzeit, Nutzungsjahre)

Abbildungsverzeichnis

Tabellenverzeichnis

Einleitung

1

1.1 Ausgangssituation

Im Jahr 1979 fand die erste Weltklimakonferenz statt und Maßnahmen zur Bekämpfung des Klimawandels wurden auf den Weg gebracht (Okereke, Wittneben, & Bowen, 2012). Seitdem haben sich der Klimawandel und seine Folgen zu einer der größten Herausforderungen unserer Zeit entwickelt. Die weltweiten jährlichen Kohlenstoffdioxid-Emissionen (CO_2-Emissionen) haben in den letzten Jahren (2019–2021) einen noch nie dagewesenen Höchststand erreicht (IEA-EDGAR CO2, 2022, S. 9). Die Folgen sind extreme Wetterereignisse, globaler Temperaturanstieg, Veränderung der Wasserkreisläufe und Rückgang der Biodiversität (Danos & Boulouta, 2011; Kasemsap, 2018). Ohne Verhaltensänderungen in Unternehmen, Politik und Gesellschaft wird die Menschheit mit schwerwiegenden und irreversiblen Auswirkungen auf Umwelt und Leben konfrontiert sein. Damit verbunden sind Herausforderungen wie zunehmende Migrationsbewegungen, Auswirkungen auf die menschliche Gesundheit, Unbewohnbarkeit von Landstrichen sowie negative wirtschaftliche Folgen für Gesellschaft und Unternehmen (Abbildung 1.1) (Kolk & Pinkse, 2010).

F. Tomaschko, *Nachhaltigkeit und Digitalisierung*,
https://doi.org/10.1007/978-3-658-50270-6_1

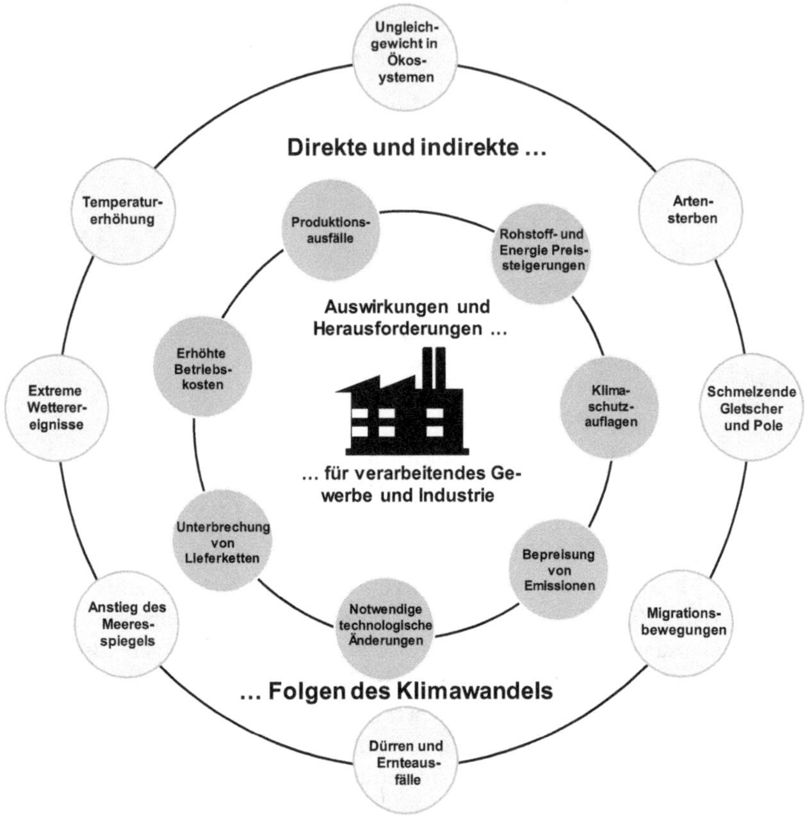

Abbildung 1.1 Folgen, Auswirkungen und Herausforderungen des Klimawandels. (Eigene Darstellung in Anlehnung an Kasemsap, 2018; Sienkiewicz-Malyjurek, 2013)

Der Anteil des verarbeitenden Gewerbes und der Industrie an den CO_2-Emissionen Deutschlands beträgt knapp ein Viertel der Gesamtemissionen (24 %) (Umweltbundesamt, 2024). Somit birgt der Sektor großes Potenzial, um zur Bekämpfung des Klimawandels beizutragen und gleichzeitig negative Folgen wie Rohstoffknappheit, Preissteigerungen und andere Herausforderungen zu vermeiden oder abzumildern. Gleichzeitig steht die Branche vor möglichen Produktionsausfällen, Problemen in der Rohstoffversorgung sowie schwankenden Rohstoff- und Energiepreisen. Hinzu kommen steigende Kosten, die durch notwendige regulatorische Auflagen zur Eindämmung des Klimawandels entstehen (H.-M.

Chen, Kuo, & Chen, 2022; Sienkiewicz-Malyjurek, 2013) (Abbildung 1.1). Zusätzlich stehen Unternehmen nicht nur vor Herausforderungen des Klimawandels, sondern auch vor wirtschaftlichen Unsicherheiten. Teuerungen, Inflation sowie weltpolitische Entwicklungen, wie Handelskonflikte oder geopolitische Krisen, führen zu steigenden Kosten in Bereichen wie Rohstoffbeschaffung, Energieversorgung, Logistik und Fertigung (Kinkel & Richter, 2023; Kogler & Keuschnigg, 2021, S. 5 ff.). Diese Kostensteigerungen belasten Unternehmen finanziell, senken Margen und erhöhen den Wettbewerbsdruck.

Um diesen Herausforderungen zu begegnen ist ein nachhaltiges Wirtschaften unerlässlich. Ein wesentlicher Hebel zur Steigerung der ökonomischen und ökologischen Nachhaltigkeit in Unternehmen sind die in Produktionsprozessen anfallenden Energie- und Stoffströme, deren Kosten im verarbeitenden Gewerbe 43 % des Bruttoproduktionswertes betragen (Statistisches Bundesamt, 2020, S. 4). Die nachhaltige Gestaltung der Fertigungsprozesse und die Entkopplung des Wirtschaftswachstums vom Ressourcenverbrauch werden damit zu einem entscheidenden Wettbewerbsfaktor (Hinrichs, 2023, S. 28 ff.; Schebek et al., 2017, S. 10). Gleichzeitig erfordern die Rohstoffknappheit und die Importabhängigkeit des Standorts Deutschland sowie die bei der Rohstoffgewinnung und der Herstellung von Halbzeugen und Produkten entstehenden Umweltwirkungen und die allgemeinen Preissteigerungen bei Rohstoffen und in der Fertigung einen effizienteren Umgang mit den Produktionsfaktoren. Klassische Methoden der Prozessoptimierung wie Lean Management, kontinuierlicher Verbesserungsprozess oder Six-Sigma-Methoden ermöglichen Optimierungen in den Fertigungsprozessen der Unternehmen. Diese Optimierung wirkt sich sowohl ökonomisch, in Form von Kostensenkungen, als auch ökologisch, durch eine Verbesserung von Umweltwirkungen auf die Nachhaltigkeit der Unternehmen, deren Fertigung und den daraus resultierenden Produkten aus. Einen weiteren Ansatz zur Prozessoptimierung bietet die fortschreitende Digitalisierung von Produktionsprozessen, in der die Wissenschaft große Potenziale zur Einsparung von Kosten und Ressourcen sieht (Biedermann & Topic, 2020, S. 47; Neligan & Schmitz, 2017, S. 18).

Die Digitalisierung bzw. Industrie 4.0 (I4.0) oder auch digitale Transformation beschreibt dabei einen durch digitale Technologien ausgelösten Veränderungsprozess in Unternehmen und deren Produktionsprozessen (Siepmann, 2016, S. 24). Durch die digitale Transformation der Produktion (I4.0) soll die industrielle Produktion mit modernen Informations- und Kommunikationstechnologien (IKT) intelligent verzahnt werden, um die Produktivität und die Wertschöpfung zu steigern, die Effizienz und Organisation der Produktion zu verbessern und damit Kosten-, Material- und Energieströme effizienter zu gestalten (Mockenhaupt,

2021, S. 38 ff.). Darüber hinaus steigt die Transparenz entlang der Prozessketten und Verschwendungen können aufgedeckt werden, woraus sich eine Vielzahl an Daten ergeben. Für die erhobenen Daten existieren unterschiedliche Möglichkeiten der Auswertung, welche Maßnahmen zur Unterstützung von Nachhaltigkeitsentscheidungen liefern (Tschiggerl & Topic, 2018, S. 26 f.). Ein Ansatz ist die Erfassung und Nutzung von Wert- und Stoffstromdaten, um fertigungsrelevante Informationen zur Steigerung der Ressourceneffizienz ableiten zu können (Schebek et al., 2017, S. 179 f.). Ziel ist es, durch die Digitalisierung der Prozesse eine Datenerfassung und -analyse zu realisieren und damit Kosten, Material- und Energiebedarfe zu reduzieren. Die Nachhaltigkeit entlang einer Prozesskette kann so um bis zu 10 % gesteigert werden (Krommes & Tomaschko, 2021; Schebek et al., 2017).

1.2 Handlungsbedarf und Motivation

Bei der Nutzung von Digitalisierungstechnologien zur Steigerung der Nachhaltigkeit in der Produktion stehen Unternehmen jedoch vor einer Herausforderung. Um die Digitalisierungstechnik zur Steigerung der Nachhaltigkeit in Fertigungsprozessen nutzen zu können, muss diese hergestellt, implementiert und betrieben werden. Dies erfordert im Vorfeld eine wirtschaftliche Entwicklung bzw. Investition in die Digitalisierung in den Unternehmen. (Okereke et al., 2012; Schmidheiny, 1992, S. 35 ff.). Diese Investition und der Einsatz von Digitalisierungstechnologien zur Hebung von Nachhaltigkeitspotenzialen ist selbst mit einem Kosten- und Ressourcenbedarf verbunden. Hierdurch werden mögliche Netto-Einsparungen geschmälert und unter Umständen wäre eine Investition in Digitalisierungstechnologien nicht mehr nachhaltig. Dieser Kosten- und Ressourcenbedarf resultiert unter anderem aus der Herstellung der einzelnen Digitalisierungskomponenten, für die unterschiedliche Rohstoffe benötigt werden, aus den Anschaffungskosten und darüber hinaus aus den Kosten und Materialien, die bei Betrieb, Wartung und Entsorgung anfallen (Abbildung 1.2). Ein zentrales zu berücksichtigendes Element bei der Entscheidung über den Einsatz von Digitalisierungstechnologien ist daher der erzielbare Nettonutzen. Dieser sollte im Vorfeld ermittelt und bewertet werden und errechnet sich aus dem Verhältnis der eingesetzten zu den eingesparten Faktoren. Je nach Lebenszyklusphase und Nutzungsdauer der Digitalisierungstechnologie fallen diese unterschiedlich hoch aus. Daher wird ein Bewertungsinstrument für Unternehmen benötigt, mit dem Investitionsentscheidungen in Digitalisierungstechnologie ganzheitlich unter Nachhaltigkeitsgesichtspunkten betrachtet werden können.[1]

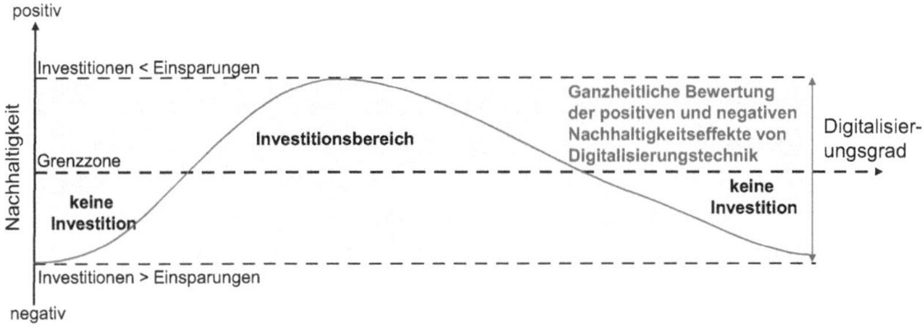

Abbildung 1.2 Darstellung der zentralen Idee der Arbeit

Je nach aktuell vorherrschendem Digitalisierungsgrad ergeben sich unterschiedliche Bereiche hinsichtlich der Nachhaltigkeit einer Investition und der Sinnhaftigkeit einer Investition in Digitalisierungstechnologie. Um eine echte Nachhaltigkeit zu erreichen, ist es daher notwendig, Systeme ganzheitlich zu betrachten. Das bedeutet, sowohl die durch das System generierten Einsparungen als auch die durch das System verursachten Aufwendungen zu berücksichtigen (Nachhaltigkeitsverhältnis). Für die Betrachtung des Nachhaltigkeitsverhältnisses werden Methoden benötigt, mit denen dieses Verhältnis bestimmt werden kann (Bewertungsmethoden). Forschungsbedarf besteht in der Klärung der Frage,

[1] Traditionell spielt der Preis eine zentrale Rolle als Regulierungsmechanismus wirtschaftlicher Prozesse. In einem idealtypischen marktwirtschaftlichen System signalisiert er Knappheiten, steuert Angebot und Nachfrage und sorgt für eine effiziente Ressourcenverteilung (Petersen, 2025, S. 13 ff.). In der Praxis zeigt sich jedoch, dass der Preis als alleiniger Regulator nicht mehr ausreichend funktioniert, insbesondere im Kontext ökologischer Nachhaltigkeit. Ein zentrales Problem besteht darin, dass viele Umweltkosten nicht direkt im Marktpreis abgebildet werden können. Um diesem Marktversagen entgegenzuwirken wurden regulatorische Eingriffe wie CO_2-Bepreisung oder Emissionshandelssysteme eingeführt. Diese Mechanismen bringen einen zusätzlichen, externen Regulator ins System ein, der nicht mehr allein durch Angebot und Nachfrage bestimmt wird, sondern von politischen Rahmenbedingungen abhängt (Petersen, 2025, S. 37 f.). Die Einführung eines zweiten Regulierungsmechanismus bedeutet, dass sich das System von der klassischen Marktwirtschaft entfernt und um eine neue Steuerungsgröße erweitert wird. In der Folge kann die alleinige Betrachtung des Preises als Steuerungsgröße nicht mehr als ausreichend angesehen werden. Unternehmen müssen stattdessen ein erweitertes Bewertungsmodell heranziehen, das sowohl ökonomische als auch ökologische Faktoren einbezieht.

wie hoch der Digitalisierungsgrad, das heißt die Anzahl und Ausprägung der Digitalisierungstechnologien, sein kann, so dass ein relativer Nutzen aus Nachhaltigkeitssicht entsteht. Aus der beschriebenen Problemstellung ergeben sich folgende Forschungsfragen (FF):

- FF 1: Wie kann das ökonomische und ökologische Nachhaltigkeitsverhältnis beim Einsatz von Digitalisierungstechnologien im Produktionsumfeld bestimmt werden?
  - FF 1.1: Welche Bewertungsmethoden eignen sich zur Bestimmung des ökonomischen und ökologischen Nachhaltigkeitsverhältnis?
  - FF 1.2: Wie kann das Verhältnis aus positiven und negativen Nachhaltigkeitseffekten quantifiziert werden?
  - FF 1.3: Wie kann eine ökonomische und ökologische Nachhaltigkeitsbewertung von Digitalisierungstechnologien methodisch umgesetzt werden?

- FF 2: Wie verhält sich das ökonomische und ökologische Nachhaltigkeitsverhältnis beim Einsatz von Digitalisierungstechnologien am Beispiel des im Forschungsdemonstrator der Technischen Hochschule Rosenheim vorhandenen holzverarbeitenden Prozesses?
  - FF 2.1: Wie viel ökonomischer und ökologischer Investitionsaufwand kann in die Digitalisierung des Prozesses gesteckt werden, um einen relativen positiven Nachhaltigkeitseffekt zu erzielen?
  - FF 2.2: An welchen ökonomischen und ökologischen Stellgrößen lässt sich die Nachhaltigkeit im Prozess messen?
  - FF 2.3: Lassen sich die Einflussgrößen auf die Nachhaltigkeit in allgemein gültige, also auf andere Prozesse übertragbare Größen, und in prozessspezifische, also nur für den betrachteten holzverarbeitenden Prozess gültige Größen, unterteilen?

Die entwickelten Ansätze werden am Beispiel eines Forschungsdemonstrators an der Technischen Hochschule Rosenheim (TH Rosenheim) überprüft. Der Forschungsdemonstrator umfasst einen holzverarbeitenden Prozess zur Herstellung von Plattenmöbeln (Beschreibung des Forschungsdemonstrators in Kapitel 5).

1.3 Zielsetzung der Arbeit

Der beschriebene Handlungsbedarf verdeutlicht die Notwendigkeit einer ganzheitlichen Bewertung von Digitalisierungstechnologien. Ziel der Dissertation ist es, eine Vorgehensweise zu entwickeln, um Investitionsentscheidungen in Digitalisierungstechnologien ganzheitlich aus ökonomischer und ökologischer Nachhaltigkeitsperspektive zu bewerten und zu prüfen, ob diese einen positiven Beitrag zur Nachhaltigkeit leisten können. Zudem soll die entwickelte Vorgehensweise am betrachteten holzverarbeitenden Prozess überprüft und die Haupteinflussparameter auf die Nachhaltigkeit identifiziert werden. Basierend auf den Forschungsfragen werden folgende Ziele verfolgt:

1. Entwicklung einer Vorgehensweise zur ökonomischen und ökologischen Investitionsbewertung und die methodische Anwendung dieser für den Einsatz von Digitalisierungstechnologie in produzierenden Fertigungsumgebungen zur Steigerung der Nachhaltigkeit.
2. Validierung der entwickelten Bewertungsmethodik und des Vorgehensmodells am ausgewählten holzverarbeitenden Prozess.

Die Zielsetzung im Detail ist es, geeignete ökonomische und ökologische Investitionsbewertungsmethoden zu identifizieren (1) und deren Eignung zur Bewertung von Digitalisierungstechnologien zu prüfen. Dabei sollen die entstehenden Aufwendungen und potenziellen Einsparungen quantifiziert werden, um eine Entscheidungsgrundlage hinsichtlich der Sinnhaftigkeit einer Investition in Digitalisierungstechnologie zu schaffen. Darauf aufbauend soll eine methodische Vorgehensweise entwickelt werden, die das Unternehmen bei der Anwendung dieser Investitionsbewertung unterstützt und die Einführung nachhaltiger Digitalisierungsmaßnahmen erleichtert. Zur Validierung wird die entwickelte Vorgehensweise (2) auf den ausgewählten holzverarbeitenden Prozess angewandt, um die Praxistauglichkeit dieser zu überprüfen. Dabei sollen die wesentlichen Einflussparameter auf die Nachhaltigkeit identifiziert und klassifiziert werden. Abschließend erfolgt eine kritische Bewertung der entwickelten Vorgehensweise sowie der verwendeten Bewertungsmethoden, um deren Aussagekraft und Anwendbarkeit für andere Prozesse zu beurteilen.

1.4 Aufbau der Arbeit

Die vorliegende Arbeit gliedert sich in insgesamt 8 Kapitel (Abbildung 1.3). Basierend auf der erläuterten Problemstellung werden der Handlungsbedarf spezifiziert und daraus Forschungsfragen und die Zielsetzung der Arbeit abgeleitet (vgl. Kapitel 1). Dies bildet die Basis für die weiteren Ausarbeitungen.

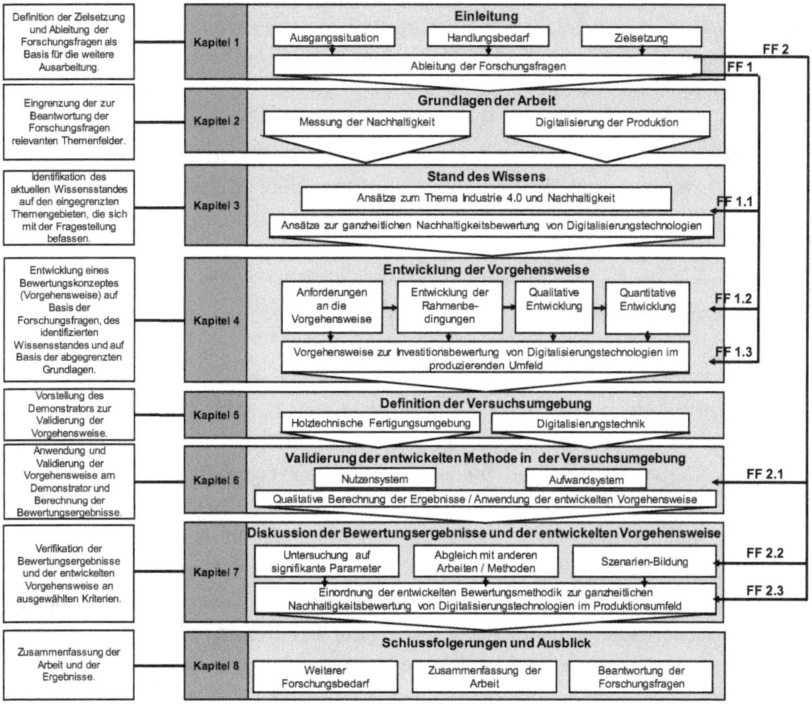

Abbildung 1.3 Aufbau und Gliederung der Arbeit

Als Ausgangsbasis werden in **Kapitel 2** dieser Arbeit die Themenfelder Nachhaltigkeit und Digitalisierung näher untersucht, um innerhalb dieser Themenfelder die für die Beantwortung der Forschungsfragen relevanten Aspekte einzugrenzen. Zum einen ist es erforderlich, aus dem breiten Themenfeld der Digitalisierung die für die vorliegende Arbeit relevanten Themen zu identifizieren und zu beschreiben. Zum anderen ist es notwendig, den Begriff der Nachhaltigkeit im

Kontext dieser Arbeit zu definieren sowie geeignete Verfahren zur Messung von Nachhaltigkeit zu bestimmen.

Auf Basis, der in Kapitel 2 vorgenommenen Themenabgrenzung erfolgt in **Kapitel 3** eine Analyse der relevanten Literatur, um eine Eingrenzung und Untersuchung des „Standes des Wissens" vorzunehmen und die FF 1.1 zu beantworten. Zu diesem Zweck erfolgt eine Analyse wissenschaftlicher Publikationen, die sich mit der Kombination von Digitalisierungstechnik und Nachhaltigkeitsfragestellungen befassen. Dabei wird geprüft, ob konkrete Ansätze zur ökonomischen und ökologischen Investitionsbewertung von Digitalisierungstechnologien im Fertigungsumfeld identifiziert werden können.

Aus den Ergebnissen der vorangegangenen Kapitel 2 und 3 wird im nächsten Schritt in **Kapitel 4**, unter Berücksichtigung der FF 1.2 und FF 1.3 ein methodischer Ansatz (Vorgehensweise) zur ökonomischen und ökologischen Investitionsbewertung von Digitalisierungstechnologien für den Praxiseinsatz entwickelt. Ausgehend von einer Betrachtung der durch die Digitalisierungstechnik verursachten Aufwendungen und der dadurch generierten Einsparungen wird ein theoretisches Modell einschließlich Berechnungsgleichungen herausgearbeitet. Aus diesem Modell lassen sich die Vorgehensweise zur Bewertung sowie mögliche Szenarien und Fallkonstellationen herleiten. Hierzu sind bestimmte Anforderungen an die Berechnungsmethodik sowie Rahmenbedingungen zu entwickeln.

Die zu entwickelnde methodische Vorgehensweise setzt am Konzept der Fabrikplanung an, das die Planung, Gestaltung und Umsetzung von Fabriksystemen regelt (Abbildung 1.4) (Pawellek, 2014, S. 17). Die Anwendung verfolgt einen sogenannten Brownfield-Ansatz, der bestehende Fabrik- und Fertigungsstrukturen sowie Restriktionen des laufenden Fertigungsbetriebs berücksichtigt. Im Sinne des Fabrikplanungsansatzes wird zwischen Umplanung (Brownfield-Ansatz), Neuplanung (Greenfield-Ansatz)[2] und dem Rückbau und der Revitalisierung unterschieden. Innerhalb des Umplanungsansatzes zielt die zu entwickelnde Vorgehensweise auf den Einsatz im operativen Produktionsbereich ab (VDI 5200, 2011, S. 4). Im Rahmen der Fabrikplanung wird weiterhin zwischen den Planungsebenen Arbeitsplatz, Segment, Gebäude, Werk und Produktionsnetzwerk unterschieden (VDI 5200, 2011, S. 7). Die Vorgehensweise fokussiert

---

[2] Im Rahmen der Arbeit werden die Begriffe Brownfield und Greenfield folgendermaßen definiert:

Brownfield-Ansatz: Bezieht sich auf die Nutzung und Umgestaltung bestehender Fabrik- und Produktionsstrukturen unter Berücksichtigung der laufenden Betriebsabläufe.

Greenfield-Ansatz: Bezeichnet die Planung und den Bau einer neuen Produktionsstätte auf ungenutztem, freiem Gelände ohne bestehende Infrastruktur oder Einschränkungen.

hier auf die beiden Ebenen Arbeitsplatz und Segment. Diese werden jeweils durch die Systeme Produkt, Technologie, Organisation, Anlagen, Personal und Finanzen mit ihren unterschiedlichen Aufgabenbereichen charakterisiert (Pawellek, 2014, S. 18). Innerhalb dieser weiteren Abgrenzung erfolgt die Entwicklung der Vorgehensweise sowie die dazugehörigen Ausarbeitungen im Bereich der Produktionsmaschinen und Fertigungsanlagen.

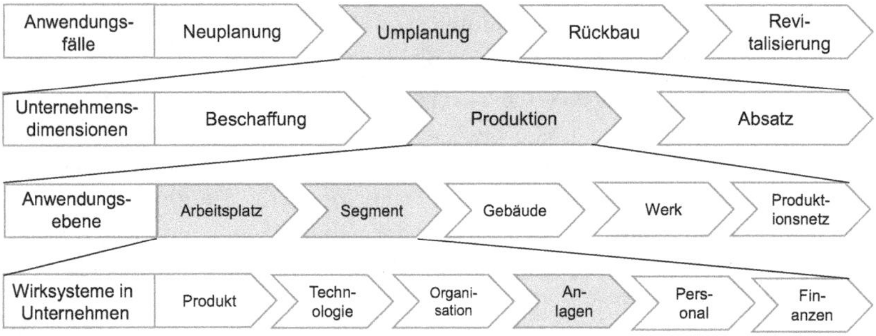

Abbildung 1.4 Einordnungsebenen der zu entwickelnden Bewertungsmethodik / Vorgehensweise. (Eigene Darstellung in Anlehnung an Pawellek, 2014; VDI 5200, 2011)

Zur Anwendung und Validierung der entwickelten, methodischen Vorgehensweise wird in **Kapitel 5** ein an der TH Rosenheim vorhandener Forschungsdemonstrator beschrieben und hierzu eine Musterproduktion definiert. Bei dem Forschungsdemonstrator handelt es sich um eine holztechnische Fertigungsumgebung zur Herstellung von Plattenmöbeln, die um eine Digitalisierungstechnik zur Abbildung eines digitalen Schattens erweitert wird.

Die in Kapitel 4 entwickelten Modellgleichungen und die dazugehörige Vorgehensweise werden am Forschungsdemonstrator angewendet, um Ergebnisse zu generieren. In **Kapitel 6** werden die Berechnungen und die Anwendung der Vorgehensweise zur Erreichung der Ergebnisse dargestellt. Diese sind unterteilt in Einzelergebnisse aus den Messungen im Forschungsdemonstrator und in Ergebnisse aus der Bewertung der Digitalisierungstechnik, was unter anderem mit der Methode der Ökobilanzierung (ökologisch) erfolgt. Darüber hinaus werden jeweils die sich ergebenden ökonomischen und ökologischen Werte ermittelt und die entwickelte Vorgehensweise angewandt. Dies erfolgt aufgeteilt nach den betrachteten Fertigungsmaschinen, dem Gesamtprozess sowie nach einzelnen Bauteilen eines Beispiel-Produktes und den sich daraus ergebenden Skalierungen für die Musterproduktion. Hierdurch wird beantwortet, wie viel ökonomischer und ökologischer Aufwand zur Erzielung eines positiven Nachhaltigkeitseffekts in die Digitalisierung investiert werden kann (FF 2.1).

Die Prüfung bzw. Diskussion der Ergebnisse erfolgt in **Kapitel 7** durch deren detaillierte Betrachtung und trägt zur Identifikation von nachhaltigkeitsrelevanten Stellgrößen im betrachteten Prozess (FF 2.2) und zur Identifikation von allgemeingültigen bzw. prozessspezifischen Parametern (FF 2.3) bei. Zur Validierung der Ausgangsdaten und der Ergebnisse erfolgt eine Untersuchung signifikanter Parameter, um konkrete Ansatzpunkte zur Steigerung der Nachhaltigkeit im Prozess zu identifizieren. Durch einen Abgleich der Ergebnisse dieser Arbeit mit den Ergebnissen anderer in der Literatur identifizierter Methoden wird die Allgemeingültigkeit der Ergebnisse dieser Arbeit geprüft. Darüber hinaus erfolgt eine Bewertung der Ergebnisse dieser Arbeit anhand entwickelter Anforderungen, um die Eignung des entwickelten Ansatzes zu überprüfen. Zusätzlich werden die Qualität und der Einfluss der verwendeten Ausgangsdaten untersucht. Für Daten, bei denen die Bewertung eine Unsicherheit ergibt, wird eine detaillierte Betrachtung durchgeführt, um weitere mögliche Auswirkungen bzw. sich ergebende Änderungen zu berücksichtigen. In der abschließenden Betrachtung erfolgt eine Einordnung der entwickelten Vorgehensweise sowie der bewerteten Ergebnisse in den Kontext des übergeordneten Themenfeldes.

Den Abschluss bildet das **Kapitel 8** mit einer Zusammenfassung der Ergebnisse sowie einem Ausblick, indem weiterer Forschungsbedarf identifiziert wird und darauf aufbauende Forschungsfragen aufgezeigt werden.

Grundlagen der Arbeit 2

2.1 Nachhaltigkeit im Bezug unternehmerischer Investitionsentscheidungen

2.1.1 Einführende Betrachtung des Nachhaltigkeitsbegriffes

In der heutigen Zeit ist der Begriff der Nachhaltigkeit zu einem Alltagsbegriff geworden, welcher derzeit allgegenwärtig ist und in den Medien, in Unternehmen sowie in der Politik für eine Vielzahl von Themen inflationär verwendet wird. In diesem Zusammenhang hat er oftmals längst seine ursprüngliche Bedeutung verloren (Weber, Georg, Janke, & Mack, 2012, S. 14; Zimmermann, 2016, S. 2). Die Kernaussage der ursprünglichen Definition umfasst das „Denken an nachfolgende Generationen" und ist in der Forstwirtschaft mit dem Prinzip nur so viele Bäume zu fällen, wie durch planmäßige Aufforstung wieder nachwachsen können, begründet (Kolotzek, 2018, S. 6). Diese älteste Verwendung des Nachhaltigkeitsbegriffs im deutschsprachigen Raum wurde erstmals 1713 von Hans Carl von Carlowitz im Zusammenhang mit unserem heutigen Begriffsverständnis, dem langfristigen Denken und dem verantwortungsvollen Umgang mit einer Ressource, erwähnt (Hamberger, 2021, S. 59 ff.; Zimmermann, 2016, S. 3). Das Konzept von Carlowitz sah dabei den Wald als Ressource, deren Nutzungsmöglichkeiten auch für die Zukunft gesichert werden müssen (Grober, 2013b; Zimmermann, 2016, S. 3 ff.). Dieser grundlegende Begriff der „Zukunftsvorsorge" wurde 1972 durch den Club of Rome maßgeblich geprägt und erweitert die von Carlowitz auf die Ressource Holz beschränkte Sichtweise auf umfassendere Modelle (Grober, 2013b). Wie Carlowitz fordert auch der 1987 von der Weltkommission für Umwelt und Entwicklung veröffentlichte „Brundtland-Bericht" („Our

F. Tomaschko, *Nachhaltigkeit und Digitalisierung*,
https://doi.org/10.1007/978-3-658-50270-6_2

common future“) eine Entwicklung, die die Bedürfnisse künftiger Generationen sichert („Sustainable Development“). Durch die genannten Entwicklungen wurde unser heutiges Verständnis von Nachhaltigkeit wesentlich geprägt. Der Begriff wandelte sich vom damals vorherrschenden Bezug zur Holzwirtschaft[1] hin zur heutigen Verwendung des Nachhaltigkeitsbegriffs (Sustainability). Die heutige Begriffsverwendung umfasst jedoch ein wesentlich breiteres Spektrum und wurde um ein Ökosystem-Denken erweitert. Diese Begriffsverwendung gilt als umfassende Beschreibung für einen verantwortungsvollen Umgang mit unserer Erde und all ihren Lebewesen und Ressourcen und beschreibt nach Zimmermann 2016 einen „Zustand der Dauerhaftigkeit“ (Deutscher Bundestag 13. Wahlperiode, 1998, S. 51; Holzbaur, 2020; Zimmermann, 2016). Diese Beschreibung lässt sich durch eine Analyse von Koplin 2005 ergänzen, die verschiedene Definitionen zum Thema Nachhaltigkeit untersucht und feststellt, dass der Begriff sowohl den Schutz gegenwärtiger als auch zukünftiger Generationen umfassen soll und sich viele Autoren in diesem Zusammenhang auf eine Betrachtung von Nachhaltigkeit aus ökonomischer, ökologischer und sozialer Perspektive beziehen. Sie kommt zu dem Schluss, dass eine genaue Definition immer situationsabhängig in Abhängigkeit von der konkreten Anwendung und den beteiligten Akteuren erfolgen muss (Koplin, 2005, S. 21 f.; Wellbrock, Ludin, & Krauter, 2020, S. 6 ff.).

In Bezug auf Unternehmen können diese Definitionen aufgegriffen und um den konzeptionellen Ansatz des 3-Säulen-Modells der Nachhaltigkeit („Tripple Bottom Line“) erweitert werden (Fieber, 2024, S. 30 ff.; Koplin, 2005, S. 20). Dieser Ansatz dient Unternehmen als Einstieg in Themen der Nachhaltigkeit und führt zu einer Möglichkeit Nachhaltigkeit in Unternehmensprozesse zu integrieren (Fieber, 2024, S. 30 ff.; Henriques & Richardson, 2004). Der konkrete Zusammenhang zwischen ökonomischen, ökologischen und sozialen Nachhaltigkeitsaspekten wurde erstmals in der Agenda 21 auf einer Konferenz der Vereinten Nationen 1992, in Anlehnung an den Brundtland-Bericht thematisiert (Eltkington, 1997; Kolotzek, 2018, S. 6 f.; Vereinte Nationen, 1992). Die drei Säulen umfassen die Dimensionen Wirtschaft (Ökonomie) / angemessenes Wirtschaftswachstum, Umwelt (Ökologie) / Bewahrung des Naturkapitals, und Soziales / menschenwürdige Existenzsicherung und stehen jeweils zueinander in Beziehung. So geht das Modell davon aus, dass „echte“ Nachhaltigkeit nur durch die gleichberechtigte und gleichzeitige Umsetzung aller drei Dimensionen erreicht werden kann (Abbildung 2.1) (Corsten & Roth, 2021, S. 1; Kolotzek, 2018; Koplin, 2005).

---

[1] Die Schriften von Carlowitz stehen zwar allgemein für die Prägung des Nachhaltigkeitsbegriffes im deutschsprachigen Raum, ursprünglich Stand die Nutzung des Waldes allerdings im Zusammenhang, das Holz zur Energiegewinnung in der Metallurgie zu nutzen (Grober, 2013a, S. 24).

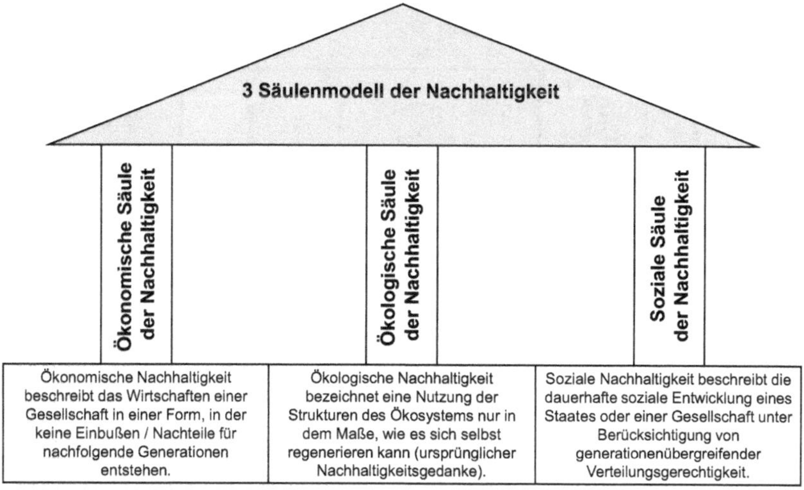

Abbildung 2.1 Darstellung und Definition der drei Säulen der Nachhaltigkeit. (Eigene Darstellung in Anlehnung an Corsten & Roth, 2021, S. 1; Koplin, 2005)

Um unternehmerische Nachhaltigkeit zu erreichen, ist es jedoch notwendig, Ziele für die einzelnen Säulen zu formulieren. Hier liegt allerdings ein Kritikpunkt am vorgestellten 3-Säulen-Modell, da Bewertungsmaßstäbe für die einzelnen Säulen sowie Abwägungsregeln bei Zielkonflikten zwischen den Säulen fehlen (Brand & Jochum, 2000; Koplin, 2005, S. 23). Dadurch kann es entweder zu einem Konkurrenzverhältnis zwischen den Säulen kommen, da sie sich gegenseitig ersetzen, oder zu einer einseitigen Fokussierung, bei der eine Säule die anderen dominiert. Dies würde die Möglichkeit, die beiden anderen Säulen zu verbessern, erheblich einschränken. Die Enquete-Kommission des Deutschen Bundestages verweist darauf, dass eine gemeinsame Betrachtung der drei Säulen zwar notwendig ist, aber keine Zusammenführung stattfinden soll, sondern jede Säule oder Nachhaltigkeits-Dimension aus einer eigenen Perspektive betrachtet werden muss (Deutscher Bundestag 13. Wahlperiode, 1998). Je nach gewählter Betrachtungsweise ist Nachhaltigkeit bzw. die Gewichtung der einzelnen Säulen somit unterschiedlich zu definieren. Die Relevanz der Nachhaltigkeitsaspekte in Unternehmen hängt von der gewählten Nachhaltigkeitsstrategie der Unternehmen ab. Basierend auf den Grunddefinitionen zur Nachhaltigkeit existieren hierzu unterschiedliche Ansätze, um diese zu bewerten bzw. umzusetzen (Tabelle 2.1).

Tabelle 2.1 Ausgewählte Ansätze zur Bewertung und Umsetzung von Nachhaltigkeit in Unternehmen und Relevanz für die Entwicklung des Bewertungsmodells im Rahmen der Arbeit (Tabelle basierend auf Corsten & Roth, 2012; Deutscher Bundestag 14. Wahlperiode, 2002; Hübscher & Mueller, 2001; Koplin, 2005; Sailer, 2020; von Hauff, 2021)

Bezeichnung	Erläuterung		Quellen	Im Rahmen der Arbeit verfolgter / relevanter Ansatz
klassischer Tripple-Bottom-Line-Ansatz und ökonomischer Tripple-Bottom-Line-Ansatz	**klassischer Triple-Bottom-Line-Ansatz**	**ökonomischer Triple-Bottom-Line-Ansatz**		
	Die drei Nachhaltigkeitssäulen ökonomisch, ökologisch und sozial werden als gleichwertig angesehen.	Die ökonomische Säule steht über der ökologischen und sozialen Säule und Maßnahmen zu den beiden untergeordneten Säulen werden nur getroffen, wenn sie die ökonomische Säule stärken.	Sailer 2020	klassischer Triple-Bottom-Line-Ansatz
starke und schwache Nachhaltigkeit	**schwache Nachhaltigkeit**	**starke Nachhaltigkeit**	Deutscher Bundestag 14. Wahlperiode, 2002; Hauff, 2014	starke Nachhaltigkeit
	Schwache Nachhaltigkeit fordert einen konstanten Gesamtbestand an Kapital aus den drei Säulen und geht von einer Substituierbarkeit dieser aus. Hierbei spielt es keine Rolle ob eine der drei Säulen negativ beeinflusst wird, solange eine oder die zwei anderen Säulen davon profitieren und der Gesamtbestand an nutzenstiftendem Kapital gleichbleibt.	Die starke Nachhaltigkeit unterstellt Grenzen der Substituierbarkeit und eine Komplementarität. Zudem weist es der ökologischen Dimension (Naturkapital) eine besondere Bedeutung zu. Diese Dimension muss unabhängig der Entwicklung der anderen Nutzengrößen als intakte Größe erhalten bleiben.		
ökonomische Umwelttheorie und nachhaltige Entwicklung als regulative Idee	**ökonomische Umwelttheorie**	**regulative Idee**	Hübscher und Mueller (2001), Koplin 2005	ökonomische Umwelttheorie
	Die zugrundeliegenden Bewertungsansätze (u.a. ecological footprint, MIPS-Konzept*) fordern / benötigen konkrete Umweltziele, die Handlungsziele und Maßnahmen in quantifizierbarer und messbarer Form enthalten.	Das Konzept richtet sich nach Orientierungsmustern, ohne feste/operationalisierbare Handlungsziele, um einen ökologischen Strukturwandel und Verbesserungen von sozialen Aspekten nach sich zu ziehen und basiert auf qualitativen Leitbildern.		
Verzichtmodell und Fortschrittsmodell	**Verzichtmodell**	**Fortschrittsmodell**	Corsten & Roth, 2021	Fortschrittsmodell
	Basiert auf Ressourcenschonung durch Verzicht.	Basiert auf der Fortführung des gegenwärtigen Produktions- und Konsumniveaus der westlichen Industrieländer unter Einhaltung festgelegter Nachhaltigkeitsregeln.		
Zweistufige Nachhaltigkeit und ausgewogene Nachhaltigkeit	**zweistufige Nachhaltigkeit**	**ausgewogene Nachhaltigkeit**	Corsten & Roth, 2021	------
	Bei Sicherstellung kritischer Bestände an ökologischen Faktoren kann eine Wohlfahrtsteigerung realisiert werden.	Zielsetzung ist die Befriedigung der Grundbedürfnisse weltweit und als Folge die Verbesserung der Lebensbedingungen gegenwärtiger und zukünftiger Generationen.		

* material input per unit of service

Für die Entwicklung der Vorgehensweise in dieser Arbeit, welche im Rahmen produzierender Unternehmen zur Anwendung kommen soll, wird Nachhaltigkeit vorerst als Größe definiert, die ökonomische, ökologische und soziale Aspekte umsetzt, wenn diese zu einer Steigerung des Unternehmenserfolgs beitragen. Hierbei sollen die Aspekte aus den drei Säulen klar voneinander abgrenzbar sein und jeweils für sich betrachtet werden (klassischer-Tripple-Bottom Line Ansatz). Es findet keine Verrechnung entstehender ökonomischer oder ökologischer Effekte aus den einzelnen Säulen untereinander statt (starke Nachhaltigkeit). Die auf die einzelnen Säulen einwirkenden Effekte müssen messbar und quantifizierbar sein, sodass die ebenfalls geforderte Steigerung des Unternehmenserfolges ablesbar ist (ökologische Umwelttheorie). Zudem soll keine Verschlechterung des gegenwärtigen Produktionsniveaus bzw. Unternehmenserfolgs stattfinden (Fortschrittsmodell). Zur Beantwortung der Forschungsfragen wird Nachhaltigkeit daher in diesem Kontext als eine Größe verstanden, bei welcher die positiven Auswirkungen einer Aktivität bzw. ein möglicher positiver Output, die negativen Auswirkungen bzw. einen notwendigen Input übersteigen. Die Verrechnung findet jeweils innerhalb der einzelnen Nachhaltigkeitssäulen statt, jedoch nicht säulenübergreifend.

2.1.2 Nachhaltigkeit im unternehmerischen Kontext

Die genannten Entwicklungen und Definitionen zum Thema Nachhaltigkeit, die in erster Linie vor allem an die gesamte menschliche Gesellschaft gerichtet sind, können auf produzierende Unternehmen übertragen werden. Hier steht als oberstes Ziel meist die Erfüllung der wirtschaftlichen Ziele und ein ökonomischer Gewinn im Vordergrund und die beiden weiteren Nachhaltigkeitssäulen sind oftmals nur Nebenbedingungen (Wellbrock et al., 2020). Soweit Maßnahmen zur Verbesserung der Ökologie, wie Senkung der Energie oder Einsparung von CO_2 in der Produktion oder eine Verbesserung der sozialen Aspekte wie Verbesserung der Arbeitsbedingungen umgesetzt werden, sind diese meist ebenfalls dazu gedacht Kosten zu senken oder den Betrieb aufrecht zu erhalten. So kann eine Einsparung von Betriebsmitteln in der Produktion (ökologisch), dazu führen, dass der ökonomische Gewinn steigt oder bessere Arbeitsbedingungen (sozial) den Ruf des Unternehmens steigern, wodurch mehr Produkte verkauft werden, was ebenfalls den ökonomischen Gewinn steigert. Die Verbesserung auf sozialer und ökologischer Ebene ist darüber hinaus oftmals nötig, um Gesetze einzuhalten oder um Mitarbeiter an das Unternehmen zu binden (Sailer, 2020, S. 23).

Diese starke Orientierung an der Betriebswirtschaft und insbesondere Entscheidungen in Unternehmen, an Kosten und Erlösen auszurichten, erschwert oftmals die Entstehung „echter“ Nachhaltigkeit im Sinne von ökologischen und sozialen Aspekten. Diese Orientierung der Unternehmen stellt aber trotz allem eine Notwendigkeit dar, um deren Existenz zu sichern und einen generellen ökonomischen volkswirtschaftlichen Nutzen zu gewährleisten (Abbildung 2.2).

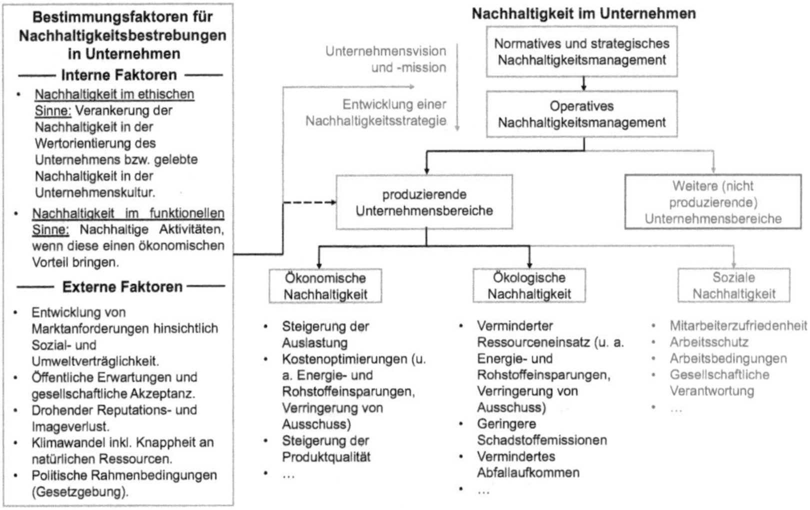

Abbildung 2.2 Entstehung von Nachhaltigkeit in produzierenden Unternehmen. (Eigene Darstellung in Anlehnung an Sailer, 2020; Wellbrock et al., 2020)

Unternehmen, die nicht nur ökonomische Ziele verfolgen, sondern auch ökologische und soziale Ziele und deren Auswirkungen betrachten, haben den Vorteil auch aus diesen Betrachtungen entstehende Chancen und Risiken berücksichtigen zu können (Kolotzek, 2018, S. 8; Krause, Vachon, & Klassen, 2009). Hierbei ist zwischen internen und externen Faktoren bzw. in direkt messbare und indirekt nicht messbare Auswirkungen zu unterscheiden. Direkt messbare Auswirkungen entstehen direkt dem Unternehmen und sind durch die Produktion der Produkte bzw. durch den Betrieb des Unternehmens bedingt. Die indirekten Auswirkungen entstehen nicht direkt dem Unternehmen, sondern der gesamten Gesellschaft, sind aber ebenfalls auf den Betrieb des Unternehmens oder auf die Produktion bzw.

Nutzung der vom Unternehmen hergestellten Produkte zurückzuführen. Sailer 2020 nennt als Beispiele für indirekte Kosten unter anderem Umweltzerstörung durch den Abbau der benötigten Rohstoffe (bspw. Rodung von Waldflächen, Überfischung) und Gesundheitsschädigungen bei Menschen durch die Nutzung der Produkte (bspw. Nikotin, Alkohol) (Sailer, 2020, S. 31).

Wie nachhaltig Unternehmen ihr Handeln und ihre Tätigkeiten tatsächlich ausrichten, hängt meist von der formulierten Unternehmensvision und der daraus abgeleiteten Nachhaltigkeitsstrategie des Unternehmens ab (Sailer, 2020, S. 48). Zur Einordung dieser unternehmerischen Nachhaltigkeit führt Schneider 2015 ein Reifegradmodell ein, indem er die unternehmerischen Aktivitäten in vier Gruppen unterteilt, wobei die geringste Gruppe Aktivitäten umfasst, die über die Erfüllung der gesetzlichen Anforderungen hinaus ausschließlich ökonomisch vorteilhafte Ziele verfolgt, die zufällig als Nebenprodukt nachhaltige Wirkungen erzeugen. Die zweite Stufe umfasst Aktivitäten, die Einzelmaßnahmen zur Nachhaltigkeit enthalten, aber keinen direkten Bezug zum Kerngeschäft haben. Der dritte Bereich umfasst Unternehmen, die Nachhaltigkeit als Kerngeschäft ansehen und Produkte und Prozesse danach ausrichten. Die höchste Stufe umfasst Unternehmen, die Nachhaltigkeit über das eigentlich Kerngeschäft hinaus praktizieren und als gesellschaftlicher und politischer Akteur agieren (Sailer, 2020, S. 38 f.; Schneider, 2015, S. 33). Je nach Unternehmensvision und gewählter Nachhaltigkeitsstrategie im Unternehmen sind die Ziele hinsichtlich Nachhaltigkeitsfragestellungen oder zur Nachhaltigkeitsbewertung (bspw. von Digitalisierungstechnologien) festzulegen. Die konkreten Nachhaltigkeitsaktivitäten werden dann im operativen Nachhaltigkeitsmanagement umgesetzt (Vollmar, 2022, S. 69 ff.; Weber et al., 2012).

Die formulierten Forschungsfragen sowie die Zielsetzung dieser Arbeit fokussieren auf das produzierende Umfeld und auf eine Wirtschaftlichkeitsbetrachtung. Somit sind im Rahmen der Arbeit diejenigen nachhaltigen Aktivitäten zu betrachten, die eine quantifizierbare Verbesserung einer Nachhaltigkeitssäule erzielen und die im produzierenden Umfeld des Unternehmens stattfinden und messbar sind. Dies umfasst vor allem die ökonomische und die ökologische Nachhaltigkeit, die durch konkrete Unternehmenszielsetzungen verbessert werden können und deren Fortschritt sich mittels Indikatoren messen lässt. Hierbei wirken sich Maßnahmen wie eine Auslastungssteigerung oder die Verbesserung der Produktionsqualität (Reduzierung des Ausschusses) in eine direkt messbare Kostensenkung aus. Weiterhin können bspw. eine Reduktion des Energiebedarfs, eine Verringerung der CO_2-Emissionen oder des Abfallaufkommens ebenfalls über Kennzahlen direkt gemessen und abgeglichen werden. Die Aspekte der sozialen Nachhaltigkeit, wie Verbesserung der Arbeitsbedingungen, höherer

Arbeitsschutz, Steigerung der Mitarbeiterzufriedenheit oder gesellschaftliche Verantwortung lassen sich oft nur schwer quantifizieren bzw. in konkreten Zahlen ausdrücken (Koplin, 2005, S. 30). Zudem sind die Wahrnehmungen einer möglichen Verbesserung der sozialen Nachhaltigkeit oftmals subjektiv und daraus resultierende Indikatoren meist qualitativ, wodurch eine einheitliche Mess- und Vergleichbarkeit erschwert wird.

Für den Rahmen dieser Arbeit werden daher die ökonomische und die ökologische Nachhaltigkeit als klar definierte und anhand quantitativer Indikatoren messbare Faktoren betrachtet, während die soziale Nachhaltigkeit als eine relevante Größe angesehen wird, deren Mindestanforderungen für den Fortbestand des Unternehmens erforderlich sind, jedoch nicht weiter betrachtet wird. Der Faktor Mensch, der ebenfalls der sozialen Nachhaltigkeit zugeordnet wird, fließt daher ebenfalls nicht in die folgenden Überlegungen und Berechnungen ein.

2.1.3 Methoden zur nachhaltigen Investitionsbewertung im Produktionsumfeld von Unternehmen

Zur Messung der ökonomischen und der ökologischen Nachhaltigkeit existieren in der Literatur und Praxis unterschiedliche Ansätze und Methoden für verschiedene Unternehmensbereiche und Anforderungen. Zur Beantwortung der Forschungsfragen und Erfüllung der Zielsetzung dieser Arbeit sind im Wesentlichen Methoden und Ansätze relevant, die für eine Anwendung im Produktionsbereich geeignet sind und eine vergleichende Investitionsbewertung hinsichtlich der Wirtschaftlichkeit des Bewertungsgegenstandes zulassen. Andere Bewertungsverfahren und isoliert betrachtete Kennzahlen weisen meist keine Kosten- / Umweltreduktionspotentiale aus und sind daher nicht geeignet Investitionen hinsichtlich deren Nachhaltigkeit zu bewerten (Loew, Fichter, Müller, Schulz, & Strobel, 2003, S. 65; Wellbrock et al., 2020, S. 11 ff.). Zudem ist es für den Einsatz in Unternehmen essenziell, dass es sich um etablierte Methodiken handelt, die mit quantifizierbaren Faktoren arbeiten.

Die Methoden zur ökonomischen Nachhaltigkeitsbewertung können der Investitionsrechnung der Betriebswirtschaftslehre entnommen werden. Sie werden in statische und dynamische Verfahren unterteilt. Dynamische Verfahren bieten gegenüber den statischen Verfahren den Vorteil, dass Rückflüsse (Einsparungen) und Aufwendungen über einen mehrperiodischen Zeitverlauf betrachtet werden und eine Diskontierung der Werte stattfindet. Wohingegen statische Verfahren mit Durchschnittswerten aus der ersten Nutzungsperiode arbeiten und eine Berücksichtigung des Zeitpunkts der Ein- und Auszahlungsströme fehlt (Härdler & Gonschorek, 2016, S. 167; Voegele & Sommer, 2012, S. 344; Wöltje, 2022, S. 431). Somit liefern die dynamischen Verfahren ein aussagekräftigeres Ergebnis und spiegeln die gängige betriebswirtschaftliche Praxis wider, da durch eine Abzinsung in der Zukunft liegende Zahlungsströme niedriger bewertet werden als zu Beginn der Investition anfallende Zahlungsströme (Voegele & Sommer, 2012, S. 344; Wöltje, 2017, S. 126). Zur Auswahl geeigneter ökonomischer Investitionsbewertungsverfahren werden daher ausschließlich dynamische Verfahren der Investitionsrechnung berücksichtigt (Tomaschko, Annan, & Krommes, 2022). Diese umfassen die Kapitalwertmethode (auch Barwertmethode), die dynamische Amortisationsrechnung, die interne Zinsfußmethode sowie die Annuitätenmethode (Tabelle 2.2) (Götze, 2006, S. 70; Wöltje, 2017, S. 125).

Angelehnt an die klassische Investitionsrechnung existieren für die ökologische Investitionsrechnung ebenfalls unterschiedliche Verfahren mit verschiedenen Schwerpunkten (Tabelle 2.2) (Bundesumweltministerium & Umweltbundesamt, 2001, S. 537 ff.).[2] Diese sind allerdings weniger etabliert und in der Literatur weniger strukturiert vorhanden als die ökonomischen Verfahren. Schaltegger und Sturm 2000 schlagen die ökologische Rückzahlungsdauer sowie den

---

[2] Eine Diskontierung wie in der ökonomischen Investitionsrechnung wird bei ökologischen Bewertungen in der Literatur kritisch diskutiert, da zukünftig anfallende Umweltwirkungen geringer bewertet werden würden als aktuelle Umweltwirkungen und ein zukünftiger Schaden aufgrund der Diskontierung heute geringer erscheint und womöglich in Kauf genommen würde. Ziel einer ökologischen Bewertung ist allerdings der Schutz zukünftiger Werte. Zudem besteht eine Unsicherheit hinsichtlich der Bewertung des in Zukunft zu erwartenden Schadens. Sailer 2020 empfiehlt daher eine Diskontierung nur für finanzielle Beträge und nicht für physikalische Größen anzuwenden (Bayer, 2001; Gronemann & Döring, 2001; Sailer, 2020, S. 270 f.; Schaltegger & Sturm, 2000, S. 193). Aus den genannten Gründen wird in der vorliegenden Arbeit auf eine Diskontierung der ökologischen Werte verzichtet.

Erntefaktor als Berechnungsmethoden vor. Beide Größen betrachten die ökologischen Einflüsse einer Investitionsmaßnahme (Schaltegger & Sturm, 2000, S. 192). Eine weitere gängige Vorgehensweise bildet die Einbeziehung der durch Umweltwirkungen einer Investition verursachten Kosten in die klassische Investitionsrechnung (Colsman, 2016, S. 88; Loew et al., 2003, S. 130 ff.). Loew et al. 2003 bewerten hierzu mehrere Verfahren und Ansätze, schließen aber einen Teil dieser bereits aufgrund einer nicht gegebenen Praxistauglichkeit bzw. fehlenden Lösungsverfahren durch die jeweiligen Autoren aus. Die material- und energieflussbasierte Investitionsrechnung, die Berechnung der umweltorientierten Investitionskosten nach VDI 3800 sowie ein Ansatz zur Investitionsrechnung für Umweltschutzanlagen werden von Loew et al. 2003 näher betrachtet. Für die Investitionsrechnung für Umweltschutzanlagen nach Wicke aus den 1970er Jahren wird seitens Loew et al. 2003 der ökologische Zusatznutzen zur klassischen Investitionsrechnung als gering bewertet sowie von einer eingeschränkten Praxistauglichkeit gesprochen (Loew et al., 2003, S. 115 ff.). Der Berechnung der umweltorientierten Investitionskosten nach VDI 3800 spricht Loew et al. 2003 ebenfalls nur einen geringen Zusatznutzen zur klassischen Investitionsrechnung zu, da hier nur die Kosten für gesetzlich oder selbst auferlegte Umweltschutzmaßnahmen betrachtet werden, aber kein Vergleich darüber hinausgehender Einsparungen bzw. Aufwendungen erfolgt (Loew et al., 2003, S. 120 ff.; VDI-MT 3800, 2023). Loew et al. 2003 sieht nur die material- und energieflussbasierte Investitionsrechnung als geeinigt an, um eine ökologisch optimale Investitionsentscheidung zu treffen. Sailer 2020 führt zur ökologischen Bewertung von Investitionsentscheidungen die klassische „Investitionsrechnung ergänzt um externe Effekte", die ökologische Rückzahlungsdauer sowie die nachhaltigkeitsorientierte Nutzwertanalyse an, führt aber keinen Methodenvergleich oder eine Eignungsprüfung durch (Sailer, 2020, S. 270 ff.). Zudem ist in der DIN EN ISO 14045 die Methodik der Ökoeffizienzanalyse definiert (DIN EN ISO 14045, 2012).

Tabelle 2.2 Ausgewählte Methoden zur Investitionsbewertung (Tabelle basierend auf Bundesumweltministerium & Umweltbundesamt, 2001, S. 537 ff.; Colsman, 2016, S. 88; DIN EN ISO 14045, 2012; Götze, 2006, S. 70; Härdler & Gonschorek, 2016, S. 167; Loew et al., 2003; Sailer, 2020, S. 270 ff.; Schaltegger & Sturm, 2000, S. 192; Tomaschko et al., 2022; VDI-MT 3800, 2023; Voegele & Sommer, 2012, S. 344; Wöltje, 2017, S. 126)

Methoden zur Investitionsbewertung	Kurzbeschreibung Die Methode berechnet	Nachhaltigkeitsdimensionen ökonomisch	 ökologisch
Kapitalwertmethode	den Kapitalwert einer Investition, indem zukünftige erwartete Rückflüsse auf den heutigen Wert abgezinst und von der Anfangsinvestition abgezogen werden. Mittels der Berechnung lassen sich Investitionen hinsichtlich der Vorteilhaftigkeit im Vergleich unterschiedlicher Alternativen bewerten.	•	
Dynamische Amortisationsrechnung	berechnet den Zeitraum, zu dem das eingesetzte Kapital durch diskontierte Rückflüsse inkl. eines diskontierten Restwertes zurückgeflossen ist. Dies entspricht dem Zeitraum, in dem der Kapitalwert gleich null ist und somit das eingesetzte Kapital inkl. angesetzter Zinsen wieder zurückgeflossen ist.	•	
Interne Zinsfußmethode	die Rentabilität einer Investition, im Vergleich zu einer festgelegten Mindestverzinsung (Opportunitätskostenprinzip). Der für die Diskontierung der Rückflüsse verwendete interne Zinssatz muss mindestes die festgelegte Verzinsung erreichen, damit die Investition positiv bewertet wird.	•	
Annuitätenmethode	den Periodenerfolg einer Investition und stellt eine Erweiterung der Kapitalwertmethode dar. Hierzu werden die Rückflüsse bzw. der Kapitalwert einer Investition in gleich hohe Periodenbeträge bzw. Annuitäten umgerechnet.	•	
Material- und energieflussbasierte Investitionsrechnung	zusätzlich zur klassischen Kostenrechnung Emissionen und Ressourcenverbräuche, die durch den Bau, Betrieb und durch die Entsorgung der Investition entstehen.	•	•
Investitionsrechnung ergänzt um externe Effekte	zusätzlich zur klassischen Investitionsrechnung (Kapitalwertmethode), auch positive und negative externe Umwelteffekte, die durch die Investition verursacht werden. Diese Effekte müssen in der Regel nicht vom Unternehmen bezahlt werden bzw. kommen nicht dem Unternehmen zugute, sondern betreffen Dritte.	•	•
Ökologische Rückzahlungsdauer	die Effizienz einer Investition, indem die Anzahl der Jahre gemessen wird, bis der Schaden der Investition durch mögliche Einsparungen während der Nutzungsdauer kompensiert wird. Eine Investition ist nur dann lohnend, wenn die ökologische Rückzahlungsdauer innerhalb der Nutzungsdauer liegt.		•
Erntefaktor	eine Kennzahl aus der reduzierten Schadschöpfung der Investition während der Nutzungsdauer und der durch die Maßnahme verursachten Schadschöpfung.		•
Nachhaltigkeitsorientierte Nutzwertanalyse	die gängigen betriebswirtschaftlichen Investitionsmethoden ergänzt um eine quantitative Bewertung und führt die beiden Teilberechnungen in einem Vergleichsdiagramm zusammen. Eine Verrechnung der Werte findet nicht statt, da die ökologischen Größen nicht monetarisiert werden.	•	•
Ökoeffizienzanalyse	einen Vergleich von Produktsystemen entlang deren Lebensweg in Bezug auf potenzielle Umweltwirkungen. Zur Bewertung dieser findet die Ökobilanzierung Anwendung. Die hieraus berechneten Umweltwirkungen werden mit einem individuellen und je nach Produktsystem und Zielsetzung unterschiedlichen funktionellen Nutzen zu einer Verhältniskennzahl verrechnet und ermöglichen so einen Vergleich von Alternativen.		•

Nicht alle genannten Methoden entsprechen der definierten Zielsetzung und sind für eine Anwendung in der zu entwickelnden Vorgehensweise geeignet (Tabelle 2.3). Hierfür ist es wesentlich, dass Methoden entsprechend bewertet und ausgewählt werden. Hierzu dienen die Gütekriterien Objektivität, Reliabilität und Validität (Andes, Lützkendorf, Ströble, Kopfmüller, & Rösch, 2019, S. 39; Przyborski & Wohlrab-Sahr, 2014, S. 21). Weitere, zur Methodenbewertung aus der Zielsetzung abgeleitete Anforderungen sind die Praxiseignung der Methode, die Verfügbarkeit der Daten im produzierenden Unternehmensumfeld, eine Übereinstimmung mit der getroffenen Nachhaltigkeitsdefinition sowie die Verständlichkeit bei der Anwendung der Methode.

Tabelle 2.3 Darstellung der Bewertungskriterien und Bewertung der Investitionsrechnungsmethoden (Tabelle basierend auf Andes et al., 2019, S. 39; Przyborski & Wohlrab-Sahr, 2014, S. 21)

Bewertungskriterien			Erläuterung der Bewertungskriterien	Kapitalwertmethode	dynamische Amortisationsrechnung	Interne Zinsfußmethode	Annuitätenmethode	Material- und energiefluss-basierte Investitionsrechnung	Investitionsrechnung ergänzt um externe Effekte	Ökologische Rückzahlungsdauer	Erntefaktor	Nachhaltigkeitsorientierte Nutzwertanalyse	Ökoeffizienzanalyse
Gütekriterien	Objektivität	Transparenz, Nachvollziehbarkeit, Reproduzierbarkeit	Die Anwendung der Methode ist transparent und ermöglicht es Dritten die Bewertung nachzuvollziehen und durch Wiederholungen zu überprüfen, wodurch konsistente Ergebnisse erzielt werden.	●	●	●	●	◐	◐	●	●	◐	●
	Reliabilität	Zuverlässigkeit	Unter gleichen Rahmenbedingungen führt die Bewertungsmethodik zu gleichen Bewertungsergebnissen.	●	●	●	●	◐	◐	●	●	◐	●
	Validität	Zweck- bzw. Zielerfüllung (Effektivität)	Geeignetheit einer Methode, inwieweit diese die Zielsetzung (inkl. der Forschungsfragen) erfüllt.	●	○	◐	◐	○	◐	●	○	○	○
Anwendbarkeit	Praxiseignung		Relevanz der Methode und der verwendeten Variablen für die unternehmerische Praxis und Möglichkeit diese für die nachhaltige Investitionsbewertung von Digitalisierungstechnologie zu nutzen.	●	◐	◐	●	◐	○	●	◐	◐	○
	Datenverfügbarkeit		Die zur Anwendung der verwendeten Indikatoren benötigten Daten sind in den Produktionsbereichen der Unternehmen vorhanden bzw. können zur Verfügung gestellt werden.	●	●	◐	●	●	○	●	●	●	○
	Übereinstimmung mit Nachhaltigkeitsdefinition		Die Methode bzw. die enthaltenen Berechnungsschritte und -variablen stimmen mit der getroffenen Nachhaltigkeitsdefinition überein.	●	●	●	●	◐	○	●	●	◐	◐
	Verständlichkeit		Die Methode ist mit gängigem technischen und/oder ingenieurwissenschaftlichen Wissen anwendbar und liefert für Entscheidungsträger verständliche Ergebnisse.	●	●	●	●	◐	◐	●	◐	●	○

● zur Bewertung geeignet ◐ eingeschränkt zur Bewertung geeignet ○ nicht zur Bewertung geeignet

Von den genannten Methoden erfüllen bis auf die material- und energieflussbasierte Investitionsrechnung, die „Investitionsrechnung ergänzt um externe Effekte“ sowie die nachhaltigkeitsorientierte Nutzwertanalyse alle die Anforderungen an die Objektivität. Es handelt sich um etablierte Rechen- und Bewertungsverfahren, die transparent und nachvollziehbar sind und die Ergebnisse lassen sich durch Berechnungsformeln reproduzieren. Für die material- und energieflussbasierte Investitionsrechnung, für die „Investitionsrechnung ergänzt um externe Effekte“ sowie für die nachhaltigkeitsorientierte Nutzwertanalyse ist die Reproduzierbarkeit der Ergebnisse nur begrenzt gegeben, da diese teilweise auf subjektiven Berechnungsgrundlagen beruhen. Die material- und energieflussbasierte Investitionsrechnung sowie die „Investitionsrechnung ergänzt um externe Effekte“ erweitern den Ansatz der klassischen Investitionsrechnung um externe Effekte. Diese externen Effekte umfassen unter anderem positive oder negative Umweltwirkungen bzw. Material- und Energieflüsse, die durch die Investitionsentscheidung eines Unternehmens entstehen würden, von diesem aber nicht selbst getragen werden müssen (fiktive Zahlungsströme). Dies führt zu einer möglicherweise geringen Akzeptanz der Berechnungsergebnisse in der Praxis sowie zu einem Problem bei der Quantifizierung, da fiktiv anfallende Kosten in die Berechnung einfließen (Günther & Fischer, 1999, S. 38; Sailer, 2015, S. 180 ff.). Zudem werden ökonomische Werte um ökologische Daten erweitert. Dabei findet allerdings keine Differenzierung zwischen ökonomischen und ökologischen Auswirkungen statt. Diese fehlende Differenzierung führt zu Quantifizierungsproblemen in der Ergebnisbildung. Durch die nachhaltigkeitsorientierte Nutzwertanalyse erfolgt eine quantitative Bewertung von Umweltwirkungen. Nach der Festlegung von Zielkriterien und einer Gewichtung erfolgt die Einordnung und Bewertung nach subjektiver Einschätzung. In der Praxis ist die Methode aufgrund der nicht standardisierten Gewichtung und der individuellen Auswahl von Bewertungsfaktoren kritisch zu sehen, da hierdurch das Bewertungsergebnis beeinflussbar ist (Sailer, 2020, S. 274 ff.). Gleiches gilt für die Zuverlässigkeit der Methoden. Die Eignung zum Einsatz als Bewertungsinstrument für die zu entwickelnde Vorgehensweise erfüllen nur die Kapitalwertmethode und ökologische Rückzahlungsdauer. Alle anderen Methoden erfüllen die Anforderungen der Zielsetzung nicht oder nur teilweise. Die Kapitalwertmethode bildet das in der wissenschaftlichen Literatur am meisten akzeptierte Verfahren der dynamischen Investitionsrechnung. Mittels dieser lassen sich Investitionen hinsichtlich der Vorteilhaftigkeit, im Vergleich unterschiedlicher Alternativen, sowie bezüglich des optimalen Ersatzzeitpunktes bewerten (Schuster & Rüdt von Collenberg, 2017, S. 48; Voegele & Sommer, 2012, S. 375 f.; Wöltje, 2017, S. 128). Die anderen betrachteten ökonomischen Investitionsrechenverfahren erfüllen diese

Eignung nicht oder nur bedingt. Die Berechnung der dynamischen Amortisationsdauer ist wissenschaftlich sowie betriebswirtschaftlich ungeeignet, weil die nach dem Amortisationszeitpunkt anfallenden positiven und negativen Zahlungsströme nicht berücksichtigt werden und hierdurch Investitionsentscheidungen auf Basis falscher Annahmen getroffen werden könnten (Schuster & Rüdt von Collenberg, 2017, S. 133).[3] Bei der Annuitätenmethode treten Berechnungsproblematiken bei einem mehrfachen Vorzeichenwechsel der Zahlungsströme auf (bspw. Berücksichtigung von Verwertungskosten) und es entstehen mehrdeutige Ergebnisse. Die interne Zinsfußmethode führt bei sich gegenseitig ausschließenden Investitionsprojekten zu irreführenden Aussagen, womit eine vergleichende Bewertung zweiter Digitalisierungsinvestitionen nicht möglich ist (Schuster & Rüdt von Collenberg, 2017, S. 82 ff.; Voegele & Sommer, 2012, S. 382; Wöltje, 2017, S. 165 f.). Die ökologische Rückzahlungsdauer berechnet den „ökologischen Amortisationszeitpunkt“ der Investition und ermöglicht den Einbezug aller Umweltwirkungen entlang des Lebensweges der Investition (Sailer, 2020, S. 273; Schaltegger & Sturm, 2000, S. 192 ff.). Die Kapitalwertmethode und die ökologische Rückzahlungsdauer bilden etablierte Methodiken und basieren zur Berechnung eines „Nachhaltigkeitsverhältnisses“ auf quantifizierbaren Größen, die sowohl positive als auch negative Einflüsse berücksichtigen.

Hinsichtlich der Praxiseignung zum Einsatz in Unternehmen sind die Investitionsrechnung ergänzt um externe Effekte sowie die Ökoeffizienzanalyse weniger relevant. Für beide Methoden werden umfassende Kenntnisse hinsichtlich der Vorketten des Rohstoffabbaus und der Herstellung des Investitionsgegenstandes benötigt. Neben der eingeschränkten Verfügbarkeit dieser Daten sind zur Berechnung der Ergebnisse zudem komplexes Methoden Know-How und fachliche Expertise notwendig. Im Gegensatz dazu sind die Kapitalwertmethode, die Annuitätenmethode und die ökologische Rückzahlungsdauer besser für den Einsatz in Unternehmen geeignet und bieten neben der dynamischen Amortisationsrechnung, der material- und energieflussbasierten Investitionsrechnung, dem Erntefaktor und der nachhaltigkeitsorientierten Nutzwertanalyse eine ausreichende Entscheidungsgrundlage. Die Berechnungen basieren auf in den Unternehmen vorhandenen Daten. Die Investitionsrechnung ergänzt um externe Effekte entspricht im Gegensatz zu den anderen Methoden nicht vollständig der für diese Arbeit getroffenen Nachhaltigkeitsdefinition, da eine gemeinsame Betrachtung bzw. eine Verrechnung der ökonomischen und ökologischen Werte stattfindet.

[3] Eine Berechnung der Amortisationszeit (ökonomisch oder ökologisch), unabhängig von den genannten Methoden, unter Berücksichtigung aller Zahlungsströme kann eine wesentliche Entscheidungsgröße zur Bewertung liefern und für die ökonomische Bewertung beispielsweise aus der Kapitalwertmethode heraus berechnet werden.

Alle Methoden sind verständlich definiert und beschrieben. Bis auf die Ökoeffizienzanalyse können alle Berechnungsverfahren mit gängigem technischem Verständnis aufgrund deren Standardisierung angewandt werden. Für die Ökoeffizienzanalyse ist im Vorfeld die Erstellung einer Ökobilanz notwendig, wofür spezielles Methodenwissen und ein hoher zeitlicher Aufwand notwendig ist. Zudem bildet sie ebenso wie der Erntefaktor eine abstrakte Größe / Verhältniszahl als Ergebnis ab, was zu einer eingeschränkten Verständlichkeit führen kann (DIN EN ISO 14045, 2012; Schaltegger & Sturm, 2000, S. 194).

Auf Basis der definierten Kriterien und der durchgeführten Bewertung, sind für die Integration in die zu entwickelnde Vorgehensweise, für die ökonomische Nachhaltigkeitsdimension die Kapitalwertmethode und für die ökologische Nachhaltigkeitsdimension die ökologische Rückzahlungsdauer geeignet. Mit der Kapitalwertmethode kann durch geringen Berechnungsaufwand die ökonomische Bewertung von Digitalisierungstechnologien durchgeführt werden. Als problematisch sind die hierbei zu treffenden Annahmen anzusehen. Dies umfasst die Prognose der zukünftigen Ein- und Auszahlungen sowie die Annahme eines vollständigen Kapitalmarktes in Verbindung mit der Schätzung des Kalkulationszinssatzes (Ergebnis ist abhängig vom gewählten Kalkulationszinssatz) (Götze, 2006, S. 80 f.; Schuster & Rüdt von Collenberg, 2017, S. 59). Diese Problematik kann allerdings behoben werden, indem im Vorfeld durch die Festlegung der Systemgrenzen und Rahmenbedingungen ein definiertes Bewertungsumfeld geschaffen wird. Bei Nicht-Vorliegen oder anzunehmender Ungenauigkeit dieser Annahmen muss der Einsatz der Kapitalwertmethode kritisch geprüft und gegebenenfalls angepasst werden. Durch die Ähnlichkeit zur der in der klassischen Investitionsrechnung etablierten Amortisationsrechnung nutzt die ökologische Rückzahlungsdauer ein gängiges Rechenverfahren und ist durch die übersichtliche Berechnung der Zielgröße in der Praxis einfach und verständlich anwendbar. Neben der Zeitdauer der „ökologischen Amortisation“ lassen sich auch quantifizierbare Einsparungen berechnen und bieten somit eine geeignete Ergänzung zur Kapitalwertmethode, um die ökologischen Auswirkungen darzustellen (Sailer, 2020, S. 273; Schaltegger & Sturm, 2000, S. 192 ff.).

2.2 Digitalisierung und Industrie 4.0 im Kontext industrieller Produktion

2.2.1 Einordung und Begriffsbestimmung

Begriffe wie digitale Transformation oder Digitalisierung beschreiben die Verknüpfung der realen, physischen Welt mit der digitalen, virtuellen Welt durch den Einsatz vernetzter Technologien in den Bereichen Wirtschaft und Gesellschaft. (Mockenhaupt, 2021, S. 33; Schebek et al., 2017, S. 17). Hierdurch ergeben sich für die Gesellschaft im Ganzen sowie für verschiedene Wirtschaftszweige und vor allem für die Produktionsbereiche der verarbeitenden Industrie große Veränderungen. Im Rahmen dieser Umbrüche spricht man in den Produktionsbereichen der Industrie und im verarbeitenden Gewerbe von einer vierten industriellen Revolution (Mockenhaupt, 2021, S. 33; Spath et al., 2013, S. 6).

Die vorhergehenden industriellen Revolutionen starteten 1750 mit den technologischen Entwicklungen der Dampfkraft und der Elektrifizierung, was den Einsatz von Arbeits- und Kraftmaschinen ermöglichte (Industrie 1.0). Begleitet von einer bürgerlichen Revolution führte dies zunehmend zu einer neuen Form der Arbeitsorganisation und des Unternehmertums. Im Zusammenhang mit diesen Entwicklungen hielten die Massenproduktion, der Taylorismus, Dezentralisierung und die Ausweitung der Sozialgesetzgebung Einzug in die Fabriken (Industrie 2.0). 1960 folgten Elektronik und darauffolgend die IKT (Entwicklung der Computertechnologie). Diese dienten als Treiber für die weitere Entwicklung der Produktionsstrukturen und führten zu einer fortschreitenden Automatisierung der Produktion (Industrie 3.0). Mit der Erfindung des Internets wurden weltweit Wissen und Daten verfügbar und die Basis für die Digitalisierung der Industrie geschaffen (Industrie 4.0) (Bauernhansl, 2014, S. 5 ff.; Mosch, 2017). Die genannten Entwicklungen und Technologien bilden die Basis, für die in dieser Arbeit betrachteten (Digitalisierungs-) Systeme (Abbildung 2.3).

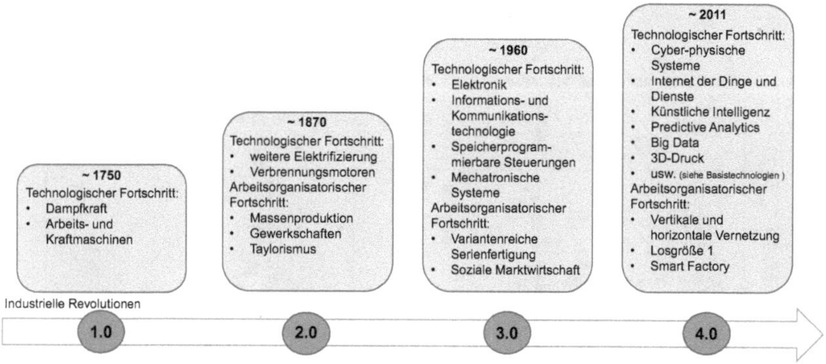

Abbildung 2.3 Ausgewählte Meilensteine der industriellen Revolutionen. (Eigene Darstellung in Anlehnung an Bauernhansl, 2014, S. 5 ff.; Mosch, 2017)

In diesem Zusammenhang wird speziell im industriellen Umfeld für die vierte industrielle Revolution auch der Begriff Industrie 4.0 verwendet. Der Übergang bzw. der Prozess in eine digitale und vernetzte Struktur wird auch als digitale Transformation bezeichnet, wohingegen I4.0 den (End-) Zustand des industriellen Fortschrittes im Zuge der Digitalisierung umschreibt. I4.0 beschreibt Themenfelder, die die Verwendung neuer digitaler Technologien an einzelnen Produktionsmaschinen und in Produktions- und Fertigungsprozessen umfassen (Brecher et al., 2017, S. 341 ff.; Mockenhaupt, 2021, S. 33; Niebauer & Riemath, 2017, S. 216 ff.; Schebek et al., 2017, S. 17 f.). I4.0 beinhaltet hierbei eine weitreichende und branchenspezifische Liste an Technologien und Anwendungen (Tabelle 2.4).

Die Literatur unterscheidet im Kontext des Begriffes Industrie 4.0 verschiedene Technologie-Kategorien (Tabelle 2.4):

1. Technologien, die für die Konnektivität und Kommunikation verantwortlich sind,
2. Technologien, die auf die Sammlung und Analyse von Daten ausgerichtet sind,
3. Technologien zur Interaktion zwischen Mensch und Maschine sowie
4. spezifische Technologien, die in der Fertigung bzw. Produktion zum Einsatz kommen.

Tabelle 2.4 Nennung von I4.0 Basistechnologien nach unterschiedlichen Autoren (Tabelle basierend auf Bauernhansl, Hompel, & Vogel-Heuser, 2014, S. 191 ff.; Hänisch, 2017, S. 9 ff.; Hanschke, 2018, S. 9; Kagermann, Wahlster, & Helbig, 2013, S. 17; Mockenhaupt, 2021; Pistorius, 2020; Schebek et al., 2017, S. 26 ff.; Siepmann, 2016, S. 49 ff.; Wischmann, Wangler, & Botthof, 2015, S. 22)[4]

Basistechnologien Industrie 4.0		Basistechnologien von Industrie 4.0 nach ...										Summe
		Bauernhansl et al., 2014, S. 191 ff.	Hänisch, 2017, S. 9 ff.	Schebek et al., 2017, S. 26 ff.	Hanschke, 2018, S. 9	Mockenhaupt, 2021	Wischmann et al., 2015, S. 22	Siepmann, 2016, S. 49 ff.	Kagermann et al., 2013, S. 17	Bischoff et al., 2015, S. 18	Pistorius, 2020	
Konnektivität & Kommunikation	Cyber-physische Systeme	•		•		•			•		•	5
	Vertikale und horizontale Integration	•						•				2
	Sicherheit (Security an Safety)	•					•			•	•	4
	(Industrielles) Internet der Dinge und Dienste		•		•	•	•		•		•	6
	Cloud-Computing				•		•	•	•	•	•	6
	Digitaler Zwilling			•		•					•	3
	Echtzeit Kommunikation (Real Time)					•				•		2
	Kommunikationsprotokolle							•		•		2
	Mobile Geräte und Internet				•				•		•	3
Daten, Intelligenz, Analytik	Big Data		•	•	•	•	•	•		•	•	8
	Data Mining und Analyse	•		•				•				3
	Machine Learning (KI)				•					•	•	3
	Predictive Analytics (KI)				•						•	2
Mensch-Maschine Interaktion	Human Machine Interface	•								•		2
	Virtual Reality		•					•		•	•	4
	Augmented Reality		•					•			•	3
Fortgeschrittene Fertigung (Technologie)	3D Druck und Losgröße 1		•	•	•							3
	Industrie Roboter		•		•	•	•				•	5
	Smarte Sensoren und Aktoren			•			•			•		3
	Innovative Produktionssysteme						•					1
	Drohnen		•									1
	Smart Devices								•			1
	Fahrerlose Transportsysteme										•	1
	Auto Identifikationstechniken		•					•			•	3

[4] Die Tabelle enthält Schnittmengen zum Themenfeld der künstlichen Intelligenz (KI). Das Themenfeld KI wird im Rahmen dieser Arbeit nicht näher betrachtet.

Viele der genannten Technologien sind im Kontext von I4.0 allerdings nicht neu sondern existieren breites seit längerer Zeit und könnten auch als Technologie von Industrie 3.0 bezeichnet werden (Gill, 2008, S. 3; Obermaier, 2017, S. 3 f.). Die wesentlichen Neuerungen im Zusammenhang mit I4.0 sind somit oft nicht die einzelnen Technologien an sich, sondern das Zusammenspiel dieser zu einer vernetzen Fabrik bzw. Produktion (Hänisch, 2017, S. 9; Mosch, 2017, S. 51). Diese aktuellen Veränderungen führen zu einer schnelleren, effizienteren und flexibleren Fabrik, die auf intelligenten Systemen beruht, welche die Kommunikation von Menschen, Maschinen und Produkten mittels vernetzter IKT ermöglicht (Hanschke, 2018, S. 3). Hierzu tauschen die verschiedenen Systemteilnehmer (Maschinen, Geräte, intelligente Objekte und Menschen) untereinander Daten aus, die von übergeordneten Plattformen verwaltet werden. Oswald & Krcmar 2018 sprechen von einer neuen datengetriebenen Sichtweise die Einzug in die Unternehmen und Prozesse hält (Oswald & Krcmar, 2022, S. 6 f.). Hänisch et al. 2017, Kagermann et al. 2013, Regulin & Vogel-Heuser 2015 und Wischmann 2015 sprechen von einer Verbindung der virtuellen mit der realen, physischen Welt bzw. ebenfalls von einer Vernetzung der daran beteiligten Komponenten (Hänisch, 2017, S. 66; Kagermann et al., 2013, S. 23; Regulin & Vogel-Heuser, 2024, S. 1 f.; Wischmann et al., 2015, S. 7).

Zur Vernetzung spielt im Wesentlichen die horizontale und vertikale Integration der Unternehmensstruktur eine Rolle. Reale Objekte aus den Unternehmensprozessen verbinden sich mit Daten- und Informationssystemen. Produkte, Maschinen und Anwendungen sind in ein gemeinsames Netzwerk eingebunden und tauschen Informationen aus. Hierbei beschreibt die vertikale Vernetzung die Verknüpfung der einzelnen Hierarchieebenen (informationstechnische Strukturen) innerhalb eines Unternehmens (Bischoff et al., 2015, S. 11; Forstner & Dümmler, 2014, S. 199 f.; Hoppe, 2017, S. 121 f.). Durch die Vernetzung und der daraus resultierenden Auflösung der bisher vorherrschenden Strukturen werden technische Prozesse des Produktions- und Fertigungsumfelds mit den übergeordneten betriebswirtschaftlichen Abläufen eines Unternehmens direkt verbunden (Krüger et al., 2017, S. 92). Neben neuen Potentialen für das gesamte Unternehmen und Kostenvorteilen ergeben sich vor allem Möglichkeiten der komplexen Datenerfassung und -analyse (VDI / VDE-Gesellschaft Mess- und Automatisierungstechnik, 2013, S. 2). Die horizontale Integration setzt direkt in der Produktionsebene der Fertigungsunternehmen an und umfasst die Vernetzung verschiedener Prozessschritte und Ressourcen (Maschinen, Anlagen und Geräte), um eine durchgängige Informations- und Kommunikationsbasis zu schaffen (Adolphs et al., 2015, S. 5; Schebek et al., 2017, S. 19). Kaufmann und Forstner 2014 führen hierzu drei unterschiedliche Hierarchieebenen an. Diese umfassen in ihrer geringsten Integrationsstufe einzelne Fertigungsanlagen und reichen über die einzelne Fabrik, bis hin zum gesamten Produktionsnetzwerk. Die genannte Vernetzung und die Analyse der hieraus gewonnenen Fertigungsinformationen verspricht eine Optimierung der Produktionsparameter hinsichtlich Kosten- und Ressourceneffizienz (Nachhaltigkeit) (Abbildung 2.4) (Kaufmann & Forstner, 2014, S. 361 ff.).

Die Forschungsfragestellung dieser Arbeit sowie die Zielsetzung fokussieren auf Technologien aus dem produzierenden Bereich, die dort zur Verbesserung der Nachhaltigkeit eingesetzt werden können. Hierbei stellen Cyber-physische Systeme (CPS) und Digitale Zwillinge (DT) Technologien da, die auf Basis von Vernetzung und daraus resultierenden Daten zur Steigerung der Nachhaltigkeit beitragen können und somit die Definition für Technologien der vierten industriellen Revolution erfüllen. Zudem leisten sie unter anderem einen Beitrag zur horizontalen Integration der Fertigung, da sie einzelne Fertigungsschritte sowie Maschinen- und Anlagen miteinander verbinden. DT und CPS nutzen die Daten und Interaktionsmöglichkeiten von Sensoren und Aktoren und verarbeiten Informationen mittels Data Mining (Bischoff et al., 2015, S. 10 f.; Schebek et al., 2017, S. 12 f.).

Die nachfolgenden Ausführungen tangieren mit Begriffen wie maschinelles Lernen, Data Mining, IoT oder Big Data das Themenfeld der künstlichen Intelligenz. Hierbei umfasst eine KI Fähigkeiten wie logisches Denken, Treffen von Entscheidungen, planen und lernen sowie die Kommunikation in einer natürlichen Sprache (Frochte, 2019, S. 14). Das Themenfeld KI beinhaltet neben den bereits genannten Stichworten ein breites Feld an Anwendungen, wie zum Beispiel Cloud Computing, Blockchain, Chatbots, Neuronale Netze und Deep Learning und speziell unter dem Begriff maschinelles Lernen, supervised Learning, unsupervised Learning und reinforcement Learning. Ziel der KI ist es, mit den genannten Anwendungen Menschen und Technik zu verbinden (Hasenbein, 2023, S. 30 ff.). Die in dieser Arbeit angedeuteten Schnittmengen aus dem Bereich Digitalisierung und KI dienen allerdings nur der besseren Einordnung des Themas. In den folgenden Ausführungen dieser Arbeit werden das Thema KI sowie daraus resultierende Unterthemen nicht näher betrachtet.

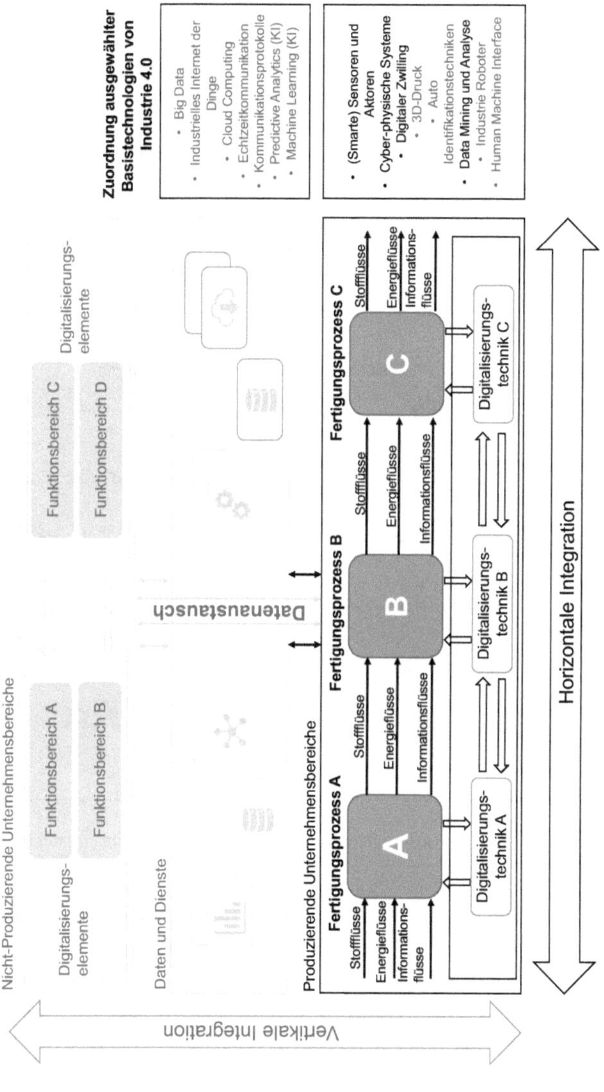

Abbildung 2.4 Einordnung des Betrachtungsfeldes von I4.0 und Zuordnung der identifizierten Basistechnologien

2.2.2 Abgrenzung ausgewählter Digitalisierungstechnologien zur Steigerung der Nachhaltigkeit

Die zur näheren Betrachtung ausgewählten Digitalisierungstechnologien setzen alle in den produzierenden Bereichen eines Unternehmens an und basieren auf Daten, die aus Sensoren (und Aktoren) gewonnen, anschließend mittels eines DT oder CPS genutzt und durch in den Systemen enthaltene Data Mining und Analyse Technologien verarbeitet werden. Die jeweils genannten Technologien sind in der Literatur unterschiedlich definiert und umfassen ein breites technologisches Anwendungsfeld (Abbildung 2.5).

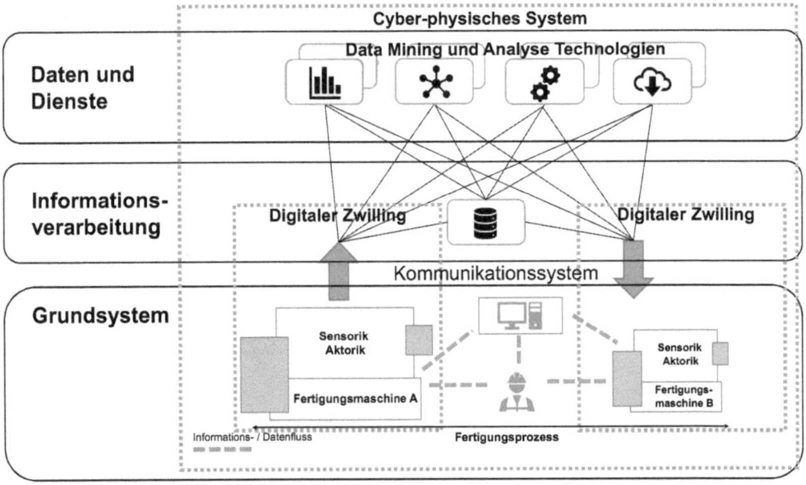

Abbildung 2.5 Schematische Einordnung der ausgewählten Digitalisierungstechnologien

DT verbinden die Ebene des Grundsystems mit den dort verfügbaren Daten und Aktionen der Sensoren und Aktoren mit der darüberliegenden Ebene der Informationsverarbeitung. Der Begriff „digitaler Zwilling" an sich wird in der Literatur oftmals als reine digitale Kopie eines physischen Abbildes beschrieben, durch welches Informationen, Zustände, Funktionen, Daten und Eigenschaften abgebildet werden (Drath, 2018, S. 6; Krcmar, 2018, S. 6; Kuhn, 2017, S. 440). Laut Sauer 2018 ist diese Definition nicht ausreichend, da die Anwendungsfelder über die reine Kopie hinausgehen und es sich dabei um komplexe digitale

Darstellungen handelt, die Teil eines CPS sind. Im Kontext der industriellen Produktion fallen hierunter verschiedene Funktionen und Modelle wie beispielsweise die Abbildung von Fertigungsmaschinen und -prozessen, die Simulationen ganzer Fertigungssysteme und Fabriken einschließlich deren Selbstbeschreibung oder die Abbildung der Datengrundlage zum maschinellen Lernen (Sauer, 2018, S. 8 f.). Durch die Nutzung und Analyse von Daten der physischen Systeme sind unterschiedliche Nutzer in der Lage die Objekte je nach Anforderung zu betrachten oder zu steuern. Die Entscheidungsfindung wird dabei auf Grundlage der vorliegenden Informationen aus Real-, Simulations- und Algorithmus-Daten erleichtert (Ovtcharova & Grethler, 2018, S. 4 f.). Je nach Definition umfasst ein DT unterschiedliche Interaktionsstufen und Ausprägungen. Diese Arbeit folgt der Definition von Kritzinger et al. 2018, welcher den Begriff dazu in drei Stufen unterteilt. In der ersten Stufe (Digitales Modell) wird eine physische Ebene digital abgebildet. Zwischen den beiden Ebenen findet allerdings kein automatisierter Datenaustausch statt. Die darauffolgende Stufe (Digitaler Schatten) basiert auf dem digitalen Modell (Stufe 1) und umfasst einen einseitigen automatisierten Datenaustausch von der physischen zur digitalen Ebene. Umgekehrt ist kein automatischer Datenaustausch vorhanden. Die Integration des gegenseitigen automatisierten Datenaustausches zwischen den beiden Ebenen wird durch die dritte Stufe (Digitaler Zwilling) beschrieben (Abbildung 2.6) (Kritzinger, Karner, Traar, Henjes, & Sihn, 2018, S. 1017).

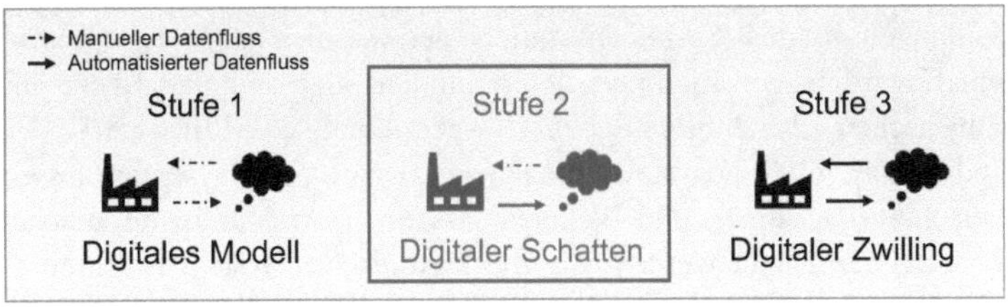

Abbildung 2.6 Kategorisierung der Ausprägungen digitaler Zwillinge. (Eigene Darstellung in Anlehnung an Borchardt, 2020; Kritzinger et al., 2018, S. 1017)

Die für diese Arbeit relevante Stufe des digitalen Schattens (Stufe 2) bietet die Möglichkeit Fertigungssysteme auf Basis von in der physischen Ebene erfasster Daten abzubilden, diese mittels weiterer Daten in der digitalen Ebene zu ergänzen und mittels Analysemodellen Entscheidungen hinsichtlich einer Nachhaltigkeitssteigerung im betrachteten System zu treffen. Die Rückkopplung erfolgt manuell, wobei die analysierten Daten als Informationsunterstützung dienen.

CPS fassen die bisher beschriebenen Elemente Sensoren und Aktoren sowie DT zusammen und erweitern die Analysemöglichkeiten um weitere Daten und Dienste. Der Begriff CPS wurde im Jahr 2006 durch Helen Gill (National Science Foundation) geprägt und als eine Integration von softwaretechnischen Komponenten in physikalische Prozesse beschrieben (Gill, 2008, S. 3; Lee & Seshia, 2011, S. 4). Bis heute werden je nach spezifischer Anwendung CPS unterschiedlich verstanden und eine klar abgrenzbare Definition existiert nicht bzw. nur sehr eingeschränkt. Vielmehr sind Definitionen mit jeweils einer Reihe an unterschiedlichen Eigenschaften und Schwerpunktsetzungen charakteristisch (Tabelle 2.5) (VDI / VDE-Gesellschaft Mess- und Automatisierungstechnik, 2013, S. 2; Westermann, 2017, S. 12).

Die in der analysierten Literatur genannten zentralen Bestandteile eines CPS umfassen eine Vernetzung einschließlich einer Informationsverarbeitung der digitalen und der physischen Ebenen mittels Sensoren und Aktoren, eingebetteten Systemen (EBS) und dem Internet der Dinge und Dienste (IoT). Die technologische Basis eines CPS besteht aus EBS, bei denen es sich um informationsverarbeitende Systeme, die in elektrische Geräte (Grundsystem) eingebunden sind handelt. EBS bestehen aus Mikroprozessoren und agieren mit ihrer physikalischen Umwelt mittels Sensoren und Aktoren (Gessler, 2014, S. 7; Marwedel, 2008, S. 1 f.). Aus den EBS erfasste Daten werden mit den durch die Vernetzung verbundenen virtuellen Systemen, bestehend aus dem IoT, verbunden. Hierdurch können Daten aus unterschiedlichen Bereichen verknüpft und analysiert werden. Auf Basis dieser Daten finden anschließend Entscheidungsrückkopplungen in den Systemen mittels der Aktoren statt. Als wesentliche Eigenschaft wird in der Literatur die Verbindung der digitalen Ebene mit der realen/physischen Ebene beschrieben (Burger, Lang, & Müller, 2017, S. 61). EBS sind hierbei in Grundsysteme eingebettet. Unter Grundsystemen lassen sich auch Fertigungsmaschinen und -anlagen fassen, die wiederum als mechatronische Systeme bezeichnet werden. Ein mechatronisches System beschreibt dabei mechanische und elektrische Systeme, die mittels Informationstechnik gekoppelt sind (VDI 2206, 2004, S. 11 ff.). Die Steuerung der mechatronischen Systeme findet in sogenannten speicherprogrammierbaren Steuerungen (SPS) statt. Diese übernehmen die Ansteuerung der Aktoren und lesen Sensoren innerhalb der Maschine aus und bestimmen durch Informationsrückkopplung den technischen Ablauf des Systems (Seitz, 2012, S. 28).

Tabelle 2.5 Einordnung und Begriffsbestimmung CPS (Tabelle basierend auf Bauernhansl, 2014, S. 15 f.; Bischoff et al., 2015, S. 9; Broy, 2010, S. 17; Czichos, 2015, S. 153; Gill, 2008, S. 3; Kagermann et al., 2013, S. 84; Lee & Seshia, 2011, S. 1; Obermaier, 2017, S. 8; Siepmann, 2016, S. 23)

		Inhalte und Komponenten eines CPS nach Autoren						
Autor	**Definition CPS**	**Internet der Dinge und Dienste**	**Cloud Computing**	**eingebettete Systeme**	**Verbindung der physischen mit der digitalen Welt**	**Sensoren und Aktoren**	**Kommunikationsschnittstellen**	**Informationsverarbeitung**
Gill, 2008, S. 3	CPS umfassen physische, biologische und technisch vollständig vernetzte Systeme, die einen rechnergestützten physischen Kern enthalten, welcher diese überwacht und steuert.			•	•			•
Broy, 2010, S. 17	CPS verbinden eingebettete Systeme (Sensoren und Aktoren) mit weltweiten Netzen und ermöglichen so eine Verbindung der physikalischen mit der digitalen Welt.	•		•	•	•		
Lee & Seshia, 2011, S. 1	CPS enthalten eingebettete Systeme und Netzwerke, die physische Prozesse überwachen und durch Rückkopplung steuern.			•			•	•
Kagermann et al., 2013, S. 84	CPS bestehen u.a. aus eingebetteten Systemen, die Sensoren und Aktoren nutzen, um physikalische Daten zu erfassen und mittels einer Rückkopplung auf physikalische Prozesse einwirken sowie mittels digitaler Netze verbunden sind und weltweite Daten nutzen.	•		•	•	•		•
Bauernhansl, 2014, S. 15 f.	CPS sind über das Internet der Dinge und Dienste kommunikationsfähig und enthalten eingebettete Systeme. Mittels Sensorik und Aktorik findet eine Interaktion mit der physischen Umwelt statt.	•		•	•	•		
Bischoff et al., 2015, S. 9	CPS sind als physische Objekte mit Sensoren, Aktoren und eingebetteten Systemen ausgestattet, wodurch diese Intelligenz und die Fähigkeit zur Selbststeuerung sowie zur Vernetzung erlangen sowie eine Verknüpfung der physischen und der virtuellen Welt entsteht.			•	•	•		
Czichos, 2015, S. 153	CPS nutzen Sensoren zur Erfassung physikalischer Daten, ein digitales Netz zur Datenverarbeitung und Aktoren, um auf physikalische Prozesse einzuwirken.			•	•			•
Siepmann, 2016, S. 23	CPS umfassen die Kombination von Software- und Hardwarekomponenten zu einem intelligenten Verbund, indem jedes einzelne physische Objekt eine eigene Identität besitzt. Es setzt sich aus rechnergestützter Informationsverarbeitung, dem Internet der Dinge und Dienste sowie aus Cloud Computing zusammen.	•	•					•
Obermaier, 2017, S. 8	CPS enthalten Sensoren zur Datenerfassung, eingebettete Systeme zur Datenaufbereitung und Aktoren zur Beeinflussung der physikalischen Vorgänge. Die Kommunikation erfolgt über die Vernetzung und das Internet.	•		•		•	•	•

Ein Vergleich herkömmlicher Fertigungsmaschinen mit an CPS angebundenen Fertigungsmaschinen zeigt, dass beide Systeme zur Interaktion mit deren physischer Umwelt Sensoren zur Datenerfassung und Aktoren zur Systemsteuerung nutzen. Hierzu erfolgt jeweils eine Verarbeitung und Rückkopplung der Informationen. Die Steuerung herkömmlicher Fertigungsmaschinen findet direkt in deren entsprechender Hard- und Software (SPS) statt (Adolphs, 2017, S. 114). Die Steuerungsfunktion des CPS ist in die IoT-Plattform verlagert und ermöglicht einen Austausch von Services und Informationen zwischen unterschiedlichen Systemen und bietet hierdurch Vorteile bezüglich der Flexibilität und den Vernetzungsmöglichkeiten des Systems (Verl & Lechler, 2014, S. 239 f.). Weiterhin grenzen sich CPS durch deren Kommunikationsstrukturen ab. Diese sind bei herkömmlichen Systemen auf deren Grundsystem beschränkt, wohingegen CPS per Definition mit deren Umwelt und dem IoT vernetzt sind. Dies umfasst auch die Vernetzung der CPS mit einer übergeordneten IoT-Plattform, welche die Anbindung an weltweite Daten und Dienste sowie deren Verarbeitung ermöglicht. Im Zusammenhang mit CPS wird in der Literatur oftmals der Begriff Cyber-physisches Produktionssystem (CPPS) angeführt. Bei CPPS handelt es sich um einen Verbund aus mehreren CPS, die gemeinsam ein gesamtes Produktionssystem steuern. Der Begriff findet vor allem im Rahmen der industriellen Fertigungsumgebung Anwendung (Schebek et al., 2017, S. 28; Siepmann, 2016, S. 23).

Die genannten Digitalisierungstechnologien bieten ein Potential zur Nachhaltigkeitssteigerung in Fertigungsprozessen (Niebauer & Riemath, 2017, S. 216 f.; Schebek et al., 2017, S. 13 f.). Dies umfasst neben der ökonomischen Dimension mit Kostensenkungen und Effizienzsteigerungen, auch die ökologische Dimension mit einer Reduzierung des Energie- und Ressourcenverbrauchs, der Reduktion von Abfällen sowie einer daraus resultierenden Verbesserung der Umweltwirkungen (Beltrami, Orzes, Sarkis, & Sartor, 2021, S. 13; Ching, Ghobakhloo, Iranmanesh, Maroufkhani, & Asadi, 2021, S. 11 f.; Suleiman, Shaiholla, Dikhanbayeva, Shehab, & Turkyilmaz, 2022, S. 10). Mittels der aus den Grundsystemen erfassten Daten, lassen sich über die Auswertung dieser Rückschlüsse auf den jeweiligen Prozessablauf und die eingesetzten Wert- und Stoffströme ziehen, woraus eine Steigerung der Nachhaltigkeit abgeleitet werden kann. DT und CPS bieten somit die Möglichkeit, Prozesse zu überwachen und zu optimieren sowie mittels weiterer Datenanalyse den Prozessablauf zu verbessern, wodurch eine effizientere Ressourcennutzung, Kostensenkungen und geringere Umweltbelastungen, wie beispielsweise eine Senkung der CO_2-Emissionen, erreicht werden können (Krommes & Tomaschko, 2023, S. 520 ff.). Dies wiederum führt zu einer langfristigen wirtschaftlichen Stabilisierung der Unternehmen, da diese ihre

Wettbewerbsfähigkeit steigern, sowie ihre Umweltbilanz verbessern können. Um die genannten Potentiale zu realisieren, müssen die Unternehmen allerdings in die Digitalisierungstechnik in Form von DT und CPS investieren, was sich über die Nutzungsdauer sowohl ökonomisch als auch ökologisch amortisieren muss (Ching et al., 2021, S. 12; Stock & Seliger, 2016, S. 540).

2.2.3 Einordung des Datenerfassungs- und Datenanalyseprozesses im Kontext der industriellen Produktion

Die Auswertung, Erweiterung und Ergebnisbildung der durch Sensoren und Aktoren, DT und CPS generierten Daten kann durch den Begriff Data Mining und Analyse überschrieben werden. Fayyad 1996 et al. formulierte bereits Mitte der 90iger Jahre, dass in einer Vielzahl von Bereichen Daten gesammelt werden (Fayyad, Piatetsky-Shapiro, & Smyth, 1996). Heute bilden Daten die Grundlage der industriellen Prozesse und bieten Möglichkeiten zur Nachhaltigkeitssteigerung. Diese Daten werden gespeichert und müssen, um einen Nutzen zu erzeugen, weiterverarbeitet werden. Aufgrund der großen Menge bei der Verknüpfung ganzer Produktionssysteme anfallender Daten, spricht man in diesem Zusammenhang auch von „Big Data“[5] (Hänisch, 2017, S. 10 f.). Hier setzt die Datenanalyse bzw. das sogenannte Data-Mining an. Letzteres hat das Ziel, unter Anwendung von Analyse- und Erkennungsalgorithmen Wissen oder Muster (bzw. einen Nutzen) aus Datensätzen zu gewinnen (Fayyad et al., 1996, S. 83 f.). Die Datenanalyse umfasst viele interdisziplinäre Themen und reicht von der Anwendung statistischer Methoden bis zum Einsatz von künstlicher Intelligenz (KI) und damit verbundenen maschinellen Lernverfahren und beinhaltet das Erfassen, Analysieren, Säubern, Verarbeiten und Interpretieren von Daten (Runkler, 2015, S. 2). Im Laufe der Zeit haben sich zwei methodische Ansätze zur Datenanalyse herauskristallisiert. Zum einen ist das der 1996 beschriebene und sechs Phasen (Selektion, Vorverarbeitung, Transformation, Data Mining, Interpretation und Evaluierung) umfassende KDD-Prozess (engl. Knowledge Discovery in Databases) (Fayyad et al., 1996, S. 82 ff.). Zum anderen ist das das CRISP-DM Modell

[5] Von Big Data wird gesprochen, wenn in einer Anwendung aufgrund von mindestens einem der Faktoren Datenmenge (volume), Verarbeitungsgeschwindigkeit (velocity) und Datenvielfältigkeit (variety) mit bisher üblichen Datenverarbeitungstechnologien eine Verarbeitung nicht mehr sinnvoll möglich ist (Hübschle, 2017, S. 189). Diese Definition stützt sich auf das sogenannte 3-V-Modell, welches von Gartner 2001 beschreiben wurde (Laney, 2001).

(Cross-Industry Standard Process for Data Mining) mit den sechs Phasen business understanding, data understanding, data preparation, modeling, evaluation und deployment (Shearer, 2000, S. 14). Data Mining wird laut Fayyad et al. 1996 als ein Teil des KDD-Prozesses verstanden, mit dem das Ziel verfolgt wird, bislang unbekannte Muster in einem großen Datensatz zu identifizieren. Diese sollen für den Großteil der Daten gültig sein und Zusammenhänge innerhalb der Datenmenge beschreiben (Düsing, 2006, S. 246). Im Gegensatz zum KDD-Prozess umfasst das CRISP-DM Modell einen betriebswirtschaftlichen Ansatz und einen zyklischen Modellablauf. Runkler 2015 schlägt zudem noch ein vereinfachtes Modell vor, welches vier Phasen umfasst und sich den Grundtechniken der beiden anderen Modelle bedient (Abbildung 2.7) (Runkler, 2015, S. 3).

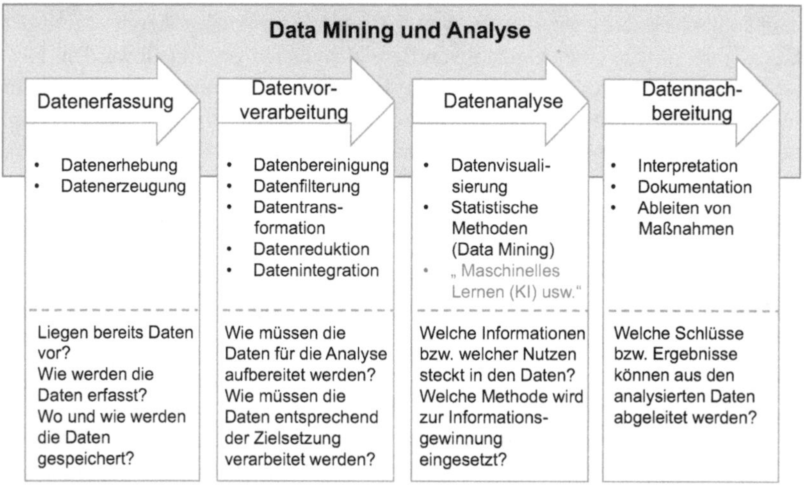

Abbildung 2.7 Vereinfachte Darstellung des Data Mining und Analyse Prozesses. (Eigene Darstellung in Anlehnung an Huber & Oppermann, 2017, S. 217; Runkler, 2015, S. 3)

Die zu erfassenden Daten können dabei unterschiedlichsten Herkunftsquellen entstammen. Im industriellen Prozessumfeld stammen die Daten vor allem aus Sensoren, der Maschinensteuerung (SPS) oder aus der Produkt- und Auftragsplanung (Runkler, 2015, S. 1). Zu unterscheiden ist hierbei die Erzeugung der Daten beispielsweise innerhalb der Feldebene bzw. im Grundsystem und die Beschaffung/Erhebung bereits existierender Daten beispielsweise aus den Informationssystemen (Manufacturing Execution System (MES)) sowie die

Berechnung von Daten auf Basis von weiteren zur Verfügung stehenden Informationsquellen (Huber & Oppermann, 2017, S. 217). Die Datenerfassung stellt die Basis für alle weiteren Analyseschritte dar. Die erfassten Daten werden mittels Kommunikationsschnittstellen und -protokollen übertragen und weiterverarbeitet bzw. zur Analyse aufbereitet und bei Bedarf gespeichert. Meist enthalten die Datensätze Fehler und Rauschen und erfordern aufgrund des Ursprungs aus verschiedenen Herkunftsquellen eine Homogenisierung (Runkler, 2015, S. 23). Dies umfasst die Datenbereinigung (Fehlerbeseitigung und Informationsergänzung), Datentransformation (Anpassung an die ausgewählten statistischen Methoden), Datenreduktion (Reduzierung der Daten auf die wesentlichen Elemente, ohne Verfälschung) und Datenintegration (zusammenführen der Daten aus unterschiedlichen Quellen) (Huber & Oppermann, 2017, S. 218 f.). Datenfehler lassen sich hierbei in zwei Kategorien unterteilen. Zum einen spricht man von zufälligen Fehlern, die durch Mess- und Übertragungsfehler, fehlende Werte oder sogenannte Ausreißer (einzelne Daten, die stark vom Rest der Daten abweichen) auftreten. Zum anderen entstehen Datenfehler durch beispielsweise falsch kalibrierte Sensoren, einer kontinuierlichen Abweichung der Sensorwerte (Drift) oder durch falsche mathematische Formeln bei der Berechnung (systematische Fehler) (Huber & Oppermann, 2017, S. 218 f.; Runkler, 2015, S. 23 ff.). Durch Bearbeitung der Daten mittels der entsprechenden Verfahren werden diese Fehler behoben und der Datensatz für den nächsten Schritt, die Datenanalyse, vorbereitet. Sie zielt darauf ab, Muster und verdeckte Informationen zu finden und umfasst eine Vielzahl unterschiedlicher Methoden und Werkzeuge. Hierzu zählen unter anderem Verfahren der Statistik, Visualisierungen oder maschinelles Lernen (KI) (Huber & Oppermann, 2017, S. 220). Je nach Anwendungsfeld und ausgewählter Zielsetzung ist ein passendes Verfahren anzuwenden, aus welchem dann die benötigten Erkenntnisse abgeleitet und zur Nachhaltigkeitssteigerung genutzt werden können.

3 Stand der Forschung

3.1 Ansätze zur Verknüpfung von Digitalisierung und Nachhaltigkeit in der Produktion

In der Forschung und in der Literatur sind sowohl das Thema Digitalisierung und auch dessen Verknüpfung mit dem Thema Nachhaltigkeit feste Bestandteile. Beim Thema Digitalisierung identifizieren Badakhshan und Ball 2021 ab dem Jahr 2018 einen Anstieg praktischer Anwendungen und Fallstudien zum Thema, wohin gegen im Vorfeld, mit Verweis auf Kritzinger et al. 2018, überwiegend konzeptionelle Arbeiten im Fokus der Wissenschaft standen (Badakhshan & Ball, 2021, S. 258; Kritzinger et al., 2018, S. 1018). Bei Betrachtung der Verknüpfung der Themenfelder Nachhaltigkeit und Digitalisierung nennt ein Großteil der themenrelevanten Publikationen allerdings lediglich die entstehenden Vorteile, welche durch den Einsatz der Digitalisierungstechnologie entstehen, ohne mögliche Nachteile daraus zu betrachten (Tomaschko, Reichelt, & Krommes, 2024, S. 8 ff.). Allerdings müssen auch hier, wie bereits erwähnt, ähnlich wie bei anderen Investitionsentscheidungen in der Produktion, Investitionen in Digitalisierungstechnologien und deren Anwendung ganzheitlich betrachtet werden, um die Nachhaltigkeit in ökonomischer und ökologischer Hinsicht zu gewährleisten. Dazu müssen die Kosten- und Ressourceneinsparungen, die durch die Technologie erzielt werden, den Aufwendungen zur Anschaffung und zum Betrieb

Ergänzende Information Die elektronische Version dieses Kapitels enthält Zusatzmaterial, auf das über folgenden Link zugegriffen werden kann https://doi.org/10.1007/978-3-658-50270-6_3.

F. Tomaschko, *Nachhaltigkeit und Digitalisierung*,
https://doi.org/10.1007/978-3-658-50270-6_3

gegenübergestellt werden (Tomaschko & Krommes, 2023).[1] Im aktuellen Stand der Forschung zeigt sich hierbei eine Lücke.

Aus Nachhaltigkeitsperspektive ist es daher wichtig, dass die nutzbaren Vorteile der Digitalisierungstechnologien die entstehenden Nachteile überwiegen bzw. dass die Aufwendungen, die zugunsten dieser Technologien in den Produktionssystemen unternommen werden, sich hinsichtlich ökonomischer und ökologischer Anforderungen auszahlen. Berkhaut et al. 2004 und Hilty et al. 2014 beschäftigen sich bereits früh mit den Umweltauswirkungen von IKT, welche die Basis für Digitalisierungstechnologien darstellen. So zeigen sie mittels Literaturanalysen die wichtigsten Zusammenhänge zwischen IKT und deren Auswirkungen auf die Umwelt auf, nennen methodische Herausforderungen und fordern die Berechnung eines Netto Umwelteffektes beim Einsatz von IKT (Berkhout & Hertin, 2004; Hilty, Aebischer, & Rizzoli, 2014). In diesem Zusammenhang weisen Schebek et al. 2017 darauf hin, dass durch den Einsatz von Digitalisierungstechnologien in der Produktion zwar Einsparpotenziale zu erwarten sind, die Technologien selbst aber auch Ressourcen verbrauchen. Demnach entsteht der Verbrauch bei der Herstellung der Digitalisierungskomponenten und deren Betrieb (Schebek et al., 2017). Tesch da Silva et al. 2020 weisen in einer theoretischen Betrachtung zudem darauf hin, dass die (Energie-) Einsparpotenziale von I4.0-Technologien durch den Bedarf an kritischen Rohstoffen für deren Herstellung begrenzt sind (Tesch da Silva, da Costa, Paredes Crovato, & da Rosa Righi, 2020). Olah et al. 2020 argumentieren in die gleiche Richtung und verweisen darauf, dass I4.0 in Produktionssystemen für Effizienzsteigerung und Betriebsoptimierung steht, aber andere Dimensionen wie der Ressourcenverbrauch oder die Umweltauswirkungen dieser Technologien nicht berücksichtigt werden und kommen in ihrer Literaturübersicht zum Ergebnis, dass es keinen klaren Konsens über die langfristigen Auswirkungen von Digitalisierungstechnologien auf die Umwelt gibt (Oláh et al., 2020). Chen et al., 2020 stellen fest,

[1] Zur Identifikation des aktuellen Stands der Forschung hinsichtlich Arbeiten zur ganzheitlichen Bewertung von Digitalisierungstechnologien sowie zur Beantwortung der Forschungsfragestellung wurde begleitend zu dieser Arbeit eine Literaturstudie durchgeführt. Hierzu wurden in der Datenbank Web of Science und ergänzt um eine Schneeballanalyse Publikationen identifiziert und analysiert, die unter den Schlagworten Nachhaltigkeit und Digitalisierung (Fokus CPS und DT) zu finden sind. Die im Suchzeitraum von 2017 bis 2023 gefundenen Publikationen wurden daraufhin untersucht, ob sie einen Zusammenhang zwischen den Themen Nachhaltigkeit und Digitalisierung herstellen und ob sie neben den möglichen Anwendungen und Vorteilen, die der Einsatz bzw. die Investition in Digitalisierungstechnologien mit sich bringt, auch die entstehenden Nachteile betrachten und bewerten (Tomaschko et al., 2024).

dass es nur wenige Arbeiten gibt, die die Vor- und Nachteile der Digitalisierung der Fertigung objektiv betrachten. In den meisten Fällen werden nur die Vorteile betrachtet. Wenn negative Effekte betrachtet werden, sind diese oft sehr verallgemeinernd beschrieben oder konzentrieren sich auf bestimmte Technologien. Eine übergreifende Betrachtung fehlt (X. Chen, Despeisse, & Johansson, 2020). Bonilla et al., 2018 bestätigen die Einschätzung von Chen et al., 2020, dass überwiegend die positiven Auswirkungen betrachtet werden (Bonilla, Silva, Terra da Silva, Franco Gonçalves, & Sacomano, 2018; X. Chen et al., 2020; Tomaschko et al., 2024).

Aus ökonomischer Sicht betonen Jamwal et al. 2021 die Notwendigkeit einer Kosten-Nutzen-Analyse beim Einsatz von Digitalisierungstechnologien (Jamwal, Agrawal, Sharma, & Giallanza, 2021). In diesem Zusammenhang betrachten Burggräf et al., 2018 die sozioökonomische Dimension der Nachhaltigkeit und verweisen darauf, dass neben möglichen Vorteilen auch Herausforderungen für Unternehmen auftreten können (Burggräf, Dannapfel, Bertling, & Xu, 2018). Badakhshan und Ball 2021 argumentieren ähnlich und empfehlen, nicht nur die Vorteile der Digitalisierungstechnologien zu analysieren, sondern auch die Problematiken, die sich aus ihnen ergeben können. Sie forschen speziell zu einem DT und kommen ebenfalls zu dem Schluss, dass es an Studien mangelt, die sich mit Nachhaltigkeitsherausforderungen befassen (Badakhshan & Ball, 2021; Tomaschko et al., 2024, S. 20 ff.). Sony 2020 bestätigt dies mit seiner Forschung und stellt fest, dass es zwar umfangreiche Literatur zu dem Thema gibt, aber nur wenige Studien, die die Vor- und Nachteile der Digitalisierungstechnologie in Bezug auf die Nachhaltigkeit erfassen (Sony, 2020). Die betrachtete Literatur zeigt, dass die Verknüpfung des Themas Digitalisierung der Produktion mit Nachhaltigkeitsfragestellungen zwar in der Literatur und Forschung angekommen ist, aber Ansätze und Arbeiten fehlen, die sich konkret mit einer Bewertung beschäftigen, die Aufwand und Nutzen berücksichtigt. Zur Identifikation konkreter Forschungslücken werden die wenigen hierzu existierenden Arbeiten (18 Stück) nachfolgend im Detail betrachtet.

3.2 Identifikation von Ansätzen zur ganzheitlichen Nachhaltigkeitsbewertung von Digitalisierungstechnologien

Insgesamt befassen sich 18 Arbeiten mit der ganzheitlichen Bewertung von Digitalisierungstechnologien (Tabelle 3.1). Neun der untersuchten Arbeiten sprechen lediglich eine Empfehlung aus, neben der Betrachtung der Vorteile auch die Nachteile mit einzubeziehen (Badakhshan & Ball, 2021; Bonilla et al., 2018; Jamwal et al., 2021; Jena, Mishra, & Moharana, 2019; Lukasik & Stachowiak, 2020; Pater & Stadnicka, 2021; Sony, 2020; Tesch da Silva et al., 2020; Vrchota, Pech, Rolínek, & Bednár, 2020). Der Schwerpunkt liegt dabei auf Empfehlungen zur Durchführung einer Umweltverträglichkeitsprüfung und verweist darauf, dass hierzu Bewertungsmethoden zu entwickeln sind. Bis auf eine Ausnahme sind diese ausschließlich aus Literaturrecherchen zum Thema abgeleitet (Jena et al., 2019). Darüber hinaus konnten neun Arbeiten identifiziert werden, die sich konkret mit der ökonomischen und/oder ökologischen Bewertung von Digitalisierungstechnologien befassen, indem sie Methoden anwenden oder Berechnungen durchführen (Aigner et al., 2022; Bamunuarachchi, Georgakopoulos, Banerjee, & Jayaraman, 2021; Burggräf et al., 2018; X. Chen et al., 2020; Oláh et al., 2020; Rogall, Mennenga, Herrmann, & Thiede, 2022; Schebek et al., 2017; Thiede, 2018; Tu, Lim, & Yang, 2018). Im überwiegenden Teil dieser Veröffentlichungen werden Fallstudien zu umweltrelevanten Themen durchgeführt und hierdurch die Methoden in der Praxis bewertet. Lediglich eine Publikation behandelt sowohl ökonomische als auch ökologische Themen (Tabelle 3.1) (Aigner et al., 2022). Zur Anwendung der Bewertungsmethoden nutzen die Autoren jeweils unterschiedliche Ausprägungen und Vorgehensweisen (die zugehörigen Dateien sind in Anhang 1 im elektronischen Zusatzmaterial einsehbar).

Burggräf et al. 2018, Tu et al. 2018 und Bamunuarachchi et al. 2021 wenden jeweils ökonomische Methoden zur ganzheitlichen Bewertung der Digitalisierungstechnologien an. Burggräf et al. 2018 nutzen dazu ein Return-on-Investment-Modell (ROI-Modell), um die Bewertung der Kosten und des Nutzens von Digitalisierungstechnologien für kleine und mittlere Unternehmen durchzuführen, wobei sie verschiedene Kostenkategorien und Nutzenarten monetarisieren (Burggräf et al., 2018). Tu et al. 2018 wiederrum schlagen ein Architektur-Framework für CPS und IoT vor und führen eine Kosten-Nutzen-Analyse durch, um die Rentabilität von Digitalisierungstechnologien in spezifischen Anwendungsfällen zu bewerten (Tu et al., 2018). Bamunuarachchi

Tabelle 3.1 Detailanalyse der für den Stand der Forschung identifizierten, relevanten Literatur (Tabelle basierend auf Tomaschko et al., 2024)

Autoren	Vorstellung einer konkreten Bewertungsmethodik	Begrenzt auf eine Empfehlung zur ganzheitlichen Bewertung	Durchführung eines Literaturreviews	Durchführung einer Fallstudie	Ökonomische Fragestellungen	Ökologische Fragestellungen	Hinweis auf die Notwendigkeit zur ganzheitlichen Bewertung
Schebeck et al., 2017	•			•		•	Schebeck et al., 2017 stellen eine Methodik zur ökologischen Bewertung von Digitalisierungstechnologien vor.
Bonilla et al., 2018		•	•				Bonilla et al., 2018 geben eine Empfehlung zur Entwicklung einer Vorgehensweise zur quantitativen ökologischen Bewertung von Digitalisierungssystemen unter Berücksichtigung bestehender Methoden.
Burggräf et al., 2018	•			•	•		Burggräf et al., 2018 stellen eine Berechnungsmethodik auf Basis etablierter Kostenrechnungsmodelle zur ökonomischen Bewertung von CPS vor.
Thiede, 2018	•			•		•	Thiede 2018 stellt eine Methodik zur ökologischen Bewertung von CPS vor und verweist auf die Notwendigkeit eine ökologische Bewertung zu integrieren.
Tu et al., 2018	•			•	•		Tu et al., 2018 evaluieren eine IoT/CPS Testumgebung mittels klassischer Kosten-Nutzen Analyse.
Jena et al., 2019		•		•	•		Jena et al., 2019 verweisen auf die Notwendigkeit zur Berechnung einer ökologischen Rentabilität bzw. Rückzahlungsdauer.
Chen et al., 2020	•		•			•	Chen et al., 2020 diskutieren die Gesamtauswirkungen der Digitalisierung auf die ökologische Nachhaltigkeit und prüfen ob diese positiv oder negativ ausfällt.
Lukasik und Stachowiak, 2020		•	•			•	Lukasik und Stachowiak 2020 weisen im Ausblick auf das Problem hin, dass bei Berechnung der ökologischen Nachhaltigkeit neben dem Nutzen auch ein Aufwand berücksichtigt werden muss.
Oláh et al., 2020	•		•			•	Oláh et al., 2020 untersuchen die Auswirkungen des Einsatzes von Industrie 4.0 Technologien (Fokus auf CPS) in der Produktion auf die Nachhaltigkeit.
Tesch da Silva et al., 2020		•	•			•	Da Silva et al., 2020 beschreiben/identifizieren das Problem, dass mögliche (Energie-)Einsparungen durch Industrie 4.0-Technologien aufgrund der Verfügbarkeit von kritischen Rohstoffen, die zur Herstellung dieser benötigt werden, in einer globalen Betrachtung begrenzt sind.
Sony, 2020		•	•			•	Sony 2020 weist indirekt auf die Notwendigkeit einer ökonomischen Bewertung (Wirtschaftlichkeitsrechnung) von Digitalisierungssystemen hin und verweist zudem darauf, dass weiterer Forschungsbedarf besteht, um die Umweltwirkungen von Digitalisierungssystemen zu reduzieren.
Vrchota, 2020		•	•			•	Vrchota 2020 verweist indirekt auf die Notwendigkeit zur ganzheitlichen Bewertung des Einsatzes von Digitalisierungssystemen.
Badakhshan und Ball, 2021		•	•			•	Badakhshan und Ball 2021 weisen im Ausblick auf das Fehlen von Arbeiten hin, die neben dem möglichen Nutzen von DT auch die durch den Einsatz von DT entstehenden Problematiken untersuchen.
Bamunuarachchi et al., 2021	•			•	•		Bamunuarachchi et al., 2021 entwickeln ein umfassendes Kostenmodell zur Bewertung von Industrie 4.0 Anwendungen in der Entwicklungsphase.
Pater und Stadnicka, 2021		•	•			•	Pater und Stadnicka 2021 sehen zukünftigen Forschungsbedarf zur Bewertung der beim Einsatz von DT enstehenden Probleme.
Jamwal et al., 2021		•	•			•	Jamwal et al., 2021 weisen auf die Aufwand Nutzen Problematik beim Einsatz von Digitalisierungstechnologie hin.
Rogall et al., 2022	•			•		•	Rogall et al., 2022 erweitern den Ansatz von Thiede 2018 um eine Vorgehensweise zur Identifiaktion von umweltrelevanten Einflussparametern von CPS.
Aigner et al., 2022	•			•	•	•	Aigner et al., 2022 prüfen die ökonomische und ökologische Rentabilität von nachgerüsteten I4.0 Lösungen (Retrofit-Maßnahmen; CPPS) indem sie jeweils die Fertigung mit und ohne Digitalisierungstechnologie eines Referenzbauteils (bzw. unterschiedliche Retrofit-Szenarien) vergleichen. Vertiefung des Ansatzes von Thiede 2018 und Rogal et al., 2022.

et al. 2021 fokussieren sich auf die Entwicklung eines Kostenmodells, das spezifische Digitalisierungskosten berücksichtigt und wenden dies in einer Fallstudie an (Bamunuarachchi et al., 2021; Tomaschko et al., 2024).

Schebek et al. 2017, Thiede 2018, Chen et al. 2020, Oláh et al. 2020 und Rogall et al. 2022 nutzen ökologische Ansätze zur ganzheitlichen Bewertung der Digitalisierungstechnologien. Hierbei verwenden Schebek et al. 2017 eine Umweltbewertung basierend auf der Life Cycle Assessment-Methode (LCA-Methode), um die Umweltauswirkungen von Digitalisierungstechnologien entlang ihres Lebenszyklus zu analysieren (Schebek et al., 2017). Thiede 2018 entwickelt darauf aufbauend eine Methode, die potenzielle Einsparungen durch CPPS in einem Produktionssystem unter Berücksichtigung der Energie- und Ressourceneffizienz bewertet (Thiede, 2018). Chen et al. 2020 und Oláh et al. 2020 untersuchen in Literaturstudien die Umweltauswirkungen von Digitalisierungstechnologien, wobei Chen et al. 2020 den Fokus auf Ressourcen- und Informationseffizienz legt, während Oláh et al. 2020 positive und negative Szenarien ökologischer Nachhaltigkeit in der Fertigung analysiert (X. Chen et al., 2020; Oláh et al., 2020). Rogall et al. 2022 entwickeln aufbauend auf dem Ansatz von Thiede 2018 eine Methodik zur Identifizierung der umweltrelevanten Einflussfaktoren von CPPS und schlagen einen systematischen Ansatz zur Umweltbewertung vor (Rogall et al., 2022; Thiede, 2018; Tomaschko et al., 2024).

Basierend auf den Ansätzen von Thiede 2018 und Rogal et al. 2022 kombinieren Aigner et al. 2022 ökonomische und ökologische Bewertungen, um die Rentabilität der Nachrüstung von Fertigungssystemen mit Digitalisierungstechnologien zu bewerten und wenden die Methodik an einer Fallstudie an (Aigner et al., 2022; Rogall et al., 2022; Thiede, 2018; Tomaschko et al., 2024).

3.3 Diskussion und Einordnung der identifizierten Ansätze zur ganzheitlichen Nachhaltigkeitsbewertung von Digitalisierungstechnologien

Konkret liefert die analysierte Literatur drei unterschiedliche Dimensionen von Bewertungsmethoden für nachhaltige Investitionsentscheidungen für Digitalisierungstechnologien. Die identifizierten neun Veröffentlichungen, die sich mit ökonomischen ($n = 3$), ökologischen ($n = 5$) und ökonomischen und ökologischen ($n = 1$) Bewertungsmethoden befassen, können weiter hinsichtlich der Verwendung von qualitativen und quantitativen Methoden oder in allgemeine

Überlegungen zum Thema unterteilt werden (Abbildung 3.1) (Tomaschko et al., 2024, S. 21).

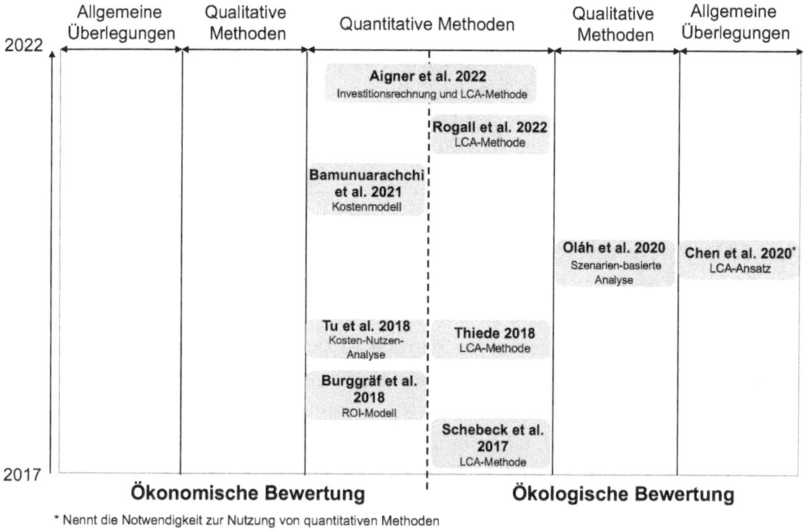

Abbildung 3.1 Einordung der identifizierten Literatur (Tomaschko et al., 2024, S. 22)

Bei den ökonomischen Bewertungsmethoden handelt es sich durchweg um quantitative Methoden, die aus der klassischen Kostenrechnung stammen oder abgeleitet wurden (Bamunuarachchi et al., 2021; Burggräf et al., 2018; Tu et al., 2018). Die von Tu et al. 2018 und Bamunuarachchi et al. 2021 angewandte Kosten-Nutzen-Analyse vergleicht die Investitionskosten der Digitalisierungstechnologien mit den potenziellen Kosteneinsparungen dieser Technologien in den Fertigungsanlagen, wobei die Autoren die Betriebs- und Entsorgungskosten nicht berücksichtigen (Bamunuarachchi et al., 2021; Tu et al., 2018). Burggräf et al. 2018 berechnen anstelle eines Kosten-Nutzen-Wertes den ROI, berücksichtigen allerdings ebenfalls keine Betriebs- und Entsorgungskosten (Burggräf et al., 2018). Sowohl bei der Kosten-Nutzen-Analyse als auch beim ROI berücksichtigen die Autoren nicht den zeitlichen Anfall von Kosten und Einsparungen. Daher fehlen bei der Anwendung bei den bekannten quantitativen ökonomischen Methoden ein Lebenszyklusansatz und eine dynamische Berechnungsweise, um eine ganzheitliche Bewertung von Digitalisierungstechnologien in Produktionssystemen vorzunehmen (Tomaschko et al., 2024).

Anders als bei den ökonomischen Methoden, sind die Methoden zur ökologischen Bewertung in quantitative und qualitative Vorgehensweisen unterteilt (Aigner et al., 2022; Rogall et al., 2022; Schebek et al., 2017; Thiede, 2018). Auf der Grundlage unterschiedlicher Szenarien bewerten Olah et al. 2020 den Beitrag der Digitalisierung qualitativ und geben Anleitungen zur Einführung dieser Technologien in der Praxis. Diese qualitative Methode eignet sich jedoch nicht, um den Einsatz spezifischer Digitalisierungstechnologien in Fertigungssystemen zu bewerten. Daher empfehlen die Autoren eine quantitative Bewertung von Digitalisierungstechnologien und schlagen Methoden wie Materialintensität, LCA oder die Berechnung des kumulierten Energieaufwands vor (Oláh et al., 2020). Im Gegensatz dazu wenden Schebek et al. 2017, Thiede 2018 und Rogall et al. 2022 jeweils eine quantitative Methode an. Sie alle beziehen sich auf die LCA-Methode und ihre Grundsätze und schlagen eine vergleichende Bewertung auf deren Grundlage vor. Sie berechnen einen ökologischen Break-even-Point. Zur Durchführung der Berechnung werden in den drei Arbeiten jeweils unterschiedliche Wirkungskategorien[2] in der LCA verwendet und unterschiedliche Lebenszyklen für die Bewertungen berücksichtigt (Rogall et al., 2022; Schebek et al., 2017; Thiede, 2018). Chen et al. 2020 schlagen ebenfalls die Verwendung der LCA-Methode vor (X. Chen et al., 2020). Über diese genannten Gemeinsamkeiten hinaus unterscheidet sich das methodische Vorgehen der drei Autoren jeweils im Detail. Schebek et al. 2017 verwenden die Bewertung der Kritikalität von Rohstoffen als Ergänzung zur LCA-Methode (Schebek et al., 2017). Aigner et al. 2022 erweitern diese Methoden um eine ökonomische Bewertung und bilden damit einen ersten Ansatz, der Digitalisierungstechnologien in Produktionssystemen ganzheitlich bewertet. Anstelle einer Kosten-Nutzen-Analyse oder einer ROI-Bewertung haben Aigner et al. 2022 eine Methode entwickelt, die sich auf die Methode der Total Cost of Ownership bezieht (Aigner et al., 2022). Allen Bewertungsmethoden fehlt eine für den Transfer in die unternehmerische Praxis notwendige, durchgängige methodische Vorgehensweise (Tomaschko et al., 2024).

[2] Wirkungskategorien bilden spezifische Umweltwirkungen ab und stellen so als Ergebnis einer LCA-Studie (Ökobilanzstudie) die Umweltbelastung je nach Kategorie dar. Beispiele sind das Global Warming Potential, der Ozonabbau oder die Versauerung des Bodens (DIN EN ISO 14040, 2021, S. 13 ff.).

3.4 Eignungsprüfung der identifizierten Methoden zur ganzheitlichen Bewertung und Identifikation von Forschungslücken

Zur Eignungsprüfung der identifizierten Methoden hinsichtlich einer ganzheitlichen Nachhaltigkeitsbewertung müssen sowohl Kriterien der Nachhaltigkeit, Anforderungen aus den Spezifika beim Einsatz von Digitalisierungstechnologien als auch Anforderungen zum Transfer in die unternehmerische Praxis berücksichtigt werden. Die hierzu verwendeten Kriterien stammen aus den Erkenntnissen der beiden Grundlagenkapitel sowie aus der durchgeführten Literaturanalyse und wurden spezifisch für diese Arbeit entwickelt (Tabelle 3.2).

Tabelle 3.2 Kriterien zur Einordung der identifizierten Bewertungsmethoden aus der Literatur (Tabelle basierend auf Tomaschko et al., 2024)

Kriterien	Erläuterung	Ableitung der Kriterien		
		Nachhaltigkeit	Digitalisierung	Literaturanalyse
Umsetzung einer durchgängigen methodischen Vorgehensweise	Zum Transfer in die unternehmerische Praxis ist es notwendig eine durchgängige und methodenbasierte Vorgehensweise für eine Bewertung zur Verfügung zu stellen.			•
Abbildung des gesamten Lebenszyklus der Digitalisierungstechnologie	Zur vollständigen Erfassung aller anfallenden Aufwendungen und Einsparungen der Digitalisierungstechnologie ist es notwendig, den gesamten Lebenszyklus zu betrachten (vom Rohstoffabbau bis zur Verwertung).	•		
Betrachtung nicht linearer Zusammenhänge bei der Bewertung	Je nach Technologie und Lebenszyklusphase der Technologie fallen unterschiedlich hohe Aufwendungen oder Einsparungen an. Zur korrekten Ergebnisbildung müssen diese Besonderheiten berücksichtigt werden.		•	
Betrachtung mehrerer Wirkungskategorien bei der Bewertung	Um eine umfassende und vollständige Nachhaltigkeitsbewertung durchführen zu können, ist es notwendig, die Technologien nach unterschiedlichen Wirkungskategorien zu bewerten, um aufgrund einer einseitigen Betrachtung keine falschen Schlüsse zu ziehen.	•		
Verwendung gängiger Normen und Methoden bei der Bewertung	Zur Akzeptanz und zur Sicherstellung der Anwendbarkeit ist es notwendig, dass die Bewertung auf bereits etablierten und standardisierten Bewertungsmethoden beruht.			•
Betrachtung ökologischer und ökonomischer Nachhaltigkeitsdimensionen	Um eine einseitige Betrachtungsweise zu vermeiden ist es notwendig sowohl eine ökonomische Bewertung als auch eine ökologische Bewertung durchzuführen.	•		

Die Anwendung der abgeleiteten Bewertungskriterien ermöglicht es die identifizierten Bewertungsmethoden im Hinblick auf eine ganzheitliche Nachhaltigkeitsbewertung sowie den aktuellen Stand der Forschung zu reflektieren und hieraus Forschungslücken abzuleiten (FF 1.1 und FF 1.2).

Es zeigt sich, dass die geforderten Kriterien von keiner der identifizierten Arbeiten vollständig erfüllt werden (Abbildung 3.2). Eine durchgängige methodische Vorgehensweise wird von drei Autoren in Form einer Schritt-für-Schritt-Anleitung dargestellt (Aigner et al., 2022; Bamunuarachchi et al., 2021; Schebek et al., 2017). Diese Arbeiten fokussieren allerdings auf individuelle Beispiele. Ein allgemein gültiger Transfer auf andere Fälle und die Anwendbarkeit in der Praxis ist begrenzt, da die Randbedingungen und standardisierte Anwendungsfälle für Investitionsentscheidungen im methodischen Vorgehen nicht berücksichtigt werden. Im Sinne einer ganzheitlichen Bewertung müssen alle Phasen des Lebenszyklus von Digitalisierungstechnologien berücksichtigt werden. Das bedeutet, dass neben dem Aufwand und Nutzen des Betriebs auch die Rohstoffgewinnung und Herstellung sowie das Recycling in die Bewertung einfließen müssen. Dies berücksichtigen lediglich Schebek et al. 2017, Chen et al. 2020 und Aigner et al. 2022 (Aigner et al., 2022; X. Chen et al., 2020; Schebek et al., 2017). Die Notwendigkeit von geografischen, technischen oder zeitlichen Grenzen, wie sie in der LCA-Methode gefordert werden, wird von keinem der Autoren diskutiert. Auch das physikalische und zeitliche Verhalten von Aufwand und Nutzen während des Betriebs (Nutzungsphase) beeinflusst das Ergebnis. In der Theorie werden für die Nutzungsphase oft lineare Gradienten angenommen, während in der Praxis oft nichtlineare Gradienten durch ein Einschwingen des Systems (Anlaufphase) zu erwarten sind. Thiede 2018 und Rogall et al. 2022 verwenden „feasibility“ Diagramme, um die Umweltauswirkungen von CPPS zu vergleichen und Verbesserungen zu erzielen. Durch die „feasibility“ Diagramme werden Digitalisierungstechnologien unter Verwendung unterschiedlicher Parameter und nicht linearer Gradienten miteinander verglichen (Rogall et al., 2022; Thiede, 2018). Burggräf et al. 2018 präsentieren zusätzlich zu einer statischen Bewertung mit linearen Kostengradienten eine dynamische Kostenbewertung mit nicht-linearen Kurven. Sie stellen als Ergebnis ihrer Arbeit fest, dass die Kosten dynamisch berechnet werden müssen, da ein technologischer Fortschritt zu nichtlinearen Kostenkurven führt (Burggräf et al., 2018). Sowohl die Berücksichtigung der ökonomischen als auch der ökologischen Auswirkungen sind entscheidend für eine ganzheitliche Bewertung, da eine nachhaltige Produktion beide Dimensionen berücksichtigen muss (Aigner et al., 2022). Hinsichtlich der Bewertung müssen die verwendeten Methoden wissenschaftlich anerkannt und standardisiert sein. Zur ökologischen Bewertung wird von den Autoren überwiegend die LCA-Methode verwendet. Die hier gewählten Wirkungskategorien variieren jedoch in den verschiedenen Veröffentlichungen (Aigner et al., 2022; X. Chen et al., 2020; Schebek et al., 2017). Häufig werden das Global Warming Potential (100 Jahre) (GWP_{100}) und der kumulierte Energieaufwand verwendet, ergänzt durch Rohstoffbedarf, Flächenverbrauch oder Wirkungskategorien zur Bewertung der Kritikalität von Rohstoffen. Die ökonomische Bewertung basiert auf Methoden der Kosten- oder Investitionsrechnung (Aigner et al., 2022; Burggräf et al., 2018; Tu et al., 2018).

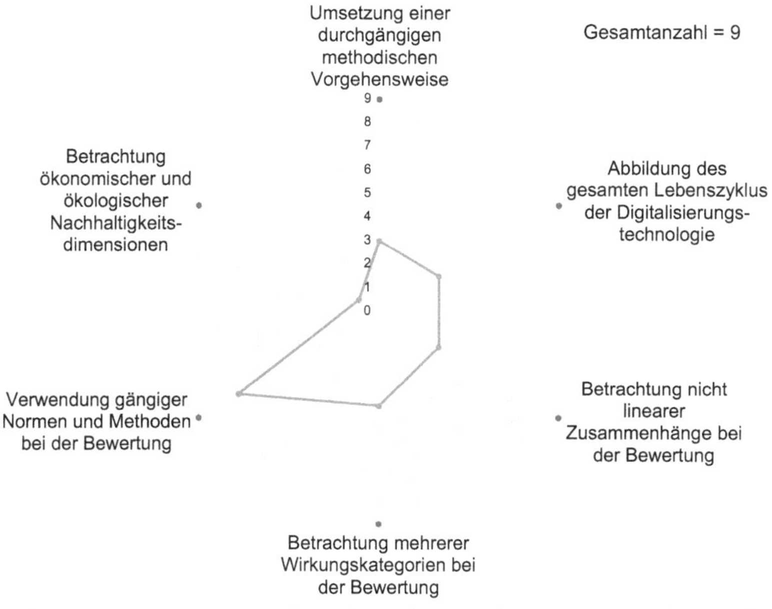

Abbildung 3.2 Bewertungsmatrix zur Identifikation der Forschungslücken (Tomaschko et al., 2024, S. 23)

Bis auf den Einsatz gängiger Normen und Methoden zeigt der Stand der Forschung bei allen anderen, der verwendeten Kriterien zur Bewertung der Literatur, Forschungsbedarf auf. Insbesondere folgende Bedarfe werden im Rahmen der Arbeit und in den Forschungsfragen näher betrachtet:

- Entwicklung einer definierten und durchgängigen methodischen Vorgehensweise die ökonomische und ökologische Nachhaltigkeitsdimensionen in die Bewertung integriert.
- Definition geeigneter Systemgrenzen sowie Auswahl geeigneter Wirkungskategorien, um den spezifischen Anforderungen bei der Investitionsbewertung von Digitalisierungstechnologien Rechnung zu tragen.
- Prüfung und Berücksichtigung nicht linearer Aufwendungen und Einsparungen während des gesamten Lebenszyklus der Digitalisierungstechnologie.

4 Entwicklung einer Vorgehensweise zur ganzheitlichen Nachhaltigkeitsbewertung von Digitalisierungstechnologien

4.1 Ableitung des quantitativen Bewertungsmodells (Modellgleichungen)

4.1.1 Einordnung und Grundlage des quantitativen Bewertungsmodells

Die Grundlage für das Bewertungsmodell (für die Modellgleichungen) bildet die in Abschnitt 2.1 getroffene Abgrenzung zum Thema Nachhaltigkeit, welche definiert, dass das Verhältnis zwischen möglichen Output und notwendigem Input, in die Betrachtung einfließt. Diesen Zusammenhang greift auch das Prinzip der Ressourceneffizienz auf. Der Nutzen wird dabei anhand vermiedener Kosten, vermiedenem Treibhauspotenzial, vermiedenem Primärenergiebedarf oder vermiedenem Rohstoffaufwand (Abiotic Depletion Potential) sowie anderen vermiedenen Umweltwirkungen beschrieben. Diesem Nutzen wird der entsprechende Aufwand gegenübergestellt, der sich aus aufgewendeten Kosten, aufgewendeten Treibhauspotenzial und weiteren Faktoren zusammensetzt (Krommes & Tomaschko, 2021, S. 59). Die VDI 4800 drückt Ressourceneffizienz (RE) als Verhältnis eines definierten Nutzens N[1] zu einem benötigten Aufwand A aus (Formel 4.1) (Krommes & Tomaschko, 2021, S. 59; VDI 4800 Blatt 1, 2016, S. 12).

[1] Im mathematischen Kontext steht $\mathbb{N}$ für die Menge der natürlichen Zahlen. Für diese Arbeit wird N als Abkürzung für den Nutzen verwendet.

Ergänzende Information Die elektronische Version dieses Kapitels enthält Zusatzmaterial, auf das über folgenden Link zugegriffen werden kann https://doi.org/10.1007/978-3-658-50270-6_4.

F. Tomaschko, *Nachhaltigkeit und Digitalisierung*,
https://doi.org/10.1007/978-3-658-50270-6_4

$$\textit{Ressourceneffizienz RE} = \frac{\textit{Nutzen N}}{\textit{Aufwand A}} \tag{4.1}$$

Basierend auf der Unterscheidung zwischen Nutzen und Aufwand wird das betrachtete Gesamtsystem aus Fertigungsumgebung und dort eingesetzter Digitalisierungstechnik in zwei Untersysteme unterteilt (Abbildung 4.1). Das Primärsystem umfasst die produzierende Fertigungsumgebung und quantifiziert den Nutzen, während das Sekundärsystem die eingesetzte Digitalisierungstechnologie betrachtet und den Aufwand für die Digitalisierungstechnologie quantifiziert.

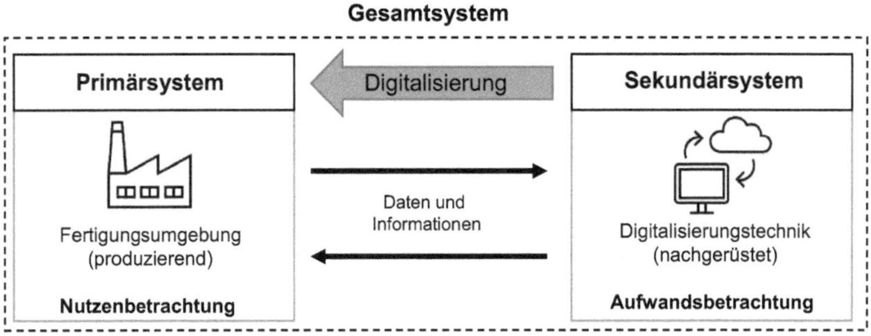

Abbildung 4.1 Einordnung Gesamtsystem, Primärsystem und Sekundärsystem

Je nach Verhältnis zwischen Aufwand und Nutzen, wird ein positiver oder negativer Nachhaltigkeitseffekt erzielt. Für die Aufwand- und Nutzenfunktion wird zunächst angenommen, dass sie der Normalform einer Geradengleichung entsprechen. Die Aufwandsfunktion enthält zu Beginn des Betriebs der Digitalisierungstechnik bereits einen Anfangsaufwand, der aus den vor dem Betrieb angefallenen Investitions- und Herstellungsaufwendungen für die Digitalisierungstechnik resultiert. Der Schnittpunkt der beiden Geraden bildet einen Grenzpunkt, ab welchem der erzeugte Nutzen und der dafür aufgewendete Aufwand sich ausgleichen. Um den Schnittpunkt zu bestimmen, ist es erforderlich, dass beide Gleichungen von derselben Variable abhängig sind und sich somit in einem gemeinsamen (Koordinaten-) System bewegen. Während die Aufwandsfunktion stets von der Betriebszeit der Digitalisierungstechnologie abhängt, ist hinsichtlich der Nutzenfunktion eine Abhängigkeit von der Maschinenlaufzeit oder der Ausbringungsmenge des Fertigungssystems möglich. Um beide Gleichungen in einem System abbilden zu können, werden beide mittels der Variable Zeit betrachtet.

Die Ausbringungsmenge lässt sich über die Auslastung des Nutzensystems im Nachgang ebenfalls darstellen (Abbildung 4.2).

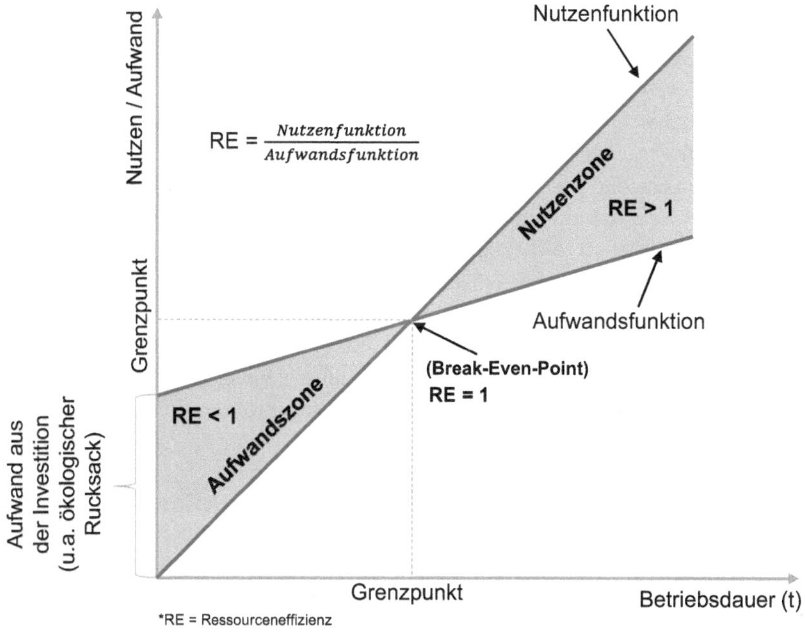

Abbildung 4.2 Theoretische Betrachtung der Nutzen- und Aufwandsfunktion

Mittels der Betrachtung des Grenzpunktes (Break-Even-Point) lassen sich drei unterschiedliche Möglichkeiten hinsichtlich der Sinnhaftigkeit einer Investition in Digitalisierungstechnologie unterscheiden (Voegele & Sommer, 2012, S. 392 f.):

- Möglichkeit 1: Aufwandszone (Nutzen < Aufwand), RE < 1, Investition in Digitalisierungstechnologie unter den betrachteten Gesichtspunkten nicht vorteilhaft,
- Möglichkeit 2: Grenzpunkt (Nutzen = Aufwand), RE = 1, Investition in Digitalisierungstechnologie unter weiteren Gesichtspunkten zu prüfen,
- Möglichkeit 3: Nutzenzone (Nutzen > Aufwand), RE > 1, Investition in Digitalisierungstechnologie unter den betrachteten Gesichtspunkten vorteilhaft;

Der Betrachtungsweise in Form der dargestellten Möglichkeiten liegen allerdings einige vereinfachte Annahmen zugrunde. Zunächst wird davon ausgegangen, dass die Nutzen- und Aufwandsfunktionen linear verlaufen. Weiterhin besteht das Digitalisierungssystem nur aus einer Komponente und diese steht zu 100 % für alle Einsatzbereiche unmittelbar zur Verfügung. In der Praxis wird die Investition in Digitalisierungstechnologie allerdings stufenweise und für mehrere Systeme in unterschiedlichen Ausprägungen mit verschiedenen Digitalisierungstiefen erfolgen. Es ist daher kein linearer Verlauf von Aufwands- und Nutzenfunktion zu erwarten, sondern vielmehr ein sprunghafter Anstieg, welcher nach Durchschreiten einer Nutzenzone zu einer Annäherung an einen weiteren Schwellenwert führt, da eine weitere Ressourceneffizienzsteigerung entweder nicht mehr möglich oder nur mit weiterem Aufwand, welcher mit einer weiteren Digitalisierungstiefe einhergeht, durchführbar ist. Folglich ist davon auszugehen, dass sich bei der Analyse vollständiger Fertigungssysteme unterschiedliche Nutzen- und Aufwandszonen hinsichtlich der angegebenen Möglichkeiten herausbilden. Um dieser Entscheidungsproblematik bei der Modellbildung gerecht zu werden, werden nachfolgend die Nutzen- und Aufwandsfunktion separat untersucht.

4.1.2 Entwicklung der statischen Nutzenfunktion

Das Nutzensystem als zu digitalisierende industrielle Fertigungsumgebung (Menge Fu) besteht aus mehreren Fertigungsprozessen (Maschinen und Anlagen) a_i. Für a_i gilt $a_i \in Fu$ und die Gesamtzahl der Fertigungsprozesse von Fu ist die Summe der Einzelprozesse ($i = 1;\ldots,n$). Hierbei werden die einzelnen Fertigungsprozesse a_i als Black-Box-Prozesse betrachtet, welche einen quantifizierbaren Input (Roh-, Hilfs- oder Betriebsstoffe) in einen quantifizierbaren Output (Haupt- und Nebenprodukte bzw. Zwischenprodukte) überführen, welcher jeweils näher untersucht wird. Der Prozessablauf (Throughput)[2] wird nicht betrachtet (VDI 4800 Blatt 1, 2016, S. 13).

[2] Die betrachtete Digitalisierungstechnik greift hierbei nicht in die Abläufe und die Steuerungen der Maschinen ein, sodass negative Auswirkungen, durch angestrebte Ressourceneinsparungen/Nachhaltigkeitsbestrebungen, auf das Endprodukt bzw. Halbzeug ausgeschlossen sind. Zudem müssen die zu einer Ressourceneffizienzsteigerung/Nachhaltigkeitssteigerung führenden Maßnahmen prozessindividuell festgelegt werden und sind nicht Teil des Modells.

Entsprechend Busse von Colbe und Laßmann 1991 sowie Dyckhoff und Spengler 2010 wird der Verbrauch von Repetierfaktoren[3] in Zeiteinheiten gemessen, was sich für eine Betrachtung des Nutzens auch für eine mögliche Einsparung an Input- und Outputströmen übernehmen lässt (Busse von Colbe & Laßmann, 1991, S. 79; Dyckhoff & Spengler, 2010, S. 17). Der Nutzen ergibt sich aus einem Einsparfaktor E je Zeiteinheit, der von der Prozesslaufzeit t des Fertigungssystems oder einzelner Prozesse abhängt. Der Einsparfaktor dient als Maß für die Veränderung des Nutzens und ist für den linearen Fall konstant (Formel 4.2).

$$N = \int_{0}^{t_1} E * dt' = E * t \tag{4.2}$$

Der Einsparfaktor E des Fertigungssystems wird durch die Mengen Input I und Output O bestimmt, wobei für I und O gilt $|I| = |\mathbb{N}|$ und $|O| = |\mathbb{N}|$ und $(I \neq O)$.[4] Es werden der Betrachtungszeitraum 1 (vor der Ausstattung mit Digitalisierungstechnik) und der Betrachtungszeitraum 2 (nach der Ausstattung mit Digitalisierungstechnik) verglichen. Hieraus ergeben sich die weiteren Mengen I_1 und I_2 sowie O_1 und O_2 und 5 unterschiedliche Fälle für den Nutzen, welche im Folgenden beschreiben werden. Eine Einsparung liegt vor, wenn die Inputströme der Menge I (a_i) bei gleichbleibendem Output der Menge O (a_i) verringert sowie wenn die Outputströme bei gleichbleibendem Input erhöht, werden können. Weiterhin wäre in der Theorie eine Einsparung bei verringertem Input und gleichzeitig gesteigertem Output, verringertem Output bei überproportional verringertem Input sowie bei einem überproportional gesteigerten Output bei proportional gesteigertem Input gegeben. Bei einer direktproportionalen Änderung der Input- und Outputströme erfolgt keine Einsparung und der Nutzen ändert sich nicht (Abbildung 4.3).

[3] Repetierfaktoren zählen zu den Produktionsfaktoren (alle für die Produktion von Gütern notwendigen Mittel und Leistungen) und werden bei der Produktion von Gütern an den Produktionsmaschinen verbraucht. Beispiele für Repetierfaktoren sind Rohstoffe, Werkstoffe und Betriebsstoffe (Dyckhoff & Spengler, 2010, S. 17 ff.).

[4] N = Nutzen und $|\mathbb{N}|$ = Menge der natürlichen Zahlen.

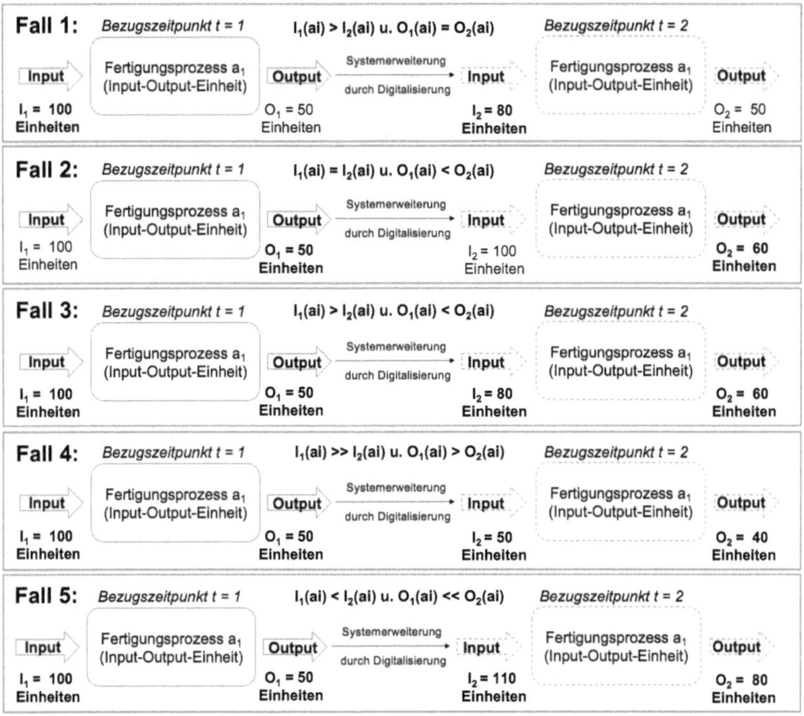

Abbildung 4.3 Mögliche Einsparungsfälle durch Input-Output-Verhältnisänderung[5,6]

Zur Berechnung des Einsparfaktors E werden jeweils der Input und der Output der Betrachtungszeiträume ins Verhältnis gesetzt. Die zur Berechnung notwendige Zeiteinheit ist im Vorfeld festzulegen und bestimmt sich aus der Zeit, welche die Produktionsfaktoren vom Input durch den Fertigungsprozess (Throughput) bis

[5] Mathematisch korrekt müsste zur Unterscheidung der Fälle und für die Beziehungen zwischen den Mengen I und O das Symbol für Obermenge bzw. Teilmenge verwendet werden. Da für die Zusammenhänge überproportional kleiner oder größer keine Mengenschreibweise existiert, wird zur besseren Darstellbarkeit für alle Fälle größer (>) und kleiner (<) bzw. viel größer (>>) und viel kleiner (>>) verwendet.

[6] Beispielhaft für Fall 1 (Annahme Durchlaufzeit 5 Sekunden) würde der Einsparfaktor für die Bewertungskategorie Kosten 20 € / 5 Sekunden bzw. 4 € / 1 Sekunde betragen. Die Einsparung ergibt sich hier, da im Betrachtungszeitraum 2 bei konstantem Output 20 € weniger Input eingesetzt werden musste.

zum Output benötigen und entspricht der Durchlaufzeit oder einem vielfachem der Durchlaufzeit durch eine Fertigungsmaschine bzw. einem Fertigungsprozess/ -schritt.

Bei Betrachtung der Nutzenfunktion lassen sich unterschiedliche Verläufe dieser über die Zeit ableiten. Als Standardfall wird für den Verlauf nach einer Digitalisierungsmaßnahme eine konstante Einsparung angenommen, sodass sich über die Zeit eine lineare Gerade bildet, bei welcher der Einsparfaktor die Steigung darstellt, wobei für jede Zeiteinheit entsprechend des Einsparfaktors ein Nutzen generiert wird (Abbildung 4.4).

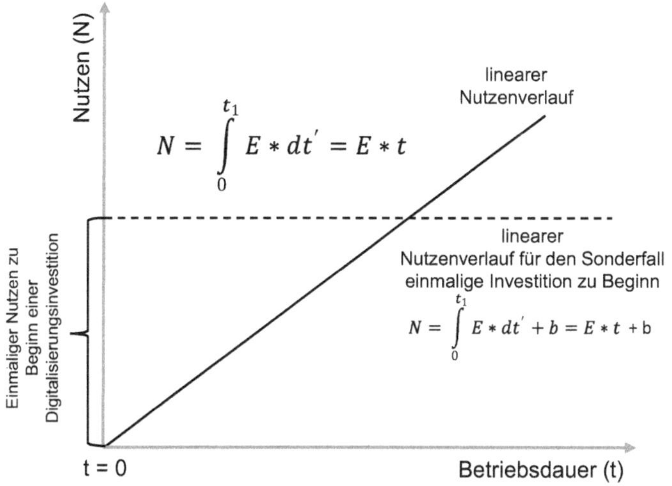

Abbildung 4.4 Nutzenfunktion für linearen Verlauf

Für den Sonderfall, dass eine Digitalisierungsinvestition einen einmaligen Nutzen erzeugt, welcher unmittelbar zu Beginn des Einsatzes der Technologie wirksam wird und dann auf demselben Niveau fortbesteht, liegt eine Anfangseinsparung b vor.[7] Für alle darauffolgenden Fertigungseinheiten steht der initiale Nutzen gegenüber dem Ausgangssystem (nicht digitalisiert) zur Verfügung, steigt aber nicht weiter an und die Nutzenkurve bildet eine parallele Gerade zur x-Achse (Formel 4.2).

[7] Beispiel: Durchführung einer einmaligen Leckage-Erkennung auf Basis aufgenommener Druckluftdaten und anschließende Beseitigung der Leckagen.

$$N = \int_0^{t_1} E * dt' + b = E * t + b \quad (4.3)$$

4.1.3 Entwicklung der dynamischen Nutzenfunktion

In der Theorie ist für die Anfangsverläufe (für das Einschwingen des Systems) einer Digitalisierungsinvestition ein weiterer Fall denkbar. Es lassen sich für E = E(t) nicht lineare Nutzenverläufe in Form von progressiven oder degressiven Kurven annehmen.[8] Regressive Kurvenverläufe, also ein sich abschwächendes System bzw. ein sich abschwächender Verlauf der Nutzenfunktion, werden nicht betrachtet (Formel 4.3, 4.4)

$$E = ct^x \quad (4.4)$$

$$N = \int_0^{t_1} ct'^x dt' = c\frac{t_1^{x+1}}{x+1} \quad (4.5)$$

Beim Einsatz der Digitalisierungstechnologie ist es möglich, dass durch einen Lerneffekt die Einsparung bzw. der Nutzen überproportional über die Zeit ansteigt. Zu Beginn des Einsatzes ist hier eine geringere Einsparung in der Anlaufphase vorhanden. Durch die Erfassung und Auswertung der Ressourceneffizienzdaten des Fertigungssystems entstehen über die Zeit vermehrt Einspareffekte. Diese steigen durch den Lerneffekt und sich optimierende Effizienzsteigerungen über die Zeit weiter an und führen zu einer Änderung des Einsparfaktors in der Abschöpfungsphase, wodurch ein progressiver Kurvenverlauf entsteht (Abbildung 4.5).

Ein progressives Nutzensystem erreicht nach einer Abschöpfung aller den Einsparfaktor steigernder Effekte einen absoluten Höchstpunkt und geht anschließend in einen konstanten Einsparfaktor über. Dieser wird durch den theoretisch maximalen Nutzen des Systems bestimmt, der durch Lerneffekte erzielt werden kann.

[8] Die Annahmen für die progressiven und degressiven Nutzenverläufe sind für alle t > 0 gültig.

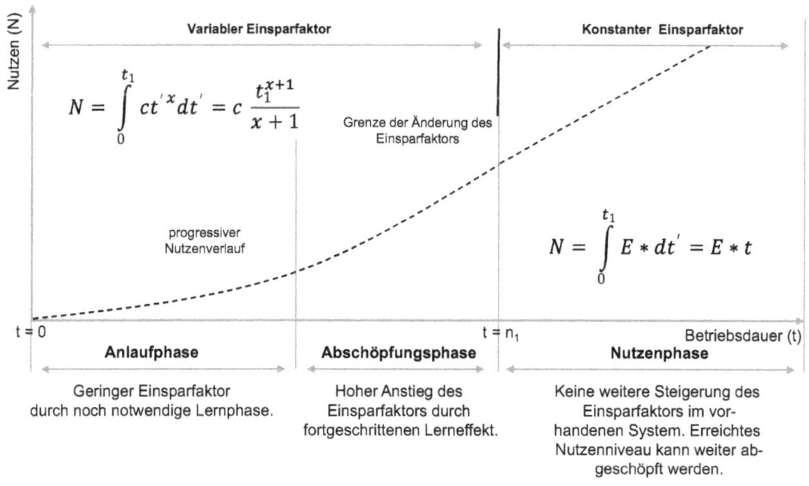

Abbildung 4.5 Nutzenfunktion für einen progressiven Kurvenverlauf

Bei Fertigungssystemen, bei welchen die Digitalisierungstechnik zu Beginn einen hohen Nutzen generiert, welcher sich über die Zeit wieder abschwächt, ist ein degressiver Kurvenverlauf zu erwarten (Abbildung 4.6).

Nach dem Einsatz des Digitalisierungssystems entsteht zu Beginn ein hoher Nutzen („quick wins") mit einem hohen Einsparfaktor in der Anlaufphase, der sich in der Theorie in einer Sättigungsphase einem Maximum annähert, nach welchem keine weitere Änderung des Einsparfaktors mehr erfolgt.

4.1.4 Entwicklung der statischen Aufwandsfunktion

Die Aufwandsfunktion lässt sich in Anlehnung an die „klassische Kostenfunktion" beschreiben, wobei der Aufwand in einen fixen Teil A_F (unabhängig von der Betriebsdauer der Technologie) und in einen variablen Teil A_V (abhängig von der Betriebsdauer der Technologie) unterteilt wird (Abbildung 4.7) (Brenzke & Mietke, 2016, S. 423 ff.).

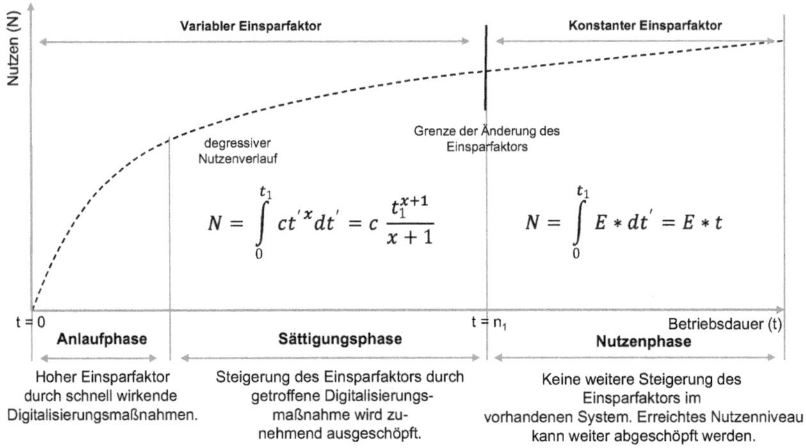

Abbildung 4.6 Nutzenfunktion für einen degressiven Kurvenverlauf

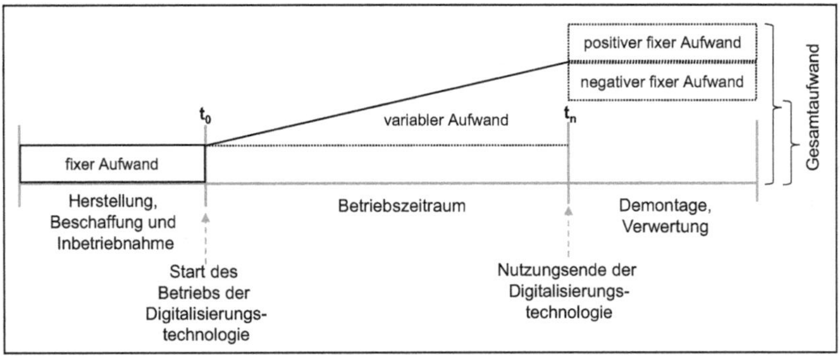

Abbildung 4.7 Aufwandsfunktion für linearen Verlauf

Bei der Betrachtung des variablen Aufwands wird als Zeitpunkt null der Zeitpunkt der abgeschlossenen Inbetriebnahme der Digitalisierungstechnologie festgelegt. Zu diesem Zeitpunkt sind alle Komponenten einsatzbereit und mit Start der Fertigung generiert die Technologie eine theoretische Einsparung. Die variablen Aufwendungen A_V umfassen somit alle Aufwendungen, die durch den Betrieb entstehen.[9] Ein Betrieb der Digitalisierungstechnologie findet ausschließlich gemeinsam mit der Laufzeit der durch die Technologie digitalisierten Fertigungsmaschine/-anlage statt und bei ausgeschalteter Fertigungsmaschine/-anlage (entspricht ausgeschalteter Digitalisierungstechnik) werden keine variablen Aufwendungen generiert. Der Verlauf der variablen Aufwendungen erfolgt ausschließlich linear, da die von der Digitalisierungstechnik generierten Aufwendungen als direkt proportional zur Betriebszeit angenommen werden. Ein nicht proportionaler Anstieg (theoretisch möglich, wenn zu bestimmten Zeitpunkten nur bestimmte Teile der Digitalisierungstechnologie betrieben werden) ist ausgeschlossen, da die Technologie immer als Ganzes und nicht in Teilen betrachtet wird. Anlaufeffekte/-phasen (bspw. Anlaufströme), welche kurzzeitig zu einem nicht proportionalen Verlauf von Aufwendungen und Betriebszeit führen würden, sind aufgrund der Kürze der auftretenden Effekte (im Millisekunden Bereich) vernachlässigbar.

Basierend auf dieser Festlegung fallen dem fixen Teil alle Aufwendungen vor der Inbetriebnahme[10] A_{f1} sowie alle Aufwendungen am Ende der maximalen Betriebsdauer (Lebensdauer)[11] A_{f2} der Digitalisierungstechnologie zu. Für den fixen Teil am Ende der Lebensphase gilt, dass dieser im Gegensatz zu dem fixen Teil vor der Inbetriebnahme der Technik, nicht nur die Aufwendungen steigert, sondern diese unter Umständen auch senken kann. Dies ist bedingt, durch mögliche Verkaufserlöse oder Gutschriften im Verwertungsprozess. Bei einer möglichen Gutschrift geht diese durch ein negatives Vorzeichen ($-A_{f2}$) in die Aufwandsfunktion mit ein. Der fixe Aufwand vor der Inbetriebnahme der Digitalisierungstechnik entsteht durch die Herstellung, Beschaffung und Inbetriebnahme dieser. Somit gilt für den fixen Teil der Aufwandsfunktion (Formel 4.6)

$$A_F = A_{f1} + A_{f2} \tag{4.6}$$

und für die gesamte Aufwandsfunktion (Formel 4.7)

$$A(t) = A_F + A_V * t. \tag{4.7}$$

[9] Bspw. Endenergiebedarf der Digitalisierungstechnik.

[10] Bspw. Aufwendungen für Herstellung, Transport, Beschaffung, Installation.

[11] Bspw. Aufwendungen für Demontage, Verwertung.

4.1.5 Entwicklung der dynamischen Aufwandsfunktion

Nach Durchlaufen einer bestimmten Betriebszeit erreicht eine Nutzenfunktion eine Sättigung. Nach Erreichen dieser Sättigung ist ein weiterer Nutzenanstieg nur durch zusätzlichen Aufwand möglich. Hierzu ist eine neue Investition in Digitalisierungstechnik notwendig und es entsteht ein neues Aufwand-/Nutzensystem. Für dieses neue System tritt nach einer bestimmen Zeit wieder eine weitere Sättigung des Nutzens ein, welcher nur wieder durch einen weiteren neuen Aufwand erhöht werden kann. Hierdurch entsteht ein sprunghafter bzw. stufenartiger Anstieg. Für die einzelnen Aufwand-/Nutzensysteme wird der Begriff Aufwandsstufen eingeführt. Eine Aufwandsstufe umfasst die Betrachtung eines Aufwand-/ Nutzensystems und mehrere Aufwandsstufen umfassen mehrere (unbestimmte Anzahl) Aufwand-/Nutzensysteme (Abbildung 4.8).

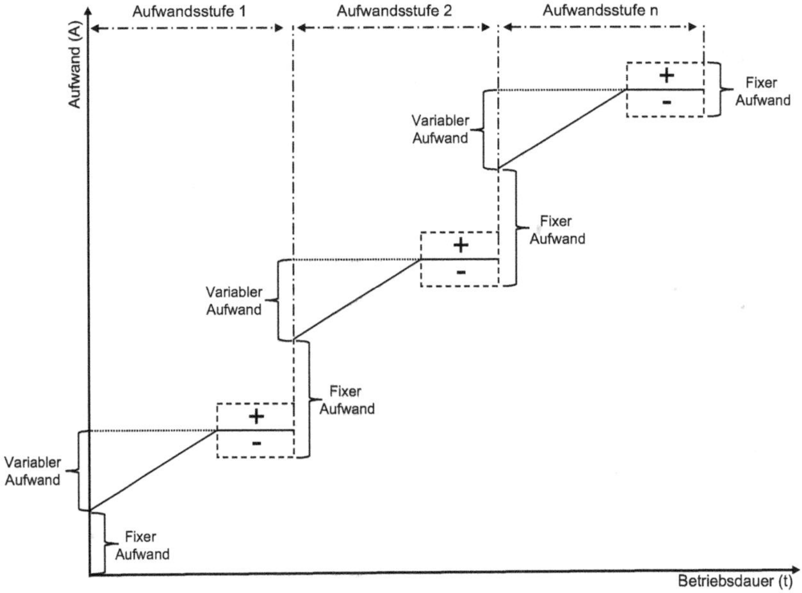

Abbildung 4.8 Aufwandsfunktion für sprunghaften bzw. stufenartigen Aufwand

In der Praxis ist mit zunehmender Betriebszeit eine Gesamtsättigung zu erwarten, da zu einem bestimmten Zeitpunkt alle technologischen Möglichkeiten zur Nutzensteigerung ausgeschöpft sind und eine weitere Aufwandserhöhung zu keiner weiteren Erhöhung des Nutzens führen würde. Für die einzelnen Aufwandsstufen kann jeweils eine Einzel- sowie eine Gesamtbetrachtung durchgeführt werden. Zur Gesamtbetrachtung werden die jeweiligen Einzelstufen aufsummiert.

4.1.6 Entwicklung des Gesamtmodells aus der Kombination von Nutzen- und Aufwandsfunktion

Bei gemeinsamer Betrachtung der Aufwand- und Nutzenfunktion ergibt sich eine Gesamtfunktion für das Aufwand-/Nutzensystem. Je nach Verlauf der Aufwand- und Nutzenfunktion ergeben sich unterschiedliche Ausprägungen des Systems (Abbildung 4.9).

Die Ausprägungen A bis D beschreiben die Zusammenhänge zwischen Aufwand und Nutzen jeweils für eine Aufwandsstufe und die Ausprägungen E bis H für mehrere Aufwandsstufen. In den Ausprägungen A bzw. E ist der Verlauf mittels linearer Nutzenfunktion dargestellt. Für den Bereich vor dem Schnittpunkt der Kurven ergibt sich kein Ertrag aus dem Einsatz der Digitalisierungstechnik, wohingegen der Bereich hinter dem Schnittpunkt einen Ertrag darstellt. Dem Gesamtertrag der einzelnen Ausprägungen sind am Lebenszyklusende jeweils noch der positive oder negative Verwertungsaufwand hinzuzurechnen. Für die Ausprägungen B und F überwiegt je nach Höhe des Anfangsnutzens und des fixen Aufwandes bereits zu Beginn der Investition der Nutzen den Aufwand, was sich je nach Kurvenverlauf über die Betriebsdauer ändern kann. Die Ausprägungen C und D sowie G und H bilden je nach Nutzenverlauf die möglichen Anfangsverläufe einer Digitalisierungsinvestition ab und gehen nach einem bestimmten Zeitablauf in die linearen Verläufe der Ausprägungen A und E über. Für die Ausprägungen E bis H wird je nach Stufe durch eine neue Investition ein neues Nutzenniveau erreicht. Dies ist bis zur Grenze der verfügbaren Technologien möglich. In der Praxis sind für die unterschiedlichen Nutzenniveaus Mischformen der Ausprägungszustände sowohl innerhalb der Ausprägungen als auch zwischen den Ausprägungen zu erwarten (Tabelle 4.1).

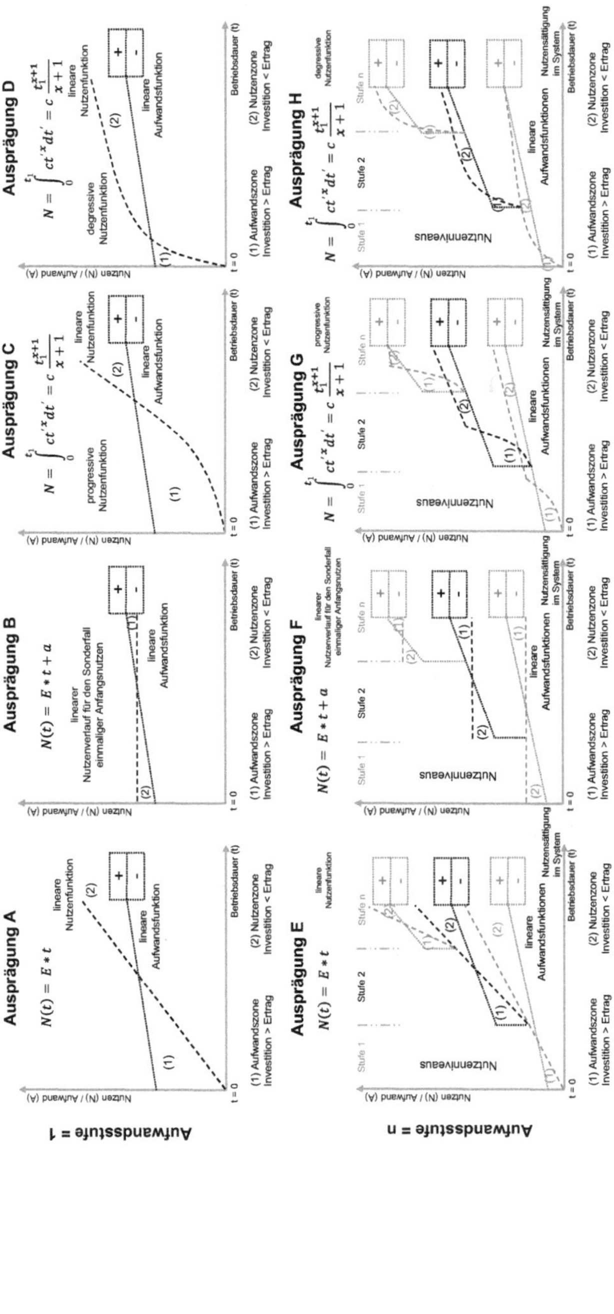

Abbildung 4.9 Ausprägungen des Gesamtmodells bei unterschiedlichen Aufwand- und Nutzenverläufen

Tabelle 4.1 Übersicht über die Ausprägungen des Gesamtmodells

Ausprägung	Nutzenverlauf	Aufwandsstufen	Systemzustand	Gesamtfunktion	Theoretisches Beispiel
Ausprägung A	linear	Einstufig	Normal-Zustand	Betrachtung einer einzelnen Digitalisierungsinvestition (Aufwand) im Verhältnis zum erzeugten Nutzen.	Angenommener Modellverlauf für eine Investition in Digitalisierungstechnologie und der Abbildung des zugehörigen Nutzens, sowie der Annahme, dass nach einer Erstinvestition keine weiteren Investitionen mehr getätigt werden.
Ausprägung B	linear	Einstufig	Sonderfall für einmalige Nutzensteigerung zu Beginn einer Investition		Modellverlauf für eine Digitalisierungsinvestition, welche zu Beginn (Zeitpunkt t=0) eine einmalige Steigerung des Nutzens erzeugt und für diese das Nutzenniveau gehalten wird (einmalige Investition).
Ausprägung C	progressiv	Einstufig	Anfangszustand für ein lernendes System		Modellverlauf für eine Digitalisierungsinvestition, die zu Beginn einen Lerneffekt durchläuft und nach einem bestimmten Zeitpunkt in den Normal-Zustand übergeht (einmalige Investition).
Ausprägung D	degressiv	Einstufig	Anfangszustand für ein sich abschwächendes System		Modellverlauf für eine Digitalisierungsinvestition, die zu Beginn einen Abnutzungseffekt durchläuft und nach einem bestimmten Zeitpunkt in den Normal-Zustand übergeht (einmalige Investition).
Ausprägung E	linear	Mehrstufig (sprunghaft)	Normal-Zustand	Betrachtung mehrerer aufeinander aufbauenden Digitalisierungsinvestitionen jeweils mit einer höherwertigen Technologie zur Erzeugung eines neuen Nutzenniveaus, bis zum Erreichen einer Sättigung (Technologieverfügbarkeit ausgereizt).	Angenommener Modellverlauf für eine Investition in Digitalisierungstechnologie und der Abbildung des zugehörigen Nutzens sowie der Annahme, das nach einer Erstinvestition regelmäßig weitere Investitionen, zur Erhöhung des Nutzens, getätigt werden.
Ausprägung F	linear	Mehrstufig (sprunghaft)	Sonderfall für einmalige Nutzensteigerung zu Beginn einer Investition		Modellverlauf für eine Digitalisierungsinvestition, welche zu Beginn (Zeitpunkt t=0) eine einmalige Steigerung des Nutzens erzeugt und für diese das Nutzenniveau gehalten wird (weitere Investitionen).
Ausprägung G	progressiv	Mehrstufig (sprunghaft)	Anfangszustand für ein lernendes System		Modellverlauf für eine Digitalisierungsinvestition, die zu Beginn einen Lerneffekt durchläuft und nach einem bestimmten Zeitpunkt in den Normal-Zustand übergeht (weitere Investitionen).
Ausprägung H	degressiv	Mehrstufig (sprunghaft)	Anfangszustand für ein sich abschwächendes System		Modellverlauf für eine Digitalisierungsinvestition, die zu Beginn einen Abnutzungseffekt durchläuft und nach einem bestimmten Zeitpunkt in den Normal-Zustand übergeht (weitere Investitionen).

Für die Ausprägungen A bis D erfolgt die Berechnung der Nachhaltigkeit über die hier verwendete Funktion der Ressourceneffizienz. Dies dient als Indikator für die Nachhaltigkeit der Investition in die Digitalisierungstechnik (Formel 4.8).

$$RE = \frac{N(t)}{A(t)} = \frac{E * t}{A_F + A_V * t} \tag{4.8}$$

Für die Gesamtnachhaltigkeit der Ausprägungen E bis H berechnet sich die Gesamtressourceneffizienz aus den einzelnen Teilressourceneffizienzen der einzelnen Nutzen- und Aufwandskombinationen (Formel 4.9).

$$\sum_{i=1}^{n} RE_i(t) = RE_1(t) + RE_2(t) + RE_3(t) + ... + RE_n(t) \qquad (4.9)$$

Die Berechnung des jeweiligen Gesamtaufwandes bzw. Gesamtnutzen erfolgt aus den jeweiligen Einzelnutzen und -aufwendungen der Ausprägungen (Formel 4.10, 4.11).

$$\sum_{i=1}^{n} A_i(t) = A_1(t) + A_2(t) + A_3(t) + ... + A_n(t) \qquad (4.10)$$

$$\sum_{i=1}^{n} N_i(t) = N_1(t) + N_2(t) + N_3(t) + ... + N_n(t) \qquad (4.11)$$

Bei der Berechnung der Gesamtressourceneffizienz (RE-Gesamt) aus dem Gesamtnutzen und Gesamtaufwand ist eine horizontale und eine vertikale Betrachtung notwendig. Die horizontale Betrachtung umfasst die einzelnen Fertigungsmaschinen oder -prozesse einer Fertigungsumgebung und die vertikale Betrachtung umfasst die untergeordneten Aufwand-/Nutzensysteme einer Fertigungsmaschine oder eines Fertigungsprozesses, die sich wie in Abschnitt 4.1.5 beschrieben aus den Aufwandsstufen ergeben (Abbildung 4.10).

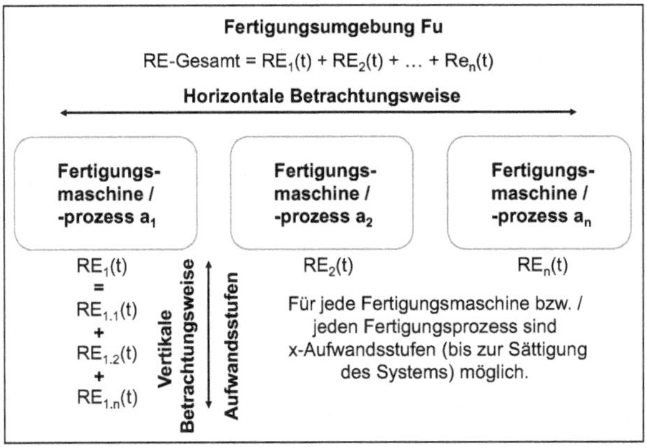

Abbildung 4.10 Einordnung der Gesamtressourceneffizienz

Die Berechnung der Ressourceneffizienz eines Systems liefert als Ergebnis einen Bewertungsquotienten und dient als Grundlage für den Vergleich der Nachhaltigkeit unterschiedlicher Systeme. Die Feststellung, ob in einem System ein konkreter Nachhaltigkeitsgewinn NG (fiktiver Ertrag) aus der Digitalisierungsinvestition vorliegt, erfolgt durch die Berechnung der Differenz aus der Nutzenfunktion und der Aufwandsfunktion (Formel 4.12) (Brenzke & Mietke, 2016, S. 439).

$$NG(t) = N(t) - A(t) \tag{4.12}$$

Für den Gesamtnachhaltigkeitsgewinn einer Ausprägung oder einer ganzen Fu werden die einzelnen Nachhaltigkeitsgewinne aufsummiert (Formel 4.13).

$$\sum_{i=1}^{n} NG_i(t) = NG_1(t) + NG_2(t) + NG_3(t) + \ldots + NG_n(t) \tag{4.13}$$

Die tatsächliche Quantifizierung der Ressourceneffizienz oder des Nachhaltigkeitsgewinns erfolgt anhand von ökonomischen und ökologischen Berechnungsgrößen (bspw. Kosten, Energie oder weitere Umweltwirkungen), welche in Abschnitt 4.2.2 eingeführt werden. Für jede Berechnungsgröße muss eine eigene Quantifizierung erfolgen. Eine Verrechnung von Berechnungsgrößen ist nicht vorgesehen.

4.2 Definition der notwendigen Rahmenbedingungen

4.2.1 Entwicklung der Systemgrenzen

Zur Anwendung der entwickelten Funktionen müssen die zugehörigen Produktsysteme beschrieben und abgegrenzt sein. Hierzu sieht die VDI 4800 und die DIN EN ISO 14040 die Definition einer Systemgrenze vor, welche in technische, geografische und zeitliche Grenzen unterschieden werden kann (DIN EN ISO 14040, 2021, S. 24 f.; Frischknecht, 2020, S. 34 ff.; VDI 4800 Blatt 1, 2016, S. 27).

Die technische Systemgrenze ist beschrieben durch die in den Fertigungsprozessen installierte Digitalisierungstechnik, welche entsprechend der Einordung aus Abschnitt 2.2.3 unterteilt ist und findet somit für die Aufwandsfunktion

Anwendung. Die betrachteten Technologien umfassen die Ebenen Datenerfassung, Datenvorverarbeitung und teilweise die Datenanalyse. Konkrete Maßnahmen zur Datenverarbeitung und -analyse werden aufgrund der Vielfalt und Heterogenität der verfügbaren Lösungen- und Anwendungsmöglichkeiten nicht betrachtet (Abbildung 4.11).

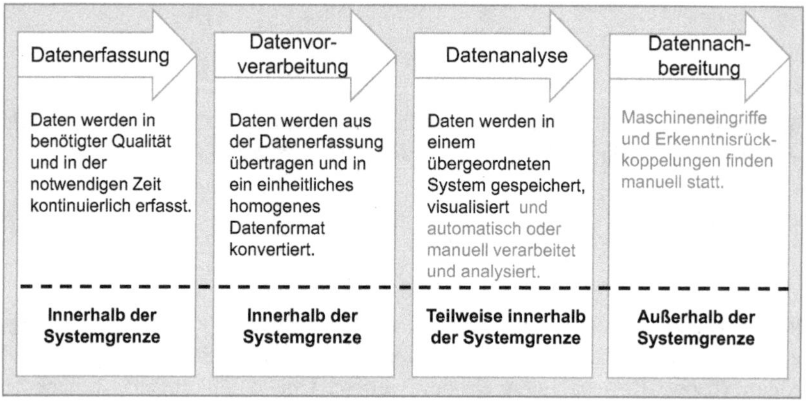

Abbildung 4.11 Grobdarstellung technische Systemgrenze. (Eigene Darstellung in Anlehnung an Huber & Oppermann, 2017, S. 217; Runkler, 2015, S. 3)

Für die nachzurüstenden Hardwarekomponenten zur Datenerfassung (bspw. Sensoren, Aktoren) wird eine vollständige Lebenswegbetrachtung durchgeführt. Für bereits im System vorhandene Hardware zur Datenvorverarbeitung und -analyse (bspw. Speicher, Übertragungstechnik) sowie für Software erfolgt die Betrachtung nur für den Nutzungszeitraum der Digitalisierungstechnologie. Konkret umfasst dies, dass Technologien, die ausschließlich zum Zwecke der Digitalisierung im Sinne der Steigerung der Nachhaltigkeit beschafft werden, lebenswegumfassend und Technologien, die bereits vorhanden sind und nur mitgenutzt werden, über deren Nutzungszeitraum betrachtet werden. Die eingesetzten Systeme werden während der Laufzeit als wartungsfrei angenommen, daher wird die Systemwartung nicht betrachtet (Abbildung 4.12).

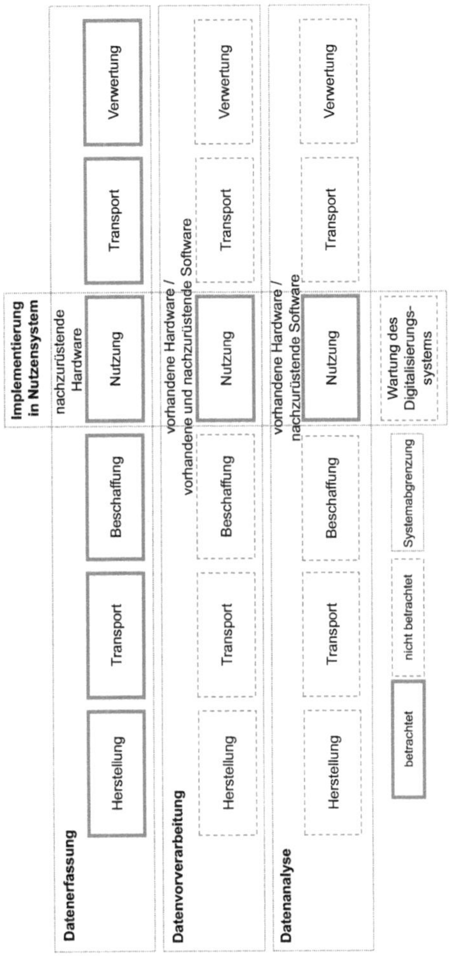

Abbildung 4.12 Feindarstellung technische Systemgrenze

Die geografische (örtliche) Systemgrenze umfasst die technologischen Fertigungsprozesse in deutschen Produktionsunternehmen. Betrachtet werden ausschließlich die zur Herstellung eines Produkts notwendigen Maschinen. Vor- und nachgelagerte Prozesse sowie eine externe Prozessmedienerzeugung (außerhalb des Produktionsunternehmens) werden nicht berücksichtigt. Inputs sind Roh-, Hilfs- und Betriebsstoffe sowie Zwischenprodukte. Der Output umfasst Produkte, Kuppelprodukte, Abfälle und Verwertungsströme. Alle Prozessschritte, die für das Endprodukt erforderlich sind, inklusive Maschinen und Anlagen zur innerbetrieblichen Prozessmedienerzeugung (bspw. Druckluft, Kühlschmierstoffe) werden einbezogen. Hilfsprozesse wie Transport, Lagerung oder Qualitätsprüfung werden nicht betrachtet. Unternehmensinterne technische Anlagen (bspw. Heiztechnik, Lichttechnik), welche keinen unmittelbaren Bezug zum Fertigungsprozess haben sowie Gebäude und Grundstücke werden ebenfalls nicht berücksichtigt. Zur Produktherstellung und zum Betrieb des Unternehmens nötige menschliche Arbeitsleistung, ob körperlich oder geistig wurde bereits in Kapitel 2 zum Thema Nachhaltigkeit ausgeschlossen (Abbildung 4.13).

Die zeitliche Systemgrenze ist durch den Einsatzzeitraum der Digitalisierungstechnik bestimmt. Je nach Herstellerangabe haben unterschiedliche technische Komponenten unterschiedliche Laufzeiten, bis es zu einem Ausfall kommen kann. Der Betrachtungszeitraum (zeitliche Systemgrenze) wird auf 10 Jahre, ab dem Investitionszeitpunkt der Digitalisierungstechnik festgelegt. Je nach Lebensdauer der Komponenten müssen diese, während dieses Zeitraum ersetzt werden. Nach Ablauf der 10 Jahre werden keine Einsparungen oder Aufwendungen mehr berücksichtigt, mit Ausnahme der Aufwendungen bzw. Einsparungen zur Demontage und Verwertung. Diese werden fiktiv bereits zum Investitionszeitpunkt verrechnet.

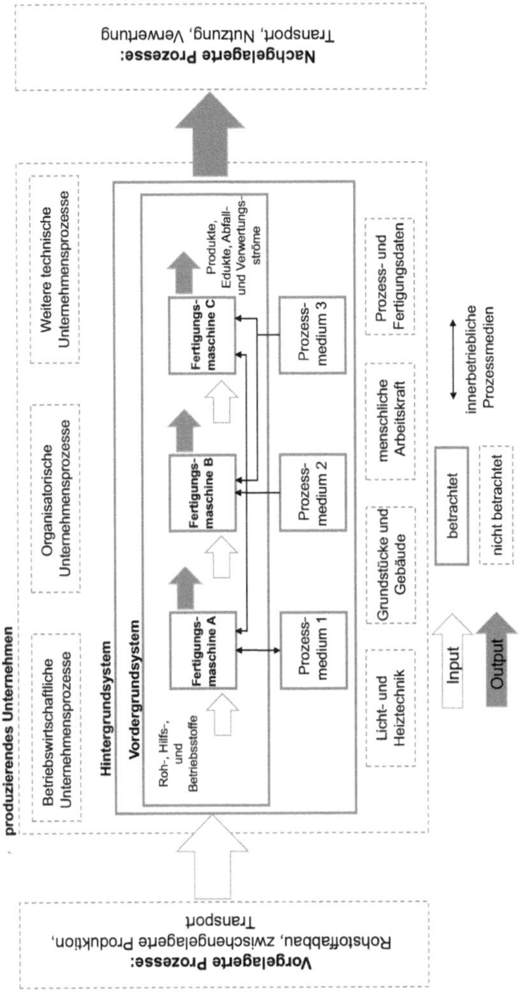

Abbildung 4.13 Geografische (örtliche) Systemgrenze

4.2.2 Festlegung der zur Bewertung notwendigen Berechnungsgrößen

Zur Quantifizierung des entwickelten Bewertungsmodells und der jeweiligen Funktionen werden Berechnungsgrößen benötigt. Der jeweilige Aufwand bzw. Nutzen und die daraus berechneten Größen Ressourceneffizienz und Nachhaltigkeitsgewinn stellen in den entwickelten Gleichungen erst einmal abstrakte Größen dar. Um eine tatsächliche Berechnung durchführen zu können, muss jeweils eine konkrete Berechnungsgröße festgelegt werden, aus der sich die zur Berechnung notwendigen Zahlen und Werte ergeben. Dies erfolgt für die Nutzenfunktion und für die Aufwandsfunktionen. Zur Berechnung der Ressourceneffizienz oder des Nachhaltigkeitsgewinns muss für die Nutzen- und Aufwandsfunktion eine identische Berechnungsgröße gewählt werden, welche sich je nach zu bewertender Nachhaltigkeitssäule (ökonomisch oder ökologisch) unterscheidet und welche je nach Anwendungsfall auszuwählen ist. Für die ökonomische und ökologische Säule existieren in der Literatur eine Vielzahl an unterschiedlichen potenziell geeigneten Berechnungsgrößen. Bei der Auswahl einer Berechnungsgröße sollte berücksichtigt werden, dass diese durch

- den Einsatz der Digitalisierungstechnologie beeinflussbar ist,
- von beiden betrachteten Funktionen darstellbar ist,
- sich innerhalb der definierten Systemgrenzen befindet,
- sowie eine ganzheitliche Bewertung des Systems ermöglicht.

Mögliche ökonomische Berechnungsgrößen lassen sich aus der Betriebswirtschaftslehre ableiten und umfassen neben einer klassischen Kostenrechnung auch weitere Kennzahlen aus der Produktionstechnik. Ökologische Berechnungsgrößen sind in Anlehnung an die Wirkungskategorien, welche in der Ökobilanzierungsphase der Wirkungsabschätzung verwendet werden, ableitbar (Tabelle 4.2).

Die individuelle Auswahl der konkreten Berechnungsgröße erfolgt in Abhängigkeit der Zielsetzung und der benötigten Daten vor der Durchführung der Bewertung.

Tabelle 4.2 Darstellung ausgewählter ökonomischer und ökologischer Berechnungsgrößen (Tabelle basierend auf Brenzke & Mietke, 2016, S. 34 ff.; DIN EN 415-11, 2021; DIN EN ISO 14031, 2021; Klöpffer, 2010; Kuchler, 2020; Renner & Klöpffer, 2005; Schnell, 2015, S. 91 ff.; VDI 4070, 2016)[12]

Berechnungsgrößen	Erläuterung	Einheit
	mögliche ökonomische Berechnungsgrößen	
Zeitbezogene Kennzahlen	Verfügbarkeitsgrad, Stillstandsquote, Maschinennutzungsanteil (Maschinenlaufzeit, Ausschusszeit, Betriebszeit, Stillstandszeit, theoretisch nutzbare Zeit, ungenutzte Zeit)	--------
Mengenbezogene Kennzahlen	Ausschussquote, Produktivitätsrate, Nacharbeitsgrad	--------
Leistungsbezogene Kennzahlen	Laufzeitgrad, Leistungsgrad, Gesamtanlageneffektivität, Nutzungsgrad	--------
Kosten, Erträge, Gewinne	Klassische betriebswirtschaftliche Kostenrechnung, bei welcher Vergleiche über das Verhältnis der drei Größen zueinander bzw. über den direkten Vergleich von Einzelgrößen erzielt werden.	Geldeinheiten (€)
	mögliche ökologische Berechnungsgrößen	
Global warming potential	Maß für den jeweils relativen Beitrag zur Erderwärmung (Treibhauseffekt)	kg CO_2-Äquiv.
Acidification potential	Maß für die Summe der Gase aus dem Herstellungsprozess die einen Beitrag zur Versauerung von Gewässern und Böden leisten	kg SO_2-Äquiv.
Eutrophication potential	Maß für die Übersättigung eines Ökosystems mit nicht organischen Nährstoffen	kg Phosphate-Äquiv.
Ozone depleting potential	Maß für den relativen Anteil / Effekt, den ein Stoff zum Ozonabbau beiträgt	kg R11-Äquiv.
Abiotic Depletion elements / potential	Maß für den abbau der abiotischen Ressourcen aus der Erde	kg Sb-Äquiv.
Abiotic Depletion fossil / potential	Maß für den abbau der abiotischen fossilen Ressourcen aus der Erde	MJ
Freshwater Aquatic Ecotoxicity Potential	Maß für die toxische Wirkung eines Stoffes auf ein Ökosystem (Süßwasser)	kg DCB-Äquiv.
Human Toxicity Potential	Maß für die toxische Wirkung eines Stoffes auf den Menschen	kg DCB-Äquiv.
Marine Aquatic Ecotoxicity Potential	Maß für die toxische Wirkung eines Stoffes auf ein Ökosystem (Meerwasser)	kg DCB-Äquiv.
Photochemical Ozone Creation Potential	Maß für die relative Fähigkeit organischer Verbindungen bodennahes Ozon zu erzeugen	kg Ethene-Äquiv.
Terrestric Ecotoxicity Potential	Maß für die Auswirkung von Umweltschadstoffen auf landabhängige Organismen und ihre Umwelt	kg DCB-Äquiv.
Cumulative energy demand	Maß für den gesamten anfallenden Bedarf an Primärenergie entlang des Lebenszyklus eines Produktes	MJ
Cumulated raw material demand	Maß der zur Bereitstellung eines Produktes anfallenden Rohstoffmengen	tons (raw materials) per ton (product)
Material intensity per service unit	Maß zur Evaluation von Umweltbelastungen eines Produktes	kg / kg oder kg / kWh
Energieverbrauch je Zeiteinheit	Maß für den Verbrauch an Energie der pro definierter Zeiteinheit anfällt	kWh
weitere spezifische Verbräuche und Emissionen	Maß für den Verbrauch bzw. Emissionen die durch ein System generiert werden (bspw. Druckluft je Zeiteinheit)	--------

[12] Äquivalent (Äquiv.), Kohlenstoffdioxid (CO_2), Schwefeloxid (SO_2), Trichlorfluormethan / Fluorchlorkohlenwasserstoff (R11), Antimon (Sb), Dichlorbenzol (DCB), Megajoule (MJ), kilogramm (kg), kilowattstunde (kWh).

4.3 Entwicklung einer methodischen Vorgehensweise zur Investitionsentscheidung

4.3.1 Einordnung und Aufbau der Vorgehensweise

Um eine Bewertung in der Praxis zu etablieren, benötigt es neben dem entwickelten Grundmodell und den zugehörigen Aufwands- und Nutzenfunktionen eine Vorgehensweise zur Durchführung der ganzheitlichen Nachhaltigkeitsbewertung von Investitionen in Digitalisierungstechnologie. Hierzu wird innerhalb der Vorgehensweise als Grundmodell der Bewertung das entwickelte Aufwand-Nutzen-Prinzip berücksichtigt. Dieses ist sowohl bei Neuinvestitionen als auch für „Retrofit"-Fragestellungen[13] anwendbar. Die Vorgehensweise ist konzipiert für Entscheider und Entwickler, die den Digitalisierungsprozess im Unternehmen gestalten, sowie für Anwender (Fertigungsmitarbeiter, Werksmeister) und Planer, die sich mit Nachhaltigkeit und Digitalisierung in der Feldebene befassen. Sie setzt in der Planungsphase einer Investition in Digitalisierungstechnologie an, indem sie Informationen zur Entscheidungsunterstützung liefert.

Die Vorgehensweise umfasst ein fünfstufiges Ablaufschema. Zur Anwendung dieser Vorgehensweise muss im Vorfeld die notwendige Bewertungsbasis geschaffen werden. Hierzu ist der IST-Stand der Fertigungsumgebung zu erfassen sowie die geplante Digitalisierungstechnik festzulegen. Ausgehend von einer Definition der Zielsetzung und des zu untersuchenden Systems sowie der entsprechenden Rahmenbedingungen (Stufe 1) wird mittels der zweiten Stufe eine Vorbewertung vorgenommen, welche mit geringem Aufwand die Eignung des ausgewählten Systems zur Digitalisierung prüft. Die ökonomische und ökologische Bewertung findet in Stufe 3 statt und basiert auf den im Abschnitt 2.1.3 ausgewählten Bewertungsmethoden sowie dem hergeleiteten Grundkonzept der Aufwand- und Nutzenbetrachtung. Bei Nichteignung (Stufe 2 oder Stufe 3) können Anpassungen des gewählten Digitalisierungssystems vorgenommen und eine erneute Eignungsprüfung durchgeführt werden. In Stufe 4 folgt die Zusammenfassung der Bewertungsergebnisse hinsichtlich der Sinnhaftigkeit der Investition in Digitalisierungstechnologie. Als Abschluss wird empfohlen die optionale Stufe 5 zur Abweichungskontrolle 1–2 Jahre nach der Investition durchzuführen, um die tatsächlich in der Praxis generierten Einsparungen und Aufwendungen zu

[13] Retrofit bezeichnet in diesem Zusammenhang die Digitalisierung eines bestehenden Maschinen- und Anlagenparks.

erfassen.[14] Bei Abweichungen kann die Datenbasis des Bewertungsmodells für zukünftige Bewertungen angepasst werden (Abbildung 4.14).

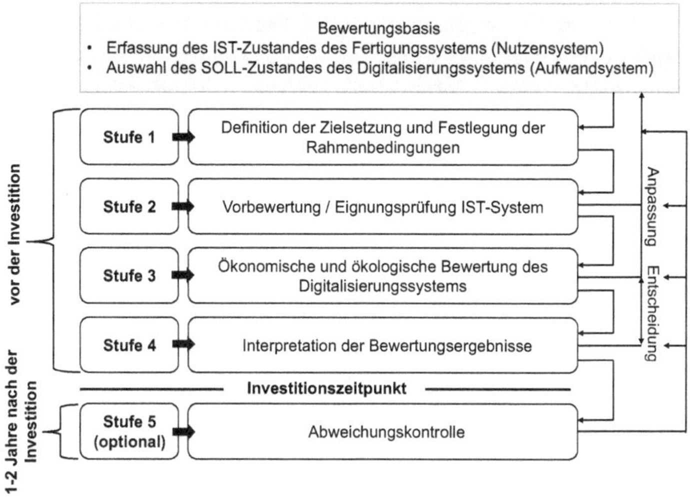

Abbildung 4.14 Vorgehensweise zur nachhaltigen Investitionsbewertung von Digitalisierungstechnologien

4.3.2 Stufe 1: Definition der Zielsetzung und Festlegung der Rahmenbedingungen

Stufe 1 der Vorgehensweise dient zur Festlegung der Zielsetzung und der Rahmenbedingungen, unter denen der Einsatz der Technologie erfolgt, was die

[14] Die Abweichungskontrolle der Stufe 5 wird ausdrücklich empfohlen, in den anschließenden Kapiteln allerdings nicht weiter dargestellt, da diese optional durchzuführen ist, und einer längeren zeitlichen Laufzeit der Digitalisierungstechnik bedarf, was durch den hier verwendenden Forschungsdemonstrator nicht abgebildet werden kann.

Auswahl der Berechnungsgrößen sowie die Interpretation der Ergebnisse beeinflusst.[15] Die Zielsetzung sollte folgende Punkte enthalten (DIN EN ISO 14040, 2021, S. 15 ff.):

- Die Gründe zur Durchführung einer Digitalisierungsmaßnahme einer Maschine- oder Anlage bzw. eines Fertigungsbereiches.
- Das Ziel bzw. die Ziele (Nutzen), die durch die Digitalisierungsmaßnahmen erreicht werden sollen.
- Die konkreten Verbesserungen (spezifischer Nutzen), die durch die Digitalisierungsmaßnahme erreicht werden sollen.

Zur Darstellung der Rahmenbedingungen ist festzulegen (DIN EN ISO 14040, 2021, S. 15 ff.):

- Das zu digitalisierende Fertigungssystem inklusive der Systemgrenze.
- Das ausgewählte Digitalisierungssystem inklusive aller Komponenten.
- Die „funktionelle Einheit".
- Die auf den Zielsetzungen basierenden Berechnungsgrößen.
- Die angestrebte Datengüte hinsichtlich getroffener Annahmen und Einschränkungen.

Die festzulegenden Zielsetzungen und Rahmenbedingungen können der im Vorfeld zur Stufe 1 geschaffenen Bewertungsbasis entnommen werden und sollten sich mit den dort bestehenden Vorgaben decken. Je detaillierter die Festlegungen in dieser Stufe getroffen werden, desto aussagekräftiger und realitätsnäher wird das spätere Ergebnis der Bewertung. Ein Schema zur Darstellung der Zielsetzungen und Rahmenbedingungen ist in Anhang 2 im elektronischen Zusatzmaterial einsehbar.

---

[15] Um ein einheitliches und möglichst umfassendes Zielbild erstellen zu können, wird empfohlen, diesen Methodenschritt mit allen am Digitalisierungsprozess beteiligten Personen (Management, Planung, Fertigung) in einer Art „Kick-off" Workshop durchzuführen. Dies bildet auch die spätere Grundlage bei Unsicherheiten oder Abstimmungsproblemen und stellt sicher, dass möglichst alle Aspekte der unterschiedlichen Projektebenen berücksichtigt werden. Somit sind auch zu Beginn für alle Beteiligten die Gründe und der „Weg" der Durchführung erkennbar.

4.3.3 Stufe 2: Vorbewertung des betrachteten Systems

Da die eigentliche ökonomische und ökologische Bewertung der Stufe 3 mit erheblichen Erfassungs- und Berechnungsaufwand verbunden ist, wird in Stufe 2 eine Vorbewertung des Investitionsvorhabens vorgenommen. Hierzu wird die betriebswirtschaftliche Kennzahl Anlagenabnutzungsgrad[16] verwendet, mittels derer das ausgewählte IST-System hinsichtlich der Übereinstimmung mit der technischen und zeitlichen Systemgrenze überprüft werden kann. Die Kennzahl Anlagenabnutzungsgrad wurde so gewählt, dass sie auf bereits in der Betriebswirtschaft vorhandenen Werten basiert, die aufgrund der Bilanzierungsverpflichtung in den Unternehmen vorhanden sind. Durch den Anlagenabnutzungsgrad erfolgt die Einordung neutral zu der eigentlichen Bewertung, da keine für die Bewertung notwendigen ökonomischen oder ökologischen Werte benötigt werden, wodurch eine Gewichtung einzelner Nachhaltigkeitsfaktoren zum Nachteil anderer ausgeschlossen ist (Tomaschko et al., 2024).

Die Kennzahl Anlagenabnutzungsgrad berechnet bei Sachanlagen die Altersstruktur und daraus folgend den noch verbleibenden Zeitraum für die Dauer möglicher Rückflüsse aus einer Einsparung (Formel 4.14) (Annan, 2021; Steger, 2017, S. 26; Tomaschko et al., 2022; Wöltje, 2017, S. 539).

$$Anlagenabnutzungsgrad = \frac{kumulierte\ Abschreibungen\ (kalkulatorisch)}{Anschaffungskosten - Restwert} \tag{4.14}$$

Zur Berechnung des Anlagenabnutzungsgrades werden die kalkulatorischen Abschreibungen mit den Wiederbeschaffungskosten (Anschaffungskosten-Restwert) ins Verhältnis gesetzt. Da es sich um eine betriebsinterne Bewertung handelt, werden in dieser Arbeit, im Gegensatz zur klassischen Kennzahl Anlagenabnutzungsgrad nicht die bilanziellen, sondern die kalkulatorischen Abschreibungen verwendet (Tomaschko et al., 2022).[17] Das Berechnungsergebnis der

[16] Weitere geeignete Kennzahlen (zur weiteren Eingrenzung bzw. Rangfolgenbildung geeignet): Wertschöpfungsquote (je höher die Wertschöpfungsquote, desto höher das Einsparpotential), Materialintensität (zur Identifikation bzw. Einordnung, bei Maschinen und Anlagen mit geringer Wertschöpfungsquote aber hohen Materialanteil) (Emec, 2013; Meyer, 2011; Steger, 2017; Tomaschko et al., 2022).

[17] Bilanzielle Abschreibungen dienen dazu, den Wert von Kapitalgütern für die verpflichtende Unternehmensbilanz zu ermitteln. Kalkulatorische Abschreibungen dienen zur Ermittlung der realen Wertminderung der Güter. Durch die kalkulatorischen Abschreibungen wird die tatsächliche Nutzungsdauer der Güter und nicht wie bei den bilanziellen Abschreibungen ein durch Tabellen festgelegter Wert berücksichtigt (Voegele & Sommer, 2012, S. 73 f.). Hierdurch fließt die geplante innerbetriebliche Nutzungsdauer in die Berechnung mit ein und

Kennzahl liegt zwischen null und eins und je weiter der Wert sich der eins nähert, desto älter ist die Maschine oder Anlage und umso weniger Zeit bleibt für mögliche Rückflüsse (Wöltje, 2017, S. 538 f.). Als Orientierungswert wird ein Anlagenabnutzungsgrad von 0,7 als Grenze festgelegt, bei welchem sich eine Investition in Digitalisierungstechnologie für die entsprechende Maschine oder Anlage noch lohnt. Bei der Bewertung des Anlagenabnutzungsgrades gilt die Annahme, dass die Digitalisierungstechnologie ausschließlich für die ausgewählte Anlage genutzt wird und am Ende der Lebensdauer der Anlage mit dieser verwertet wird. Bei Fällen, in denen die Digitalisierungstechnologie nach Nutzungsende der Maschine und Anlage an anderen Maschinen und Anlagen weiterverwendet wird, ist die Verwendung des Anlagenabnutzungsgrades als Ausschlusskriterium kritisch zu betrachten. Hier empfiehlt es sich eine Entscheidung hinsichtlich eines Ausschlusses erst nach Abschluss der vollständigen ökonomischen und ökologischen Bewertung zu treffen.

4.3.4 Stufe 3: Ökonomische und ökologische Bewertung

Nach Feststellung einer grundsätzlichen Digitalisierungseignung der Maschine oder Anlage bzw. des Fertigungssystems (Stufe 2) folgt die detaillierte ökonomische und ökologische Bewertung. Zur ökonomischen Bewertung einer Digitalisierungsinvestition wird die Kapitalwertmethode verwendet (Abschnitt 2.1.3) (Tomaschko et al., 2022). Zur Berechnung des Kapitalwertes einer Investition, wird die Summe aller abgezinsten (diskontierten) Aufwendungen (laufende Auszahlungen: Investitionskosten, Betriebskosten, Verwertungskosten) und Nutzenströme (laufende Einzahlungen: Einsparungen) der Digitalisierungstechnologie, mit einem festgelegten Kalkulationszinssatz i (bspw. Renditeerwartung), auf einen bestimmten Investitionszeitpunkt, in der Regel Zeitpunkt t = 0 (Anschaffungszeitpunkt), bezogen (Formel 4.15) (Abbildung 4.15) (Schuster & Rüdt von Collenberg, 2017, S. 48; Voegele & Sommer, 2012, S. 375 f.).

$$Kapitalwert\ C_0 = \sum_{t=0}^{n} \frac{e_t - a_t}{(1+i)^t} \tag{4.15}$$

Anlagen, die über die bilanzielle Nutzungsdauer hinaus betreiben werden, können ebenfalls bewertet werden.

- C_0 = Kapitalwert
- e_t = laufende Einzahlungen
- a_t = laufende Auszahlungen
- i = Kalkulationszinssatz
- n = Anzahl der Perioden (im Zusammenhang mit der Kapitalwertmethode),
- $1/(1 + i)^t$ = Abzinsungsfaktor

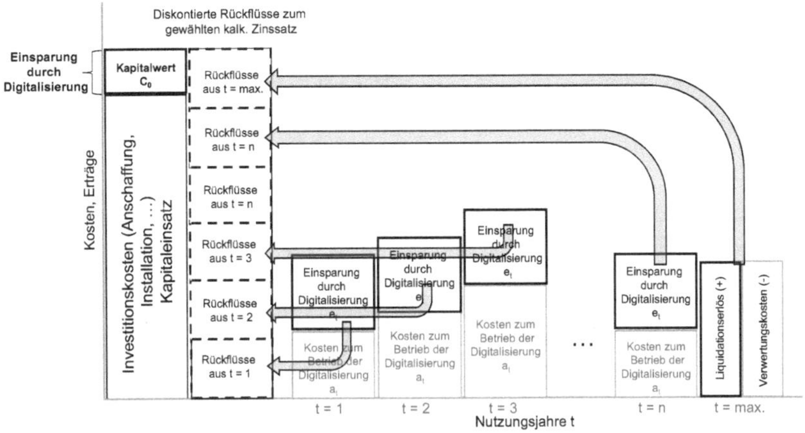

Abbildung 4.15 Darstellung des Prinzips der Kapitalwertmethode bezogen auf Investitionen in Digitalisierungstechnologie. (Eigene Darstellung in Anlehnung an Voegele & Sommer, 2012, S. 377)

Eine ökonomische Eignung des betrachteten Systems zur Digitalisierung ist gegeben, wenn dessen Einsparung durch die Digitalisierung (der Kapitalwert) größer oder gleich null und somit die Verzinsung des Aufwands (des eingesetzten Kapitals) größer als der geforderte Zinssatz ist (absolut vorteilhaft). Hierbei übersteigt die Summe der positiv und negativ diskontierten Einsparungen (Rückflüsse) über die Laufzeit den Aufwand (Kapitaleinsatz). Zur Bewertung fließen die durch die Digitalisierung entstehenden Einsparungen sowie Betriebskosten der Technologie in die jährlichen Rückflüsse sowie das Verwertungsergebnis am Ende der Nutzungsdauer ein. Bei Vergleich zweier Investitionsalternativen ist diejenige Digitalisierungslösung zu wählen, welche den größeren, relativ vorteilhafteren Kapitalwert ausweist (kein ökonomischer Vorteil bei negativem Kapitalwert)

(Götze, 2006, S. 71 ff.; Wöltje, 2017, S. 128 ff.). Hierdurch können ökonomisch unvorteilhafte Digitalisierungslösungen ausgeschlossen werden. Bei einer Investition in Digitalisierungstechnologie, welche nicht quantifizierbare Vorteile mit sich bringt, kann der Kalkulationszinssatz auch mit 0[18] angenommen werden. Hierbei würde das eingesetzte Kapital zwar keine Rückflüsse generieren, andere nicht monetäre Vorteile, wie zum Beispiel die Erfüllung gesetzlicher Auflagen oder die Steigerung der Mitarbeiterzufriedenheit, könnten aber trotzdem erreicht werden.

Zur Bewertung der ökologischen Eignung findet die ökologische Rückzahlungsdauer Anwendung (Tomaschko & Krommes, 2023). Sie setzt den durch die Herstellung, Nutzung und Verwertung einer Investition entstehenden ökologischen Aufwand (Umweltbelastung, Schadschöpfung) mit den während des Betriebs und der Verwertung entstehenden ökologischen Einsparungen (Umweltentlastung, Schadstoffeinsparung) ins Verhältnis. Die Umweltbelastung (Aufwand) und die Umweltentlastung (Nutzen) sind jeweils durch die ausgewählten Berechnungsgrößen zu quantifizieren (Abschnitt 4.2.2) (Formel 4.16) (Sailer, 2020, S. 273; Suter & Hofstetter, 1989, S. 1342 ff.).

$$\textit{Ökologische Rückzahlungsdauer} = \frac{\textit{verursachte Schadschöpfung der Investition (Herstellung, Nutzung, Verwertung)}}{\textit{(jährliche) Schadstoffeinsparungen während der Nutzung (und Verwertung)}} \tag{4.16}$$

Voraussetzung für ein positives Ergebnis bildet eine Restnutzungszeit der betroffenen Fertigungsanlage, die die ökologische Rückzahlungsdauer übersteigt. Zur Darstellung einer ganzheitlichen Bewertung wird die aus der Literatur entnommene Berechnungslogik der Schadstoffeinsparungen (Nenner Formel ökologische Rückzahlungsdauer) um die Verwertungsphase erweitert. Mögliche Gutschriften aus dem Verwertungsprozess (bspw. energetische Verwertung, Substitution von Primärmaterialien) können somit berücksichtigt werden. Zusätzlich zur ökologischen Rückzahlungsdauer lässt sich auch eine konkrete Menge (bezogen auf die ausgewählte Berechnungsgröße) berechnen, ab welcher sich eine Investition lohnt bzw. ab welcher eine Einsparung entsteht. Hierzu werden die jährlichen

---

[18] Bei einem Kalkulationszinssatz von 0 erzielt das eingesetzte Kapital keine Zinsen. Hierbei wird die Tatsache, dass eine andere Investitionsform (bspw. Anlage auf einem Bankkonto) sehr wohl Zinsen (Kapitalmarktzinsen) erzielen würde, ignoriert. In einem Unternehmen müsste anstatt des Kalkulationszinssatzes 0 der intern berechnete Zinssatz (die geforderte Mindestverzinsung des Kapitals) angesetzt werden. In der Betriebswirtschaftslehre wird für bestimmte Fälle die Vernachlässigung der Kapitalmarktzinsen diskutiert und als sinnvoll bzw. gleichwertig zur Berechnung unter Berücksichtigung eines Kapitalmarktzinses angesehen (Ewert, Wagenhofer, & Rohlfing-Bastian, 2023, S. 202 ff.).

Schadstoffeinsparungen während der Nutzung mit der verursachten Schadschöpfung verrechnet. Für positive Werte liegt eine Einsparung vor, für negative Werte übersteigen die Aufwendungen den Nutzen. Dies kann durch eine Veränderung des Betrachtungszeitraumes kompensiert werden.

4.3.5 Stufe 4: Interpretation der Bewertungsergebnisse

Als Bewertungsergebnis liegen für die ausgewählten ökonomischen und ökologischen Berechnungsgrößen jeweils Einzelergebnisse vor. Diese sind entsprechend der gewählten Zielsetzung zu bewerten. Die Ergebnisbetrachtung kann je nach Verfügbarkeit der Ausgangsdaten maschinen- oder prozessindividuell oder prozessübergreifend erfolgen. Die Ergebnisse sollten allerdings jeweils getrennt voneinander betrachtet werden. Eine Gewichtung oder Verrechnung der einzelnen Berechnungsgrößen untereinander ist kritisch zu sehen, da unter anderem bei einer unterschiedlichen Anzahl an ökonomischen und ökologischen Größen das Entscheidungsproblem besteht, dass eine Nachhaltigkeitssäule hierdurch einen geringeren bzw. höheren Gewichtungsanteil erfährt. Eine Gleichgewichtung beider Säulen bei unterschiedlicher Anzahl an Berechnungsgrößen würde wiederum zu einer Abwertung einzelner Größen oder einer Säule führen. Zudem können durch physikalische Abhängigkeiten der Bewertungsgrößen Doppelbewertungen entstehen, was ebenfalls gegen eine Verrechnung der einzelnen Größen untereinander spricht (Sailer, 2020, S. 277). Darüber hinaus ist bei einer Gewichtung von Einzelergebnissen, das Gesamtergebnis stark von der Auswahl der Gewichtungskriterien abhängig und daher manipulationsfähig (Nagel, Mieke, & Teuber, 2020).[19]

Es wird daher empfohlen, die Einzelergebnisse getrennt nach ökonomischen und ökologischen Werten für die betrachteten Maschinen und Anlagen und ggf. für das Gesamtsystem darzustellen. Dabei ist eine Unterteilung in die Festlegungen und Ergebnisse der einzelnen Schritte der Vorgehensweise sinnvoll. So

[19] Die DIN EN ISO 14008 würde zwar einen methodischen Rahmen zur monetären Bewertung von Umweltwirkungen zur Verfügung stellen, welcher dazu dient, unterschiedliche Umweltwirkungen in einem gemeinsamen Wert auszudrücken. Allerdings werden nicht die direkten Umweltwirkungen (bspw. CO_2), sondern die daraus entstehenden Folgen (bspw. Verschlechterung der Gesundheit beim Menschen) bewertet (DIN EN ISO 14008, 2021). Eine derartige Bewertung ist für die gewählten Berechnungsgrößen nur bedingt anwendbar und benötigt eine weitere umfassende Bewertungsstudie, was gegen eine Praxiseignung spricht und daher in der vorgeschlagenen Vorgehensweise keine Anwendung findet.

kann der Bewertungsprozess transparent nachvollzogen werden. Eine Empfehlung hinsichtlich der Nachhaltigkeit des Digitalisierungssystems kann für die einzelnen Kriterien unterschiedlich ausfallen und darüber hinaus für einzelne Fertigungsmaschinen rentabel sein und in der Gesamtbetrachtung unrentabel (oder umgekehrt). Zur Einordnung der Ergebnisse bietet sich eine Darstellung in einem Bewertungsportfolio an, das getrennt auf einer x-Achse und einer y-Achse die ökonomische und ökologische Zielerreichung abbildet. Je nach Zielerreichung können die Investitionsmaßnahmen hier verschiedenen Sektoren zugeordnet werden. Je nach Sektor wird eine Umsetzung der Maßnahme empfohlen oder nicht (Abbildung 4.16).

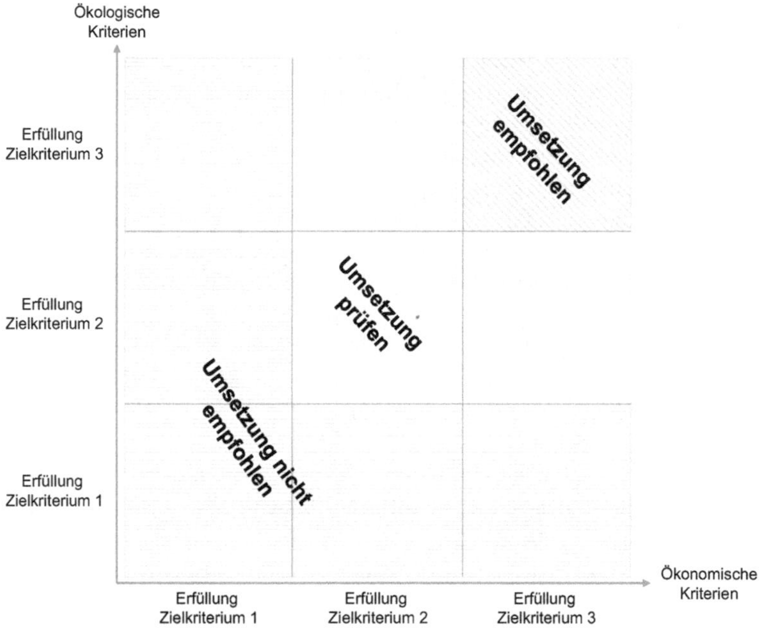

Abbildung 4.16 Beispielhafte Darstellung eines Bewertungsportfolios. (Eigene Darstellung in Anlehnung an Sailer, 2020, S. 274 ff.)

Das vorgeschlagene Bewertungsportfolio basiert auf einer gleichgewichteten Betrachtung von ökonomischen und ökologischen Zielkriterien (siehe Beispiel in Abschnitt 6.6.4). Für die Einordnung eines Gesamtsystems oder einer einzelnen

Fertigungsmaschine wird zunächst geprüft wie viele dieser Zielkriterien erfüllt sind. Dies erfolgt getrennt nach ökonomischen und ökologischen Aspekten:

- Auf der x-Achse wird die Erfüllung der ökonomischen Zielkriterien dargestellt.
- Auf der y-Achse wird die Erfüllung der ökologischen Zielkriterien dargestellt.

Die Position im Portfolio ergibt sich aus der Anzahl der erfüllten Kriterien in beiden Dimensionen. Wenn beispielsweise ein System zwei ökonomische und zwei ökologische Zielkriterien erfüllt, wird es im mittleren Sektor eingeordnet. Angelehnt an die in Abschnitt 4.1.1 definierten Möglichkeiten zur Grenzbetrachtung von Aufwand und Nutzen sind auch hier drei Möglichkeiten hinsichtlich der Sinnhaftigkeit einer Umsetzung der Digitalisierungsmaßnahme vorhanden:

- Wenige erfüllte Kriterien in beiden Dimensionen werden im Bereich „Umsetzung nicht empfohlen" eingestuft.
- Ein Ungleichgewicht (bzw. eine geringe Anzahl) bei den erfüllten Zielkriterien (bspw. viele ökonomische, aber wenige ökologische Kriterien) führt zu einer Einstufung in einem Übergangsbereich, der individuell zu bewerten ist.
- Hohe Erfüllung beider Zielarten führt zur Einstufung „Umsetzung empfohlen".

5 Digitalisierung eines Fertigungsprozesses

5.1 Holztechnischer Fertigungsprozess zur Herstellung von Plattenmöbeln

5.1.1 Einordnung des holztechnischen Fertigungsprozesses

In der DIN EN 13986 werden Holzwerkstoffe nach ihren Ausgangsstoffen in Platten aus (1) Vollholz, (2) Holzspänen, (3) Holzfasern und in (4) Platten mit Span- oder Fasermittellage mit Deckschichten aus Kunststoff unterteilt. Diese Plattenwerkstoffe dienen zur Herstellung von Holzmöbelstücken (Plattenmöbel) in industriellen oder handwerklichen Fertigungsbetrieben (Bounin et al., 2019, S. 118; DIN EN 13986, 2015). Mittels eines Fertigungsprozesses zur Herstellung von Plattenmöbeln werden aus dem Rohmaterial (Plattenwerkstoff) die zur Möbelherstellung benötigten Holzplatten bearbeitet. Dieser Prozess der

Ergänzende Information Die elektronische Version dieses Kapitels enthält Zusatzmaterial, auf das über folgenden Link zugegriffen werden kann https://doi.org/10.1007/978-3-658-50270-6_5.

F. Tomaschko, *Nachhaltigkeit und Digitalisierung*,
https://doi.org/10.1007/978-3-658-50270-6_5

Plattenmöbelherstellung ist an der TH Rosenheim in einem fertigungstechnischen Labor abgebildet. Im Rahmen der Dissertation[1] wurde dieser zu einem Forschungsdemonstrator ausgebaut (Abbildung 5.1) (Luo & Xu, 2023, S. 5201).

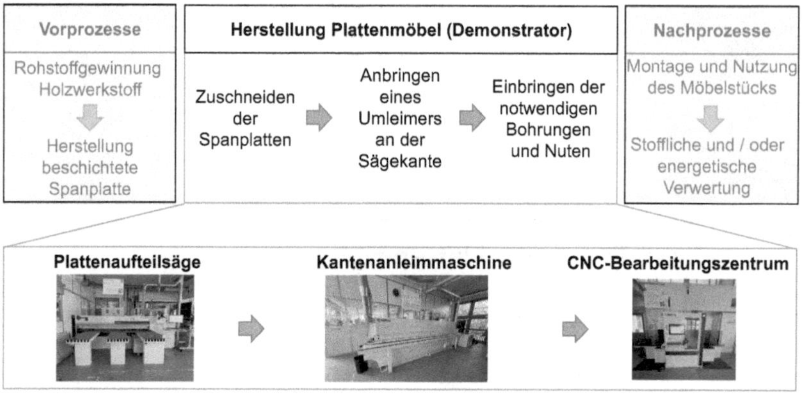

Abbildung 5.1 Fertigungsprozess für Plattenmöbel am Forschungsdemonstrator an der TH Rosenheim

Zur Herstellung eines Plattenmöbelstücks durchläuft der Eingangsrohstoff Spanplatte als ersten Prozessschritt eine Plattenaufteilsäge (PAS), an welcher die Einzelteile auf Maß zugeschnitten werden. Anschließend erfolgt an einer Kantenanleimmaschine (KAM) die Verleimung eines Kantenbandes an den sichtbaren Schnittkanten der einzelnen Platten. Im weiteren Prozessablauf erhalten die Einzelteile an einer Computerized Numerical Control (CNC) gesteuerten Bohr- und Fräsmaschine / Bearbeitungszentrum (BAZ) die zur Montage notwendigen Bohrlöcher und Nuten. Zur Durchführung dieser Prozessschritte werden die durch die Prozessperipherie (betriebstechnische Anlagen) erzeugten Prozessmedien Druckluft und Abluft benötigt (Abbildung 5.2).

[1] Der Forschungsdemonstrator einschließlich der Digitalisierungstechnik wurde begleitend zur Dissertation im Forschungsprojekt Ressourceneffizienz durch digitale Wert- und Stoffstrommodellierung in Fertigungsprozessen (ReFer) entwickelt und aufgebaut. Der Aufbau des an der TH Rosenheim vorhandenen Fertigungsprozesses ist an die in der Industrie vorherrschende Produktionsweise zur Herstellung von Plattenmöbeln angelehnt. Um eine Versuchsdurchführung zu ermöglichen, wurde die in der Industrie übliche Serienfertigung auf eine Kleinserienfertigung skaliert (Krommes & Tomaschko, 2021).

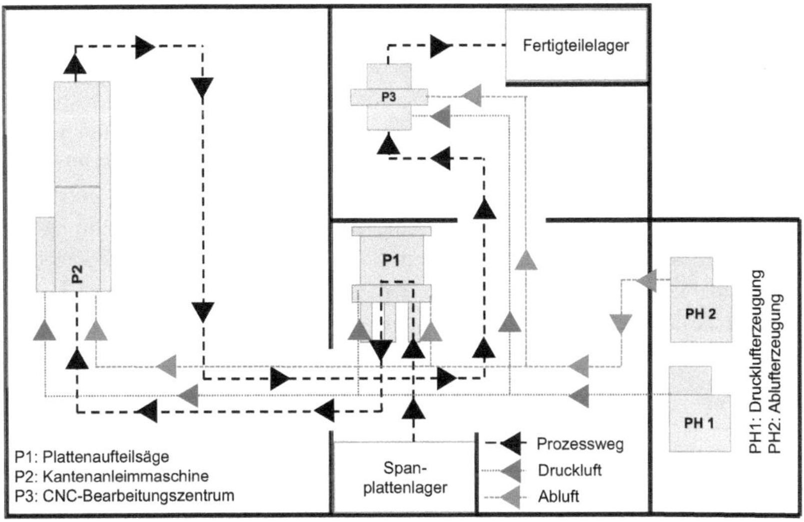

Abbildung 5.2 Schematische Darstellung des Prozessablaufs einschließlich Prozessperipherie im Forschungsdemonstrator

Der im Forschungsdemonstrator enthaltene Prozessablauf startet mit der Bereitstellung von Spanplatten und endet mit der Ablage der geschnittenen, bekanteten und gebohrten bzw. gefrästen Platten im Fertigteilelager. Die zur Herstellung des Ausgangsrohstoffes vorgelagerten notwendigen Prozessschritte, sowie die zur Fertigstellung des Holzmöbels im Nachgang notwendigen Prozessschritte, wie eine Plattensortierung, eine Montage und Verpackung, ein notwendiger innerbetrieblicher Transport und eine spätere Nutzung und anschließende Verwertung der Holzmöbel am Lebensende sind nicht Teil des Forschungsdemonstrators.

5.1.2 Prozessschritt Platenaufteilen

Der Prozessschritt Plattenaufteilen erfolgt nach dem Fertigungsprinzip des Kreissägens, welches den Fertigungsverfahren der Hauptgruppe Trennen zugeordnet ist (DIN 8580, 2022). Beim Fertigungsverfahren Kreissägen erfolgt die Schnittbewegung durch das Werkzeug (vielzahnig, geringe Dicke) durch eine kreisförmige, gerade Schnittbewegung, die senkrecht zur Drehachse des Kreissägeblattes ausgeführt wird (DIN 8589-6, 2003). Im Forschungsdemonstrator wird dazu eine horizontale PAS (Holzma HPP 200) verwendet (die Maschinenspezifikationen sind in Anhang 3 im elektronischen Zusatzmaterial einsehbar). Eine PAS besteht aus einem Werkstücktisch, auf dem die zu bearbeitenden Spanplatten mittels Druckbalken von oben eingespannt werden und einer sogenannten Winkelandrückvorrichtung (WAV) zur korrekten Ausrichtung und Fixierung der Werkstücke. Während des Prozessablaufes erfolgt eine programmgesteuerte Zuführung der Platten zum Sägeaggregat, das aus einem Sägewagen mit einem Vorritzsägeblatt (zur Vermeidung von Beschädigungen der Plattenoberfläche) und einem Hauptsägeblatt besteht. (Abbildung 5.3) (Mittermaier, 2019; Wagenführ et al., 2012, S. 304 ff.).

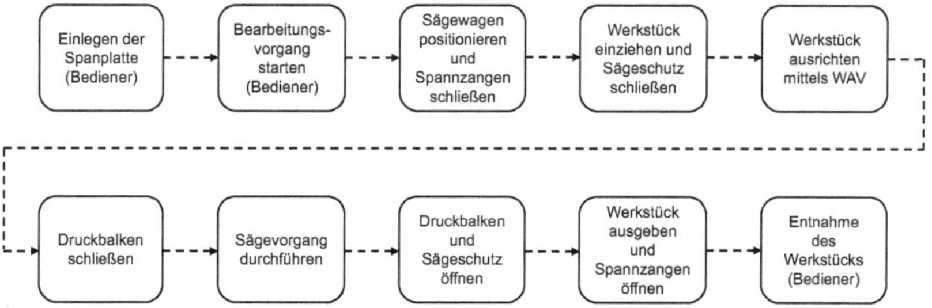

Abbildung 5.3 Prozessablauf PAS im Forschungsdemonstrator

Im Forschungsdemonstrator startet der Prozessablauf durch Entnahme der Spanplatten durch den Bediener aus dem Spanplattenlager und anschließendem Einlegen in die PAS. Nach dem Programmstart durch den Bediener beginnt der automatisierte Programmablauf. Hierbei werden die eingelegten Platten durch den Programmschieber winklig positioniert und durch die Spannzangen gespannt, in die Maschine eingefahren und der Sägevorhang zur Trennung des Sägeraumes vom Bedienerraum abgesenkt. Anschließend erfolgt die horizontale Ausrichtung der Werkstücke mittels einer Winkelandrückvorrichtung und die vertikale Anpressung an den Maschinentisch durch den Druckbalken. Danach erfolgt der Sägevorgang mit dem Vorritzsägeblatt und dem Hauptsägeblatt. Nach Durchführung des Schnittes werden die Spanvorrichtungen geöffnet und das Werkstück ausgegeben, das vom Bediener entnommen werden kann. Der Zuschnitt weiterer Teile aus der eingelegten Spanplatte erfolgt ebenfalls automatisiert nach einem digitalen Schnittplan. Bei einer notwendigen Drehung der Zuschnittreste oder dem Erfordernis der Zuführung einer neuen Spanplatte fordert die PAS den Bediener über ein Display dazu auf. Zur Identifikation der Teile im Prozessablauf des Forschungsdemonstrators werden die Teile nach dem Zuschnitt mit einem Barcode versehen (Mittermaier, 2019).

5.1.3 Prozessschritt Kantenanleimen

Der Prozessschritt Kantenanleimen besteht aus mehreren Unterprozessschritten, die im Maschinenablauf durchlaufen werden. Als Hauptprozess findet das Fertigungsverfahren Kleben aus der Hauptgruppe Fügen Anwendung. Hierbei werden die zugeschnittenen Werkstücke aus optischen und funktionalen Gründen an deren Schnittkanten (Schmalseiten) mit einem Kantenband (Furnierstreifen, Kunststoffkante oder Vollholz) unter Verwendung eines Schmelzklebstoffes (Kleben mit physikalisch abbindenden Klebstoffen – Aktivierkleben) verbunden (Bounin et al., 2019, S. 165 f.; DIN 8580, 2022; DIN 8593-8, 2003). Der Fertigungsablauf umfasst neben dem eigentlichen Kantenanleimen weiterhin eine Formatbearbeitung (Bearbeitung der Kantenränder) sowie eine Kantennachbearbeitung zum korrekten Anbringen des Kantenmaterials auf der Schnittfläche der Spanplatte. Hierbei kommen Fertigungsverfahren aus der Hauptgruppe des Trennens zur Anwendung. Im Forschungsdemonstrator wird eine einseitige KAM (Homag Edgeteq S-380 – profiLine) verwendet (die Maschinenspezifikationen sind in Anhang 3 im elektronischen Zusatzmaterial einsehbar) (Abbildung 5.4).

Für den Produktionsstart im Forschungsdemonstrator erfolgt eine Programmwahl durch den Bediener in Abhängigkeit vom Kantenmaterial, der Werkstückbreite und der gewünschten Kantenausführung. Dies beeinflusst den Einsatz der verwendeten Aggregate, die Temperatur der Heizaggregate und die Vorschubgeschwindigkeit. Nach der Programmwahl durchläuft die Maschine eine 15-minütige Aufheizphase, um die notwendige Schmelztemperatur für den Klebstoff zu erreichen. Der Produktionsablauf beginnt mit dem manuellen Einlegen eines Bauteils. Das Werkstück wird anschließend automatisch durch die einzelnen Aggregate transportiert. Hier findet im ersten Bereich die Aufbereitung der vorhanden Schnittkanten mittels eines Fügefräsaggregates statt, wodurch im Sägeprozess entstandene Späne und Grate entfernt und die Oberfläche zu Erhöhung der Kantenqualität geglättet wird. In der Anleimphase wird das Werkstück vorgewärmt, das Kantenmaterial aufgebracht und angepresst. Im dritten Aggregatsbereich der Kantennachbearbeitung wird der Kantenüberstand an der Werkstück Vorder- und Rückseite mittels einem Kappaggregat abgetrennt und im

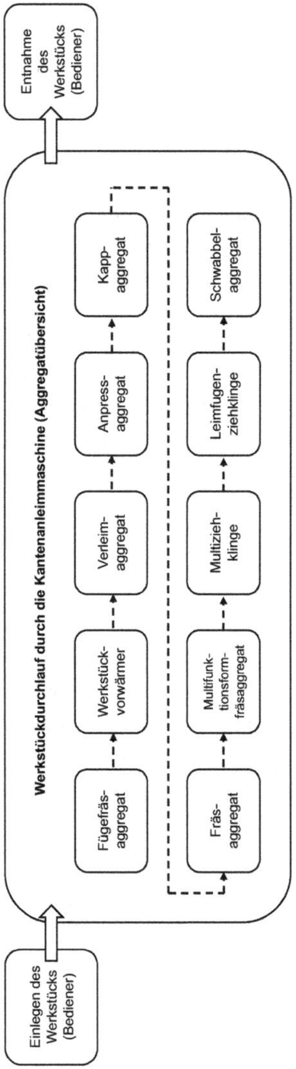

Abbildung 5.4 Prozessablauf Kantenanleimen im Forschungsdemonstrator

Anschluss abgefräst. Die Längsseiten der Kanten werden durch das Multifunktionsformfräsaggregat an den Werkstückverlauf angeglichen und anschließend erfolgt ein Entfernen von Kantenüberständen und Leimresten durch Ziehklingen. Mit dem sogenannten Schwabbelaggregat wird die Kante nochmals nachbearbeitet und poliert. Nach Durchlauf der Prozessaggregate muss das bekantete Werkstück manuell vom Bediener aus der Auslaufzone entnommen werden. Werkstücke mit mehr als einer zu bekantenden Seite müssen mehrmals (einmal je Seite) in die Maschine geführt werden (Oberneder, 2021; Reichelt, 2023; Wagenführ et al., 2012).[2]

5.1.4 Prozessschritt CNC-Bearbeitung

Beim Prozessschritt der CNC-Bearbeitung finden Fertigungsverfahren aus der Hauptgruppe Trennen Anwendung. Die Bearbeitung erfolgt in einem BAZ durch an einer mehrachsigen Drehspindel befestigte Werkzeuge. Je nach Werkzeugkonfiguration können unterschiedliche Bearbeitungen wie beispielsweise bohren oder fräsen ausgeführt werden, welche den Fertigungsverfahren der Hauptgruppe Trennen zugeordnet sind (DIN 8580, 2022). Für jede Bearbeitung müssen im Vorfeld CNC-Programme erstellt werden, mit welchen anschließend ein automatischer Programmablauf möglich ist. Hierdurch wird eine große Fertigungspräzession sowie eine hohe Wiederholgenauigkeit erreicht (Bounin et al., 2019, S. 347 ff.; DIN 8580, 2022). Im Forschungsdemonstrator kommt das Bearbeitungszentrun Homag Drillteq V-500 (Edition 25) mit vertikalem Bearbeitungsraum zum Einsatz (die Maschinenspezifikationen sind in Anhang 3 im elektronischen Zusatzmaterial einsehbar) (Abbildung 5.5).

[2] Die parallele Bearbeitung mehrerer Werkstücke in der KAM ist je nach Werkstücklänge möglich.

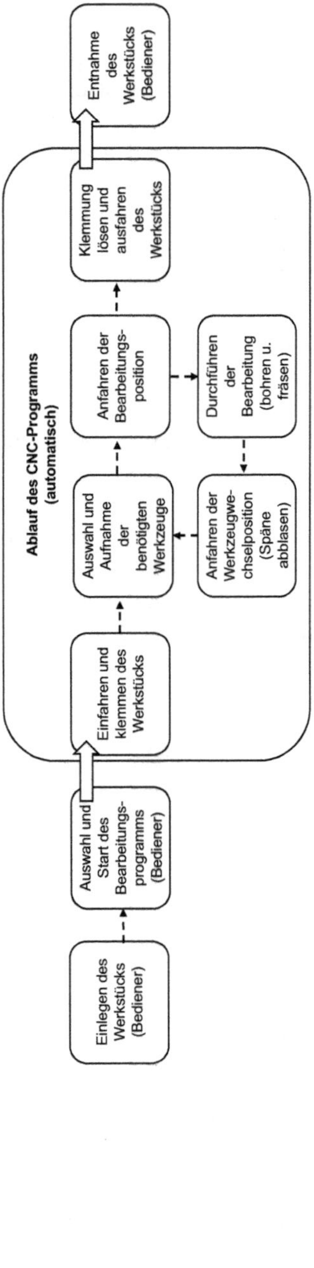

Abbildung 5.5 Prozessablauf BAZ im Forschungsdemonstrator

Im Forschungsdemonstrator wird zu Beginn der Bearbeitung am BAZ der an der PAS aufgebrachte Barcode durch den Bediener gescannt. Hierdurch wird durch das BAZ automatisch das für dieses Teil hinterlegte Bearbeitungsprogramm geladen. Anschließend legt der Bediener das Werkstück in die dafür vorgesehene Einfahrvorrichtung ein und startet den Programmablauf. Die weiteren Prozessschritte werden automatisch durch das BAZ ausgeführt. Dies startet mit dem Klemmen und dem Einfahren des Werkstücks in die Maschine. Im Anschluss werden durch die Maschine die benötigten Werkzeuge aus der Werkzeugwechselvorrichtung in das Spannfutter aufgenommen. In der eigentlichen Bearbeitung fährt das BAZ die vom Programm vorgegebenen Bearbeitungspunkte an und führt die entsprechende Bearbeitung aus (bohren und fräsen). Bei einem notwendigen Werkzeugwechsel fährt die Maschine die Werkzeugwechselposition an, reinigt das aktuelle Werkzeug und führt einen Wechsel aus. Im Anschluss werden wieder die entsprechenden Bearbeitungen durchgeführt. Dies erfolgt solange, bis alle Bearbeitungspunkte des CNC-Programms abgearbeitet sind. Nach Fertigstellung des CNC-Programms wird die Klemmung des Werkstücks gelöst und das Werkstück aus der Maschine ausgefahren. Der Bediener kann das fertige Werkstück entnehmen. Eine parallele Bearbeitung mehrerer Werkstücke ist nicht möglich (Bounin et al., 2019, S. 347 ff.).

5.1.5 Betriebstechnische Anlagen (Prozessperipherie)

Zum Betrieb der Maschinen und Anlagen wird neben elektrischer Energie (Netzbezug, im Rahmen dieser Arbeit als Endenergie bezeichnet) als weiteres Medium Druckluft (Träger für mechanische Energie) benötigt. Druckluft wird unter anderem zum Steuern und Regeln der Maschinen und Anlagen, zum Abblasen von Spänen oder zum Klemmen von Werkstücken verwendet (Bounin et al., 2019, S. 364 ff.). Im Forschungsdemonstrator wird die Druckluft durch zwei Kompressoren (Verdichter) zentral erzeugt und mittels eines Druckluftbehälters und Versorgungsleitungen an die Maschinen und Anlagen verteilt (Erben, 2022). Zur Entfernung der während eines holztechnischen Prozesses anfallenden Holzspäne und des anfallenden Holzstaubes benötigen alle zerspanenden Maschinen und Anlagen eine Absauganlage. Mittels eines Rohrsystems, Ventilatoren und Abscheideanlagen werden die Späne und der Staub zu Bunkern transportiert. Neben dem Arbeitsschutz für die Maschinenbediener führt eine Absaugung zu einer höheren Fertigungsgenauigkeit sowie zu einer Erhöhung der Werkzeugstandzeiten (Bounin et al., 2019, S. 377 ff.). Der Forschungsdemonstrator verfügt über eine Gruppenabsaugung, bei der jeweils mehrere Maschinen gemeinsam an die Absaugvorrichtung angeschlossen sind. Die Absaugung wird jeweils parallel zum Start eines Bearbeitungsprozesses an einer Maschine automatisch aktiviert. Hierzu befindet sich an der TH Rosenheim eine zentrale Anlage mit einem Ventilturm und vorgeschalteten Filtern, die über ein Rohrleitungssystem alle holztechnischen Maschinen und Anlagen versorgt. Der Leistungsbedarf wird je nach Anzahl der parallel betriebenen Maschinen und Anlagen über Frequenzumrichter geregelt. Für die vier vorhandenen Ventilatoren wird jeweils ein Ventilator/Frequenzumrichter bis zur maximal möglichen Leistung betrieben und bei Bedarf eine weitere Einheit (Ventilator/Frequenzumrichter) zugeschaltet (Erben, 2022).

5.1.6 Wert- und Stoffstromanalyse des holztechnischen Fertigungsprozesses

Die mengenbezogenen Wert- und Stoffströme einschließlich der Datenherkunft an den drei Fertigungsmaschinen sowie an der Prozessperipherie können mittels einer Wert- und Stoffstromanalyse identifiziert werden. Zu diesem Zweck werden unter Einbindung von Prozesswissen die jeweiligen Input- und Outputströme erfasst und in einem Wert- und Stoffstromdiagramm abgebildet. Im Anschluss kann durch eine weitere Analyse die jeweilige Datenherkunft und die jeweilige Datenverfügbarkeit ermittelt werden. Aus dem Zwischenergebnis lassen sich schließlich die relevanten Einflussgrößen auf die Zielsetzung (Steigerung der Nachhaltigkeit) ableiten. In einem letzten Schritt können so die zur Digitalisierung notwendigen Größen bestimmt und daraus ein Vernetzungskonzept erstellt werden (Abbildung 5.6) (Krommes & Tomaschko, 2021).

An den drei Fertigungsmaschinen werden zur Bearbeitung des Rohmaterials und der Zwischenprodukte jeweils die Inputgrößen elektrische Endenergie und Druckluft sowie Maschinen und Prozessdaten benötigt. Als Output entstehen jeweils das bearbeitete Halbzeug, Betriebsdaten sowie Holz- und gegebenenfalls Kunststoffspäne, die abgesaugt werden. Zusätzlich fallen an der PAS als Output Verwertungsreste in Form von zugeschnittenen Holzplatten an. Die KAM benötigt zusätzlich als Input Leimgranulat und Kantenmaterial. Die Prozessperipherie setzt als Input jeweils elektrische Endenergie in Druckluft beziehungsweise Abluft um. Im Rohzustand des Forschungsdemonstrators ist keine dieser Input- und Outputgrößen digitalisiert beziehungsweise es findet keine Datenerfassung statt. Mittels der Analyse der Einflüsse (Einflussgrößenanalyse), die die Input- und Outputgrößen auf die Zielsetzung Steigerung der Nachhaltigkeit haben, lassen sich die Größen identifizieren, welche digital erfasst werden müssen (Tabelle 5.1).

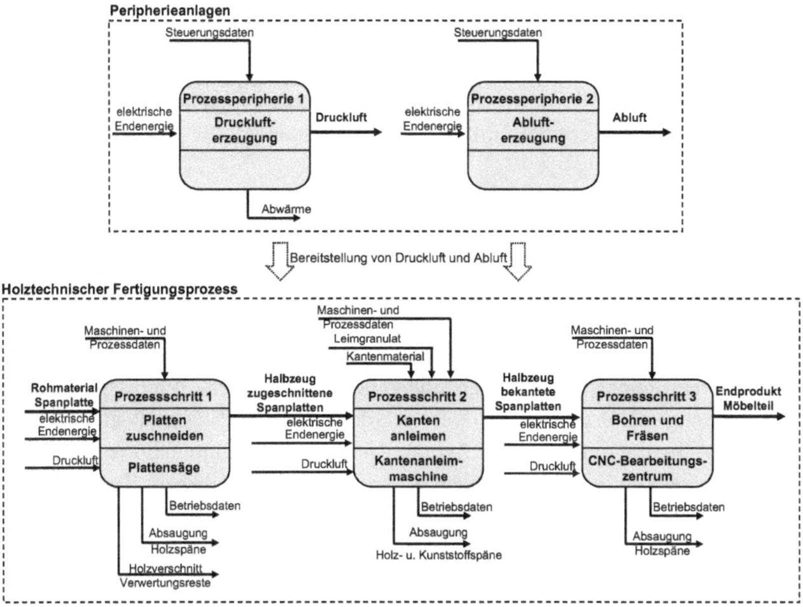

Abbildung 5.6 Wert- und Stoffströme des Forschungsdemonstrators. (Eigene Darstellung in Anlehnung an Krommes & Tomaschko, 2021, S. 60)

Tabelle 5.1 Analyse der Einflussgrößen am Forschungsdemonstrator

Inputgrößen				Outputgrößen			
Größe	Direkter Einfluss auf die Zielgröße	beein-flussbar	geplante Erfassung	Größe	Direkter Einfluss auf die Zielgröße	beein-flussbar	geplante Erfassung
Rohmaterial/ Halbzeug	Ja	Ja	manuell MES	Zwischen- / Endprodukt	Ja	Ja	manuell MES
elektrische Endenergie	Ja	Ja	Digitalisierung	Absaugung	Ja	Ja	Digitalisierung
Druckluft	Ja	Ja	Digitalisierung	Betriebsdaten	Nein	Nein	–
Maschinen-, Prozess,- Steuerungsdaten	Ja	Nein	--	Holzverschnitt / Verwertungsreste	Ja	Nein	–
Kantenmaterial	Ja	Ja	manuell MES	Abwärme	Ja	Nein	–
Leimgranulat	Ja	Nein	--				

Aus den identifizierten Input- und Outputströmen sind vor allem diejenigen relevant, die einen Einfluss auf die Zielgröße haben sowie durch Änderung von Prozessparametern, ohne Änderung der Qualität des Endproduktes, beeinflussbar sind. Hierbei handelt es sich um die drei Hauptgrößen elektrische Endenergie,

Druckluft und Abluft sowie um das benötigte Rohmaterial beziehungsweise Halbzeug, inklusive des Kantenmaterials und die daraus hervorgehenden Zwischen- und Endprodukte. Die Größen elektrische Endenergie, Druckluft und Absaugung können mittels Digitalisierungstechnik und Sensorik direkt an den Maschinen erfasst werden. Die weiteren Größen lassen sich manuell aus dem vorhandenen MES entnehmen.

5.2 Digitalisierung des holztechnischen Fertigungsprozesses

Zur Vervollständigung des Forschungsdemonstrators wird der vorliegende holztechnische Fertigungsprozess entsprechend den identifizierten Einflussgrößen mit Digitalisierungstechnik ausgestattet. Zweck der Digitalisierungsmaßnahme ist die Erfassung, Übertragung und Speicherung der Input- und Outputströme des Fertigungsprozesses, um eine Auswertung zu ermöglichen. Zu diesem Zweck wurde ein Messsystem konzipiert, welches dazu dient, Daten zu Input- und Outputströmen aus Brownfieldmaschinen und -anlagen[3] zu erfassen. Das Messsystem ist so konzipiert, dass es ohne einen Prozesseingriff auskommt und hieraus resultierende Veränderungen im Ablauf der Maschinen oder Anlagen oder bei der Qualität der Endprodukte vermieden werden. Die eingesetzte Hardware und Software ist dem Technologiespektrum I4.0 zuzuordnen, entspricht der Definition eines digitalen Schattens (Abschnitt 2.2.2) und folgt dem abgegrenzten Data-Mining-Schema. (Abschnitt 2.2.3) (Abbildung 5.7) (Krommes & Tomaschko, 2023).

[3] Brownfieldmaschinen und -anlagen werden im Rahmen dieser Arbeit als bereits im Maschinen- und Anlagenbestand eines Unternehmens vorhanden angesehen und müssen erst mit Digitalisierungstechnik ausgestattet.

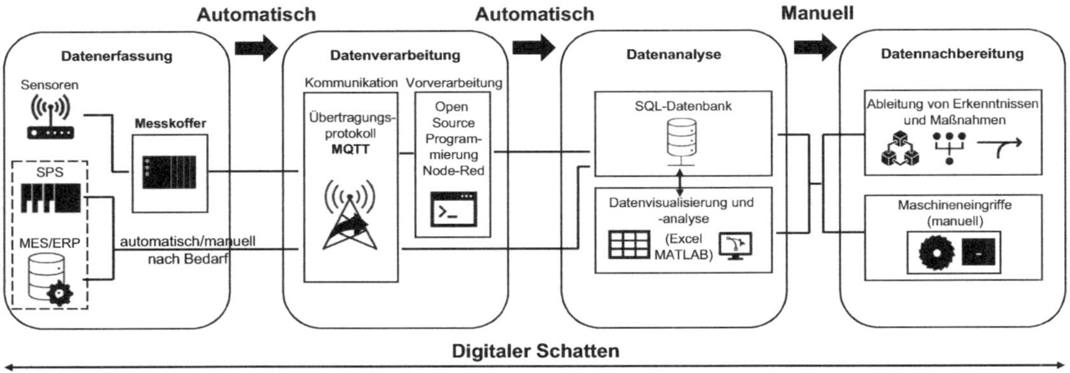

Abbildung 5.7 Digitalisierung des Forschungsdemonstrators

Zur Umsetzung des digitalen Schattens im Forschungsdemonstrator ist an jeder der drei Fertigungsmaschinen sowie an den Peripherieanlagen jeweils eine Messvorrichtung zur Erfassung der Endenergie-, Druckluft-, und Abluftströme installiert. Dies stellt sicher, dass nicht gewünschte Prozesseingriffe an den Fertigungsmaschinen vermieden werden. Zudem wäre aufgrund des aktuellen technischen Standes der Maschinen eine durchgängige Datenerfassung direkt an diesen nicht möglich. Mittels ausgewählten Digitalisierungskomponenten wird die Datenerfassung der Messvorrichtung realisiert (eine Stückliste der Messvorrichtung ist in Anhang 4 im elektronischen Zusatzmaterial einsehbar).

Die Messvorrichtung beinhaltet Sensoren, die nach unterschiedlichen physikalischen Prinzipien an den Messtellen die Daten aufnehmen und einen sog. IoT-Koppler[4] inklusive diesem zugehörige Messkarten, der die Daten zur Verfügung stellt. Die Übertragung der Daten erfolgt via dem IoT-Kommunikationsprotokoll MQTT[5] und eine Vorverarbeitung bzw. Weiterleitung der Daten findet in der Programmiersoftware Node-Red[6] statt. Die Speicherung der Daten erfolgt in einer SQL-Datenbank[7]. Somit stehen die Daten entweder live direkt aus Node-Red oder als historische Daten aus der SQL-Datenbank für weitere Bearbeitungsschritte wie zum Beispiel einer Visualisierung oder einer Datenauswertung zur Verfügung (Krommes & Tomaschko, 2021).

5.3 Darstellung einer Musterproduktion

Die Datenaufnahme im Forschungsdemonstrator erfolgt über eine Musterproduktion, in welcher ein Beispiel-Produkt gefertigt wird. Hierzu werden alle drei Prozessschritte nacheinander durchlaufen, sodass die Einzelteile für das Beispiel-Produkt Sideboard entstehen. Parallel dazu werden die identifizierten Einflussgrößen durch die Digitalisierungstechnik erfasst und gespeichert sowie

[4] IoT fähiges Gateway, welches direkt in der Feldebene an den Maschinen und Anlagen zum Einsatz kommt und über eine Parametrisierung Daten aus Sensoren erhält und via MQTT-Protokoll zur Verfügung stellt (Hankel, 2017).

[5] Beim Message Queuing Telemetry Transport (MQTT) Protokoll handelt es sich um ein Nachrichtenprotokoll, welches zur asynchronen Kommunikation zwischen IoT-Geräten entwickelt wurde (Trojan, 2017, S. 12 f.).

[6] Bei Node-Red handelt es sich um eine objektorientierte Programmierschnittstelle, um Hardware und Software zusammenzuführen (Bartmann, 2018, S. 11).

[7] Structured Query Language (SQL).

um manuelle Daten aus dem MES erweitert. Das hierfür konzipierte Sideboard besteht aus 16 zu fertigenden Einzelteilen und repräsentiert ein für den Platenmöbelbau typisches Produkt (Abbildung 5.8).

Abbildung 5.8
Darstellung des Beispiel-Produktes

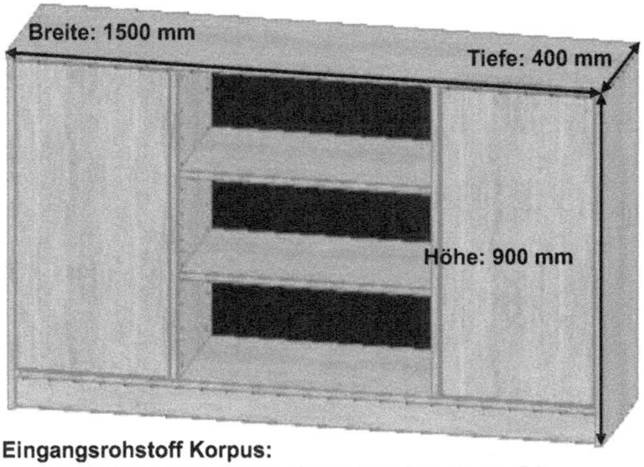

Eingangsrohstoff Korpus:
- melaminholzbeschichtete Spanplatte Plattentyps P2
- 2800 mm x 2070 mm x 19 mm (Länge, Breite, Höhe/Dicke)

Eingangsrohstoff Rückwand:
- melaminholzbeschichtete Spanplatte Plattentyps P2
- 2800 mm x 2070 mm x 8 mm (Länge, Breite, Höhe/Dicke)

Zur Durchführung der Versuche werden als Eingangsrohstoff für die Bauteile melaminholzbeschichtete Spanplatten des Plattentyps P2 (Platten für Inneneinrichtungen und Möbel zur Verwendung im Trockenbereich) verwendet (Tabelle 5.2) (DIN EN 312, 2010, S. 6).

Tabelle 5.2 Stückliste Beispiel-Produkt

Nr.	Bezeichnung	Anzahl	Länge in mm	Breite in mm	Dicke in mm	Kantenanzahl	Kantenlänge in mm
1	Korpusseite	2	885	400	19	3	2170
2	Oberboden	1	1500	400	19	4	3800
3	Mittelseite	2	780	380	19	1	780
4	Unterboden	1	1460	380	19	1	1460
5	Sockel	1	1460	80	19	0	0
6	Einzeltür	2	775	385	19	4	2320
7	Einlegeboden klein	4	390	350	19	1	390
8	Einlegeboden groß	2	635	350	19	1	635
9	Rückwand	1	490	790	8	0	0

Das gewählte Sideboard enthält eine hohe Anzahl an Fertigungsschritten, was zur Erhöhung der Datenmenge beiträgt. Zudem fordern die unterschiedlichen Bauteile (Längen, Dicke) unterschiedliche Einstellungen an den Fertigungsmaschinen, was die Datenbreite erhöht. Hiermit und durch die Fertigungsanzahl drei Stück wird sichergestellt, dass die zur Auswertung notwendigen Daten in der benötigten Menge und Varianz vorliegen. Die Musterproduktion endet mit der CNC-Bearbeitung. Weitere Prozessschritte, wie Montage und Verpackung sind nicht Teil dieser Betrachtung.

Anwendung der entwickelten Bewertungsmethodik

6

6.1 Darstellung der Ergebnisse aus der Musterproduktion

Die Datenerhebung aus der Musterproduktion, bei welcher drei Beispiel-Produkte gefertigt wurden, erfolgte zweistufig und im Zeitraum von 2019 bis 2023. In der ersten Phase wurde das Aufwandsystem installiert, aus dem anschließend die Daten für das Nutzensystem generiert wurden. Die Ergebnisse aus dem Forschungsdemonstrator, das heißt für den Nutzen und aus der Digitalisierungstechnik, das heißt für den Aufwand werden für die entwickelten qualitativen Modellgleichungen (Formel 4.1, 4.2 und Formeln 4.5–4.12) und für die entwickelte Vorgehensweise (Abschnitt 4.3) verwendet. Die Unterteilung erfolgt in Aufwands- und Nutzenbewertung sowie jeweils in eine ökonomische und in eine ökologische Bewertung. Zur Ergebnisbildung werden die Berechnungsgrößen Kosten, Primärenergiebedarf[1], GWP_{100} und Abiotic Depletion Potential elementar ($ADP_{elementar}$) (abiotischer Ressourcenverbrauch) verwendet (Abbildung 6.1).

[1] Der Endenergiebedarf bzw. die Endenergie (kWh) beschreibt die Energiemenge, die direkt für den Betrieb der Fertigungsmaschinen und der Digitalisierungstechnik benötigt wird. Der Primärenergiebedarf (MJ) hingegen umfasst die gesamte Energiemenge, die zur Bereitstellung dieser Endenergie erforderlich ist, einschließlich vorgelagerter Prozesse wie Förderung, Umwandlung und Transport der Energieträger. In Rahmen dieser Arbeit stellt der Primärenergiebedarf eine Berechnungsgröße (Umweltwirkung) dar und dient zur Darstellung des Ergebnisses.

Ergänzende Information Die elektronische Version dieses Kapitels enthält Zusatzmaterial, auf das über folgenden Link zugegriffen werden kann https://doi.org/10.1007/978-3-658-50270-6_6.

F. Tomaschko, *Nachhaltigkeit und Digitalisierung*,
https://doi.org/10.1007/978-3-658-50270-6_6

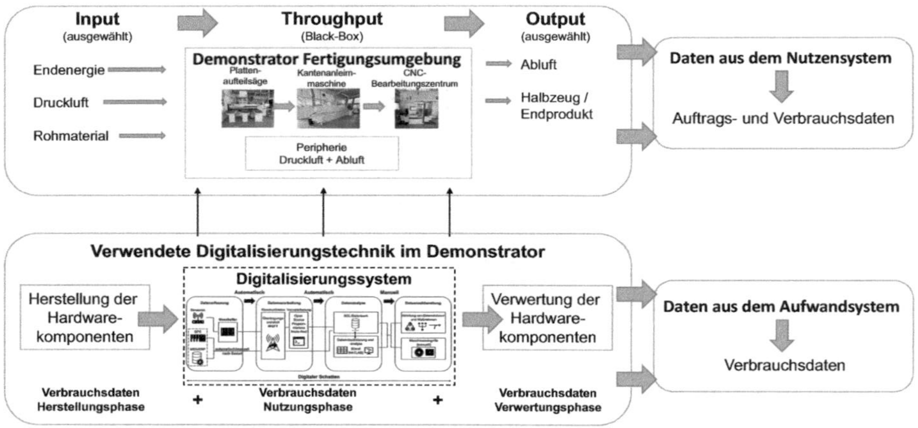

Abbildung 6.1 Darstellung der Datenherkunft für die Bewertungsergebnisse

Die Daten für das Nutzensystem stammen aus der unter dem Forschungsdemonstrator zusammengefassten Fertigungsumgebung, bestehend aus PAS, KAM, BAZ und der Peripherie für Druckluft und Abluft und werden durch die eingesetzte Digitalisierungstechnik erfasst. Die Erfassung erfolgt jeweils für die Messgrößen Endenergie, Druckluft und Abluft. Weitere benötigte Größen werden manuell aus den zum Fertigungsprozess gehörigen Informationssystemen bzw. aus Stücklisten oder Fertigungsdokumenten erfasst und umfassen Fertigungszeiten, Bauteilnummern zur Identifikation der Halbzeuge sowie Informationen zu den eingesetzten Rohstoffen. Aus den gemessenen und erfassten Daten werden weitere Daten, wie die anfallenden Kosten sowie das erzeugte CO_2 berechnet. Hierfür bildet jeweils der gemessene Wert für Endenergie die Basis und wird mittels festgelegter Umrechnungsfaktoren auf die anderen Größen umgerechnet.[2] Die Aufwandsdaten werden für die eingesetzte Digitalisierungstechnik ermittelt und teilen sich in Daten für die eingesetzte Messtechnik (Datenerfassung) und in Daten für die Elemente der Datenverarbeitung und -analyse.

6.2 Darstellung der Ergebnisse für das Nutzensystem

6.2.1 Gliederung des Nutzensystems zur Ergebnisdarstellung

Die Aufteilung der Daten für das Nutzensystem gliedert sich in drei Ebenen. Die oberste Ebene umfasst einen Fertigungsauftrag, welcher drei identische Produkte enthält (mittlere Ebene), die in der untersten Ebene aus einzelnen Bauteilen bestehen. Zusätzlich erfolgt eine Unterteilung jeweils nach den drei Fertigungsmaschinen. Die Peripherieprozesse Druckluft und Abluft werden getrennt betrachtet und dienen ausschließlich zur Berechnung der Verbrauchswerte an den Fertigungsmaschinen (Abbildung 6.2).

Zur Bewertung von Aufwand und Nutzen wird der Endenergiebedarf daher auf den Primärenergiebedarf umgerechnet, um die Gesamtumweltauswirkungen besser vergleichen zu können. Der verwendete Umrechnungsfaktor von Primärenergie zu Endenergie beträgt 3,1:1 (aus Gabi Software ermittelt).

[2] Verwendeter Umrechnungsfaktor von Endenergie zu Treibhausgaspotential 438 g/kWh (Icha, Lauf, & Kuhs, 2022, S. 8 ff.); Verwendeter Umrechnungsfaktor von Endenergie zu Kosten 0,3306 €/kWh (eigene Berechnung bzw. Annahme); Verwendeter Umrechnungsfaktor von Endenergie zu $ADP_{elementar}$ 2,44 * 10^{-7} kWh/kg Sb. Äquiv. (Wert mittels Bilanzierung aus Gabi-Software ermittelt: Prozess mit Endenergiebedarf/unterer Heizwert 1 kWh erzeugt als Umweltwirkungen 2,44 * 10^{-7} kg Sb. Äquiv.).

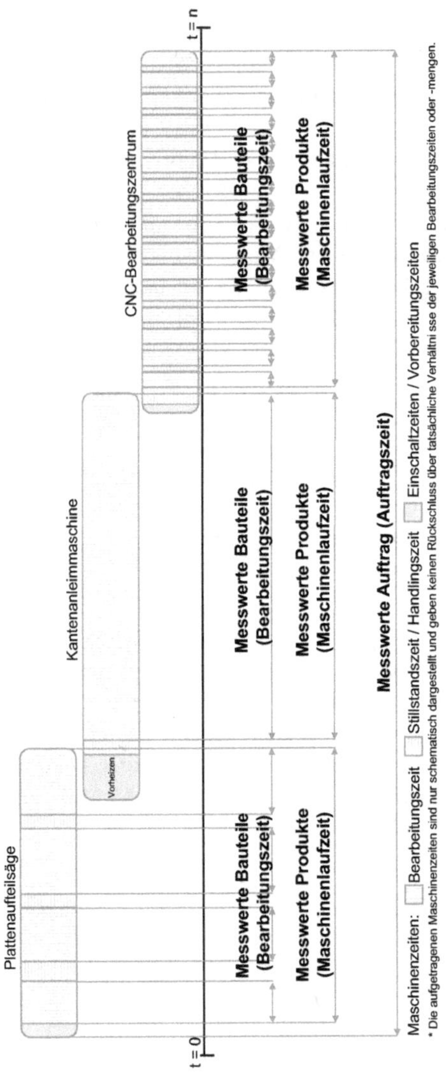

Abbildung 6.2 Schematische Darstellung zur Zuordnung der Daten für das Nutzensystem

Die gesamte Laufzeit an den Maschinen enthält während der Bearbeitung jeweils Einschalt- und Vorbereitungszeiten, Stillstands- und Handlingszeiten und die eigentliche Bearbeitungszeit. Für diese Arbeit werden die Zeiten jeweils dem Auftrag (Auftragszeit) den Produkten (Maschinenlaufzeit) und den Bauteilen (Bearbeitungszeit) zugeordnet. In der Auftragszeit sind die Einschalt- und Vorbereitungszeiten, Stillstands- und Handlingszeiten und die Bearbeitungszeiten für die Aufträge enthalten (Messwerte Auftrag). Die Maschinenlaufzeit enthält je Maschine die Stillstands- und Handlingszeiten und die eigentliche Bearbeitungszeit (Messwerte Produkte). Die auf der untersten Ebene den Bauteilen zugeordnete Bearbeitungszeit enthält nur die Bearbeitungszeit der Produkte (Messwerte Bauteile). Der Gesamtverbrauch bzw. die Gesamtbetrachtung enthält jeweils die Verbrauchswerte aller drei Produkte an einer Maschine über mehrere Aufträge hinweg.

6.2.2 Darstellung der Messwerte für die Prozessperipherie

Die zum Betrieb der drei Fertigungsmaschinen benötigte Peripherie Druckluft und Abluft wird durch den Einsatz von elektrischer Endenergie im Prozess selbst erzeugt. Zur Vergleichbarkeit der Größen im Nutzensystem dient ein aus den Erzeugungsdaten bestimmter Umrechnungsfaktor von Druckluft und Abluft zu elektrischer Endenergie (Tabelle 6.1).[3] Für einen definierten Zeitraum wird mittels eines Ultraschall-Sensors der Durchfluss an den Drucklufterzeugungsanlagen gemessen und mit der gemessenen elektrischen Leistung dieser ins Verhältnis gesetzt. Die zur Erzeugung der Abluft benötigte elektrische Leistung wird direkt mit der gemessenen Abluft an den Maschinen ins Verhältnis gesetzt und hieraus der relevante Wert bestimmt.

[3] Die zur Bestimmung der Umrechnungsfaktoren eingesetzte Digitalisierungstechnik wird in der nachfolgenden Aufwandsberechnung nicht berücksichtigt, da die Technik nur während der Messzeit an den Peripherieanlagen eingesetzt wurde.

Tabelle 6.1 Prozessspezifische Umrechnungsfaktoren von Druckluft und Abluft zu elektrischer Endenergie

Druckluft			Abluft		
Gesamtleistung (elektrisch) während der Messzeit durch den Betrieb der Drucklufterzeugungstechnik	0,096	kWh	Gesamtleistung (elektrisch) während der Messzeit durch den Betrieb der Ventilatoren	16,857	kWh
Gesamtverbrauch Druckluft während der Messzeit durch angeschlossene Anlagen	1,823	m^3	Gesamtverbrauch Abluft während der Messzeit durch die Maschinen des Demonstrators	34,819	m^3
Umrechnungsfaktor Druckluft zu elektrischer Leistung	**0,053**	**kWh/m^3**	**Umrechnungsfaktor Abluft zu elektrischer Leistung**	**0,484**	**kWh/m^3**
CO_2 je m^3 Druckluft (Umrechnungsfaktor Druckluft zu elektr. Leistung * 438 g/kWh)	23,135	g/m^3	**CO_2 je m^3 Abluft (Umrechnungsfaktor Abluft zu elektr. Leistung * 438 g/kWh)**	211,992	g/m^3
Energiekosten je m^3 Druckluft (Umrechnungsfaktor Druckluft zu elektr. Leistung * 0,3306 €/kWh)	0,017	€/m^3	**Energiekosten je m^3 Abluft (Umrechnungsfaktor Abluft zu elektr. Leistung * 0,3306 €/kWh)**	0,160	€/m^3

Die Umrechnungsfaktoren für Abluft dienen der pauschalen Umrechnung von Messwerten und sind aus der Summe der gemessenen Abluftdaten von PAS, KAM und BAZ berechnet. Aufgrund prozessbedingter Besonderheiten während der Aufnahme der Messwerte (keine klar abgrenzbare Zuordnung der Messwerte aufgrund von parallel laufenden Fertigungsprozessen möglich) für die Abluft sind diese nur näherungsweise gültig. Für die Berechnung der Nutzendaten wurden jeweils nur die an der entsprechenden Maschine gemessenen Werte verwendet, die hierdurch aufgrund eines kürzeren Messzeitraums eine geringere Unsicherheit aufweisen.

6.2.3 Darstellung der Messergebnisse für die PAS

Für den ersten Fertigungsschritt, das Sägen an der PAS, ergibt sich für den Gesamtauftrag (3 Sideboards) eine Gesamtbearbeitungszeit von 0,66 Stunden. In dieser Zeit ist sowohl die Einschaltzeit (hochfahren der Maschine und Programminitialisierung) als auch die Bearbeitungszeit enthalten. Während der Produktion traten keine Störungen auf. Zwischen den einzelnen Sägeschnitten ist prozessbedingt eine manuelle Entnahme der Halbzeuge sowie das Einlegen von neuem Plattenmaterial durch den Maschinenbediener erforderlich. Dadurch entstehen zwischen den einzelnen Bearbeitungsschritten „Handlingszeiten", die der Einfachheit halber in der Bearbeitungszeit zusammengefasst und nicht gesondert ausgewiesen werden. Für die Herstellung aller benötigten Einzelteile der drei Beispiel-Produkte werden insgesamt vier Holzplatten benötigt. Nachdem der Schnittplan einer einzelnen Platte abgeschlossen ist, muss der Bediener die Platte durch eine Neue ersetzen. Hier entsteht ebenfalls eine „Handlingszeit" (Abbildung 6.3).

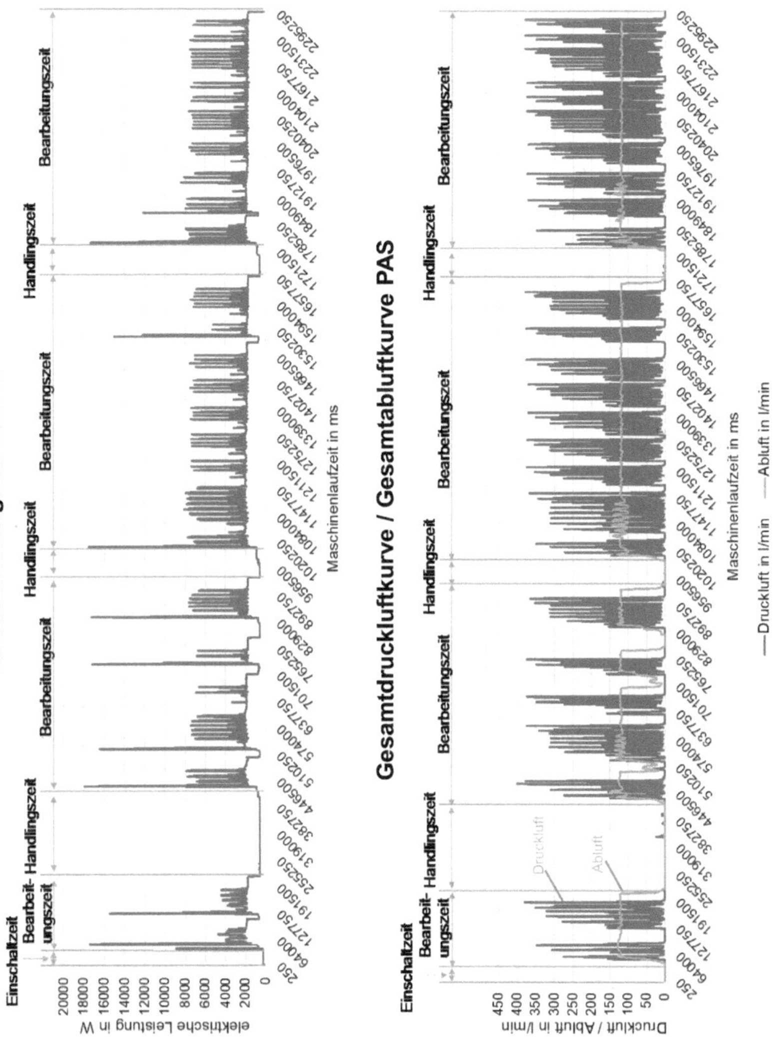

Abbildung 6.3 Gesamtverbrauchskurven PAS

Für die PAS lässt sich für jeden Schnitt aus den Daten ein gleichbleibendes Leistungsprofil ableiten. Dieses besteht aus einer Einzugsphase, in der die Holzplatte in die Maschine eingefahren wird, einer Schnittphase, in der die Maschine die Sägeschnitte ausführt, sowie einer Ausschubphase, in der das fertige Halbzeug ausgegeben wird. Während die Leistung und die Druckluft vom aktuellen Bearbeitungsschritt in der Maschine abhängen, liegt die Abluft als konstante Größe über die gesamte Bearbeitungsdauer an. Da eine Benennung der Bauteile erst nach der Bearbeitung an der PAS stattfindet, ist eine eindeutige Zuordnung der identifizierten Schnitte zu den Bauteilen nicht direkt möglich, da das Herausschneiden der Einzelteile aus mehreren Holzplatten erfolgt und sich mehrere Bauteile gemeinsame Trennschnitte teilen. Um allen Bearbeitungseinflüssen an der PAS Rechnung zu tragen und um alle Schnitte (direkte Schnitte an den Einzelteilen und indirekte Schnitte zum ablängen des Rohmaterials) zu berücksichtigen, werden die Messwerte über den Verteilungsschlüssel m^3 verteilt. Hierdurch wird die Einzelteilfläche (Schnittlängen) und die Einzelteilstärke (Dicke der Spanplatten) berücksichtigt (Abbildung 6.4) (Borchardt, 2020; Mittermaier, 2019).

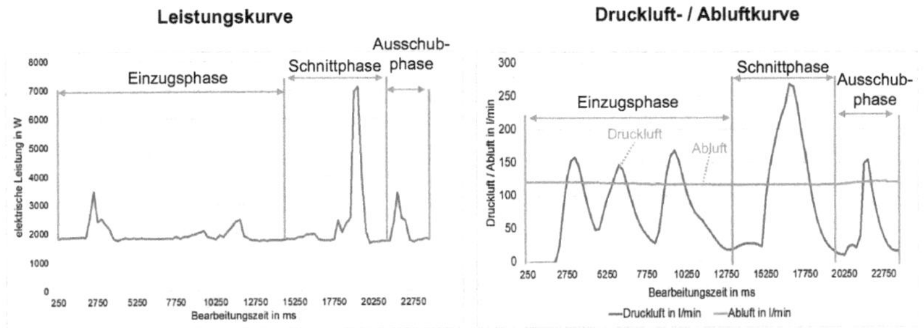

Abbildung 6.4 Verbrauchskurven Einzelschnitt PAS

Aufgrund der Zurechnung der Messwerte über den Verteilungsschlüssel m^3 fallen für die Einzelteile der drei Produkte jeweils die identischen Werte an. Der angegebene Materialinput bezieht sich jeweils auf die vier Gesamtplatten, da eine Zuordnung der Einzelteile zu den Gesamtplatten ebenfalls nicht möglich ist (die Darstellung der Einzelmesswerte auf Bauteilbasis ist in Anhang 5 im elektronischen Zusatzmaterial einsehbar).

6.2.4 Darstellung der Messergebnisse für die KAM

Für den Fertigungsschritt Kantenanleimen fallen für das Aufheizen des Schmelzaggregates für den Kantenklebstoff im Musterprozess 0,85 kWh elektrische Endenergie und 0,04 m^3 Druckluft je Stunde an. Der Aufheizvorgang benötigt im Musterprozess 0,46 h.[4] Der Aufheizprozess sowie die weiteren Heizvorgänge zum Erhalt der benötigten Schmelztemperatur erfolgen zyklusweise. Dies zeigt sich durch die unterschiedlichen Höhen der Niveaus der Leistungskurve, wobei ein hohes Niveau einem aktivierten Heizaggregat und ein niedriges Niveau einem deaktivierten Heizaggregat entspricht. Am Ende der Aufheizzeit findet die Programmwahl und Maschineninitialisierung sowie gegebenenfalls eine Wartezeit bis Produktionsbeginn statt. Diese wird der Aufheizzeit zugerechnet, da ein punktgenaues Aufheizen zum benötigten Produktionsstart in der Praxis nicht möglich ist. Maschinenstörungen traten während der Produktion nicht auf. Für die Bearbeitung der Einzelteile durch die Maschinenaggregate einschließlich des Aufheizens wurde ca. eine Stunde benötigt (Abbildung 6.5).

An der KAM befinden sich zu jedem Bearbeitungszeitpunkt zwei bis drei Bauteile gleichzeitig in der Anlage. Hierdurch sind eine Trennung sowie die Zuordnung eines konkreten Bearbeitungsmusters mittels der Messdaten nicht möglich. Allerdings werden die einzelnen Maschinenaggregate von den Bauteilen der Reihe nach durchlaufen und mittels einer getrennten und auf die Messdaten übertragenen Versuchsreihe ist eine näherungsweise gültige Verbrauchskurve ableitbar.[5] Je nach aufzubringender Kantenlänge, sind an der Maschine mehrere Aggregate gleichzeitig im Einsatz, die sich teilweise überlappen und hierdurch die Zuordnung der Messwerte zu Aggregaten und Einzelteilen ebenfalls erschweren und einen Verteilungsschlüssel notwendig machen (Abbildung 6.6) (Reichelt, 2023).

[4] Das Aufheizen an der KAM findet parallel zur Fertigung der Bauteile an der PAS statt.

[5] Für die Versuchsreihe zur näherungsweisen Ermittlung der Verbrauchswerte an der KAM wurden baugleiche Einzelteile, einzeln durch die Maschine gefahren und anschließend die Verbräuche den jeweils durchlaufenen Maschinenaggregaten zugeordnet. Je nach aufzubringender Kantenlänge sind an der Maschine mehrere Aggregate gleichzeitig im Einsatz, die sich teilweise überlappen. Dies führt trotz allem zu einer Ungenauigkeit bei der Zuordnung der Messwerte zu Aggregaten und Einzelteilen. Daher dient die Versuchsreihe der Ermittlung eines geeigneten Verteilungsschlüssels.

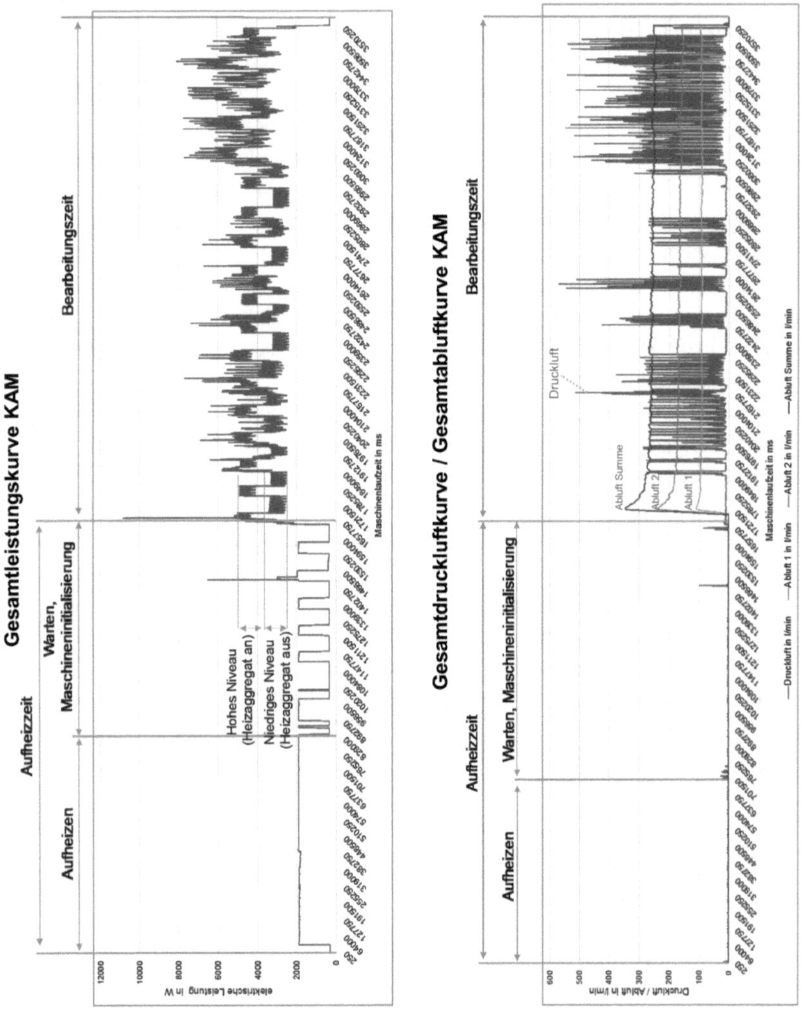

Abbildung 6.5 Gesamtverbrauchskurven KAM

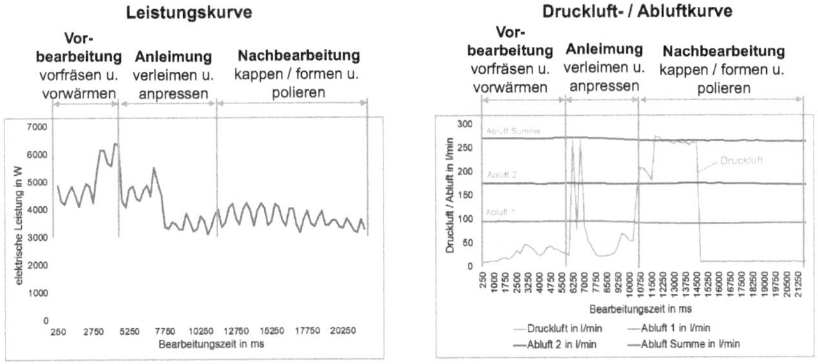

Abbildung 6.6 Verbrauchskurven Einzelbearbeitung KAM

Als Verteilungsschlüssel für die Zuordnung der Messwerte zu den Einzelteilen wurde die jeweilige Kantenlänge der einzelnen Bauteile als geeignet identifiziert. Damit wird auch der Tatsache Rechnung getragen, dass eine Mehrfachbearbeitung eines Einzelteils aufgrund notwendiger Kanten an verschiedenen Bauteilseiten erforderlich ist. Die Rückwand sowie die Sockelleiste des Produktes erhalten keine Kanten und werden daher an der KAM nicht bearbeitet. Der Materialinput und der Materialoutput beziehen sich auf das verwendete Kantenmaterial. Durch die Verwendung des Verteilungsschlüssels sind die Bauteilwerte auch an der KAM für alle drei Einzelprodukte identisch (die Darstellung der Einzelmesswerte auf Bauteilbasis ist in Anhang 5 im elektronischen Zusatzmaterial einsehbar).

6.2.5 Darstellung der Messwerte für das BAZ

Das Einbringen der Bohrungen und Nuten mittels Bohren und Fräsen an der BAZ erfolgt für jedes Einzelbauteil und für jede Einzelbauteilseite getrennt nacheinander. Hierfür wurde im Musterprozess eine Zeitdauer von 1,1 Stunden benötigt, in der eine Einschaltzeit von 0,02 Stunden zur Maschineninitialisierung, die eine Einschaltenergie von 0,08 kWh benötigt, enthalten ist. Vor dem Einlegen der einzelnen Bauteile erfolgt jeweils die entsprechende Programmwahl durch den Maschinenbediener. Anschließend durchläuft das Bauteil den vollständigen Bearbeitungsprozess und wird am Ende wieder manuell entnommen. Zwischen der Bearbeitung zweier Bauteile fällt hierdurch eine „Handlingszeit“ an. Diese beträgt gemittelt über alle Bauteile 0,27 Stunden. Die „Handlingszeit" ergibt sich aus der Differenz der Summe der einzelnen Maschinenlaufzeiten der drei Produkte sowie aus der Summe der einzelnen Bearbeitungszeiten der Bauteile. Während der Bearbeitung traten ebenfalls keine Störzeiten auf (Abbildung 6.7).

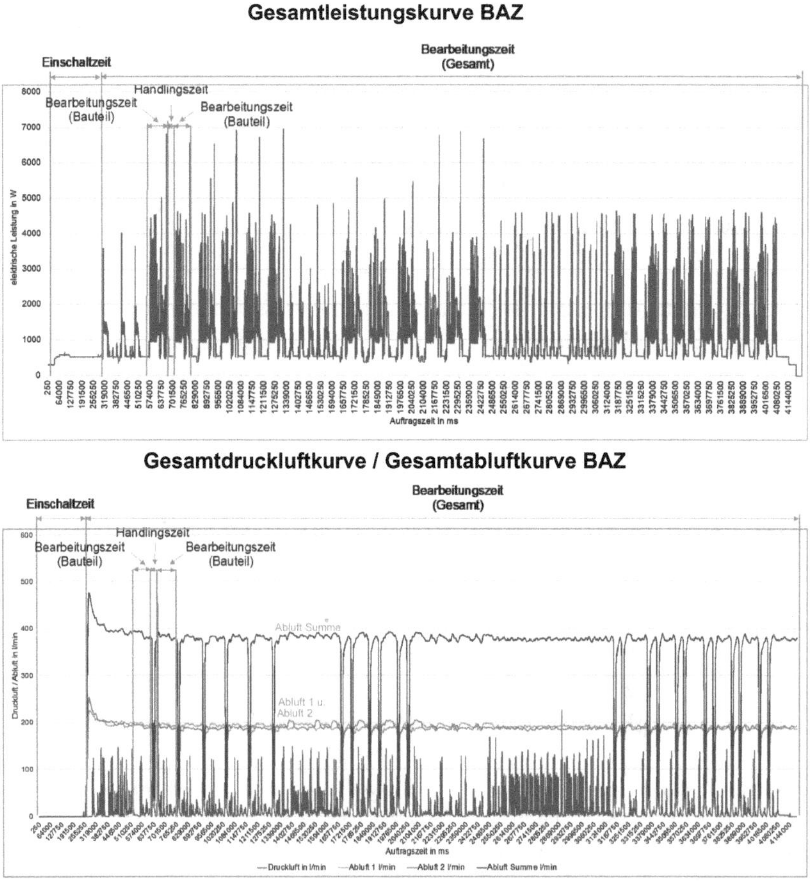

Abbildung 6.7 Gesamtverbrauchskurven BAZ

Am BAZ ist die Bearbeitung für jede Art von Einzelteil (bspw. Seitenteil, Einlegeboden) unterschiedlich. Dadurch unterscheidet sich das jeweilige Bearbeitungsprogramm und die Bearbeitungsdauer. Während der Bearbeitung wurde zu bestimmten Zeiten ein Abfall des Abluftvolumenstroms festgestellt. Die Ursache kann anhand der vorliegenden Messdaten nicht mit Sicherheit bestimmt werden. Es ist jedoch davon auszugehen, dass dies auf einen Wechsel des Bearbeitungsschrittes und einen damit verbundenen notwendigen Werkzeugwechsel zurückzuführen ist. In diesem Fall schaltet die Maschine die Abluft ab, damit keine Späne in die Werkzeugaufnahme bzw. Wechselvorrichtung geblasen werden. Es wird unterschieden zwischen Bauteilen, die nur Bohrungen enthalten und Bauteilen, die sowohl Bohrungen als auch Fräsnuten enthalten. Ein Werkzeugwechsel ist nur bei der zweiten Variante erforderlich (Abbildung 6.8).

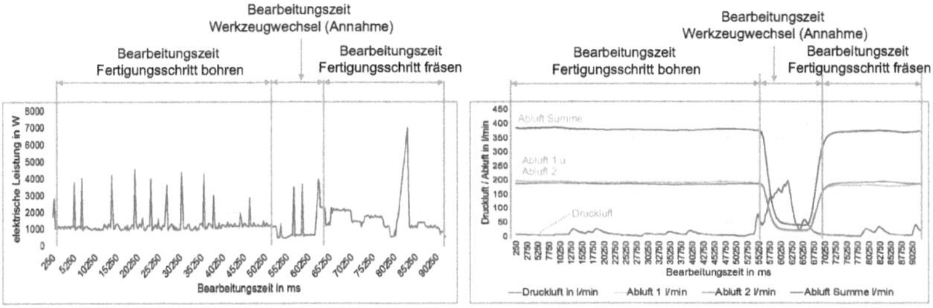

Abbildung 6.8 Verbrauchskurven Einzelbearbeitung BAZ für ein ausgewähltes Bauteil mit Bohrungen und Fräsnuten

Die Zuordnung der Messwerte zu den Bauteilen am BAZ erfolgt direkt über die erfassten Zeitstempel der einzelnen Bauteile während der Bearbeitung. Dadurch ist eine eindeutige Zuordnung der Verbrauchsdaten möglich. Die Rückwand wird am BAZ nicht bearbeitet. Der Materialinput entspricht dem jeweiligen Volumen der einzelnen Bauteile.[6] Der Materialoutput ergibt sich aus dem Materialinput abzüglich des Zerspanvolumens (Bohrungen und Fräsnuten). Das Zerspanvolumen kann jedoch mit den vorliegenden Daten nur näherungsweise ermittelt werden. Die Berechnung zeigt, dass das Zerspanvolumen die Werte des Materialoutputs nur minimal beeinflusst, sodass es für diese Arbeit

[6] Die an der KAM aufgebrachte Kante würde zwar das Gesamtvolumen erhöhen, beeinflusst allerdings den Bearbeitungsprozess am BAZ nicht. Daher wird als Materialinput das Bauteilvolumen ohne Kantenmaterial angegeben.

vernachlässigt wird.[7] Die Materialkosten an der BAZ betragen null Euro, da kein neuer Rohstoff eingesetzt wird und die Kosten für das Plattenmaterial bereits an der PAS verrechnet wurden (die Darstellung der Einzelmesswerte auf Bauteilbasis ist in Anhang 5 im elektronischen Zusatzmaterial einsehbar).

6.2.6 Darstellung der Ergebnisse für den Nutzen auf Fertigungsauftrags- und Produktbasis

Die Auftragszeit für den Fertigungsauftrag, der aus drei Produkten besteht, wurde aus der Summe an den drei Maschinen anfallenden Einzelmaschinenlaufzeiten berechnet und beträgt je Beispiel-Produkt im Schnitt 0,74 Stunden. Die Auftragszeit enthält zusätzlich zur reinen Maschinenlaufzeit die Einschaltzeiten, wie das Hochfahren der Maschine oder das Aufheizen der Aggregate sowie die Handlingszeiten der Einzelteile an den Maschinen und beträgt in Summe 2,74 Stunden. Während der Auftragszeit wurden ca. 6 kWh elektrische Endenergie, ca. 6 m^3 Druckluft sowie ca. 35 m^3 Abluft verbraucht. Hierbei fielen Kosten, umgerechnet auf den Endenergiebedarf in Höhe von 7,65 € (netto) an und es entstand ein CO_2 Ausstoß, umgerechnet auf den Endenergiebedarf in Höhe von 10,13 kg. Zusätzlich entstanden durch die Beschaffung des Rohmaterials Kosten in Höhe 301,11 € (netto)[8] (Tabelle 6.2).

---

[7] Im Bearbeitungsprozess wird das Zerspanvolumen mit 1 % des Bauteilvolumens angenommen (Schätzung auf Basis der vorliegenden Bearbeitungsdaten), was allerdings aufgrund von Rundungen bei den Ergebnissen vernachlässigbar ist. Eine Möglichkeit zur Berücksichtigung des Zerspanvolumens wäre, dieses aus den Bearbeitungsdaten zu berechnen oder die zu bearbeitenden Bauteile mit einer Waage vor und nach der Bearbeitung zu wiegen. Diese Daten liegen für diese Arbeit allerdings nicht vor.

[8] Plattenmaterial 19 mm: 15,50 € (netto) / m^2; Plattenmaterial 8 mm: 14,00 € (netto) / m^2; Kantenmaterial: 80,33 € (netto) / 100 Laufmeter (lfm); Werte aus Herstellerrechnungen zum Bezugszeitpunkt 2019.

Tabelle 6.2 Messwerte für einen Fertigungsauftrag

Messwerte			PAS	KAM	BAZ	Summe
Maschinenlaufzeit			0,67 h	0,99 h	1,08 h	2,74 h
gemessene Werte	Input	Endenergie	1,314 kWh	3,540 kWh	1,104 kWh	5,958 kWh
		Druckluft	2,105 m^3	2,510 m^3	1,484 m^3	6,097 m^3
	Output	Abluft	3,465 m^3	8,038 m^3	23,316 m^3	34,819 m^3
ausgelesene Werte	Input	Material	0,307 m^3	69,00 lfm	--	--
	Output	Material	0,269 m^3	55,89 lfm	--	--
berechnete Werte	Input	Kosten Endenergie	0,43 €	1,17 €	0,37 €	1,97 €
		Kosten Druckluft[1]	0,04 €	0,04 €	0,03 €	0,11 €
		Kosten Material	245,68 €	55,43 €	--	301,11 €
		CO_2 Endenergie	575,55 g	1550,53 g	483,73 g	2609,803 g
		CO_2 Druckluft[1]	48,70 g	58,06 g	34,33 g	141,096 g
	Output	Kosten Abluft[1]	1,20 €	1,42 €	2,95 €	5,57 €
		CO_2 Abluft[1]	1590,46 g	1885,42 g	3903,95 g	7379,83 g

[1] Bezogen auf den Endenergiebedarf

Zur Datenvalidierung enthält ein Auftrag jeweils drei Produkte. Die Messwerte der Produkte setzen sich aus den jeweiligen Bearbeitungszeiten der Bauteile einschließlich den „Handlingszeiten“ an den Maschinen zusammen. Aus den jeweiligen Mittelwerten der drei Einzelprodukte lässt sich ein Beispiel-Produkt bilden (Tabelle 6.3).

Tabelle 6.3 Mittelwerte der Einzelprodukte zur Bildung eines Beispiel-Produktes

Mittelwerte Beispiel-Produkt			PAS	KAM	BAZ	Summe
Bearbeitungszeit			0,22 h	0,18 h	0,34 h	**0,74 h**
gemessene Werte	Input	Endenergie	0,437 kWh	0,965 kWh	0,362 kWh	**1,763 kWh**
		Druckluft	0,702 m^3	0,825 m^3	0,495 m^3	**2,022 m^3**
	Output	Abluft	1,155 m^3	2,679 m^3	7,772 m^3	**11,606 m^3**
ausgelesene Werte	Input	Material	0,125 m^3	23 m	--	--
	Output	Material	0,082 m^3	18,63 m	--	--
berechnete Werte	Input	Kosten Endenergie	0,14 €	0,32 €	0,12 €	**0,59 €**
		Kosten Druckluft[1]	0,01 €	0,01 €	0,01 €	**0,04 €**
		Kosten Material	81,89 €	18,47 €	--	**100,37 €**
		CO_2 Endenergie	191,85 g	422,514 g	161,242 g	**775,605 g**
		CO_2 Druckluft[1]	16,233 g	19,098 g	11,444 g	**46,775 g**
	Output	Kosten Abluft[1]	0,40 €	0,47 €	0,98 €	**1,86 €**
		CO_2 Abluft[1]	530,154 g	628,474 g	1301,317 g	**2459,944 g**

[1] Bezogen auf den Endenergiebedarf

Die konkrete Zuordnung der Messwerte zu den Einzelprodukten auf Maschinenbasis ist in Anhang 5 im elektronischen Zusatzmaterial einsehbar.

6.3 Darstellung der Ergebnisse für das Aufwandsystem

6.3.1 Gliederung des Aufwandsystems zur Ergebnisdarstellung

Zur Darstellung der Ergebnisse des Aufwandsystems wird in bereits vorhandene Hardware und Software sowie in nachzurüstende Hardware und Software unterschieden. Vorhandene Hardware und Software umfasst Komponenten, die für einen anderen Zweck in der Demonstratorumgebung bereits vorhanden waren und von denen Teile für die Digitalisierung der Maschinen und Anlagen mitgenutzt werden. Nachzurüstende Hardware und Software umfasst alle Komponenten, die im Rahmen der Digitalisierung nachgerüstet werden. Bei nachzurüstender Hardware wird eine ausschließliche Verwendung für den Einsatz zur Digitalisierung der Maschinen und Anlagen angenommen. Eine Prüfung und Verrechnung der Aufwandswerte für mögliche andere Einsatzzwecke erfolgt nicht. Am Ende der Betriebszeit der Digitalisierungstechnik wurde eine „Endverwertung" (thermisches oder stoffliches Recycling) angenommen. Während des Zeitraums der Nutzung vorhandener Hardware (Desktop Personal Computer (PC) einschließlich Monitor) und Software wird ebenfalls ein ausschließlicher Einsatz für die Digitalisierung der Maschinen und Anlagen angenommen und es erfolgt ebenfalls keine Berücksichtigung anderer evtl. parallellaufender Anwendungen (Tabelle 6.4).

Tabelle 6.4 Ergebnisstruktur und Datenherkunft für das Aufwandsystem

<table>
<tr><th>Data-Mining Stufen</th><th colspan="2">Digitalisierungselemente</th><th>Komponenten</th><th>Kosten</th><th>Endenergie</th><th>GWP_{100}</th><th>$ADP_{elementar}$</th></tr>
<tr><td rowspan="2">Datenerfassung</td><td>Sensorik (und Aktorik)</td><td>nachzurüstende Hardware</td><td>Sensoren, IoT_Koppler, elektronische Komponenten, (Messvorrichtung)</td><td colspan="4">Ökobilanzierungsstudie an der Digitalisierungstechnik durchgeführt.</td></tr>
<tr><td rowspan="2">Daten aus internen und externen Systemen</td><td>vorhandene Software</td><td>MES-System</td><td colspan="4" rowspan="2">Ökobilanzierungswerte für gemessene und berechnete Daten aus externen Studien und Datenbanken entnommen.</td></tr>
<tr><td rowspan="3">Datenverarbeitung und -analyse</td><td>vorhandene Hardware</td><td>Datenbank PC (Desktop PC inkl. Monitor)</td></tr>
<tr><td rowspan="2">Datenübertragung und -speicherung</td><td>nachrüstende Software</td><td>MQTT-Broker inkl. Konfigurations-software IoT-Koppler, Node-Red, SQL-Datenbank</td><td colspan="4" rowspan="2">Ökobilanzierungswerte für gemessene und berechnete Daten aus externen Studien und Datenbanken entnommen.</td></tr>
<tr><td>vorhandene Hardware</td><td>2 Datenbank PCs (Desktop PC inkl. Monitor)</td></tr>
</table>

Die Aufwendungen für die nachzurüstende Hardware (Messvorrichtung) werden durch eine Demontageanalyse[9] und mit der Methodik der Ökobilanzierung ermittelt (DIN EN ISO 14040, 2021). Für alle weiteren Digitalisierungselemente werden Laufzeiten und relevante Verbräuche ermittelt oder gemessen und mit entsprechenden Daten aus externen Studien oder Datenbanken verrechnet. Die Ergebnisse sind unterteilt in die Berechnungsgrößen Kosten, Primärenergiebedarf, GWP_{100} und $ADP_{elementar}$.

Die betrachteten Lebensdauern der eingesetzten Digitalisierungstechnik zur Ermittlung der Ergebnisse sind je nach Komponente unterschiedlich (Tabelle 6.5).

Tabelle 6.5 Nutzungsdauer der Einzelkomponenten der Digitalisierungstechnik

Komponente	Nutzungsdauer	Begründung / Datenherkunft	Quelle
Sensoren	ca. 7 Jahre	Ausfall einzelner Komponenten der Sensorik (bspw. interne Batterie verbraucht)	Bonvoisin et al. 2012
Desktop PC	ca. 6 Jahre	LCA-Studie	Andrae & Andersen, 2010
Server	ca. 5 Jahre	Herstellerangaben / LCA-Studie	Berwald et al. 2015
IoT-Koppler	> 10 Jahre	E-Mail-Kontakt mit Beckhoff Vertriebsteam	Beckhoff Vertriebsteam, E-Mail, 5. Mai 2021

Schebek et al. 2017 gibt auf Basis von unterschiedlichen Lebenszyklusanalysen stark variierende Zeiträume für die Nutzung von IoT-Komponenten an. Oftmals beziehen sich die genannten Nutzungsdauern nicht auf ein tatsächliches Lebenszyklusende der Produkte, sondern auf einen einsatzspezifischen Ausfall einzelner Bauteile (Andrae & Andersen, 2010, S. 830; Berwald et al., 2015; Bonvoisin, Lelah, Mathieux, & Brissaud, 2012, S. 151; Schebek et al., 2017, S. 73 f.). Kurze Lebensdauern begründet Schebek et al. 2017 mit der in der IKT-Branche schnelllebigen Technik (rasante Weiterentwicklung der Hardware innerhalb kurzer Zeiträume) sowie sich ändernden Softwareanforderungen, die einen Austausch der Hardware nötig machen (Hilty et al., 2015, S. 19; Schebek et al., 2017, S. 73 f.). Bei unverändertem Betrieb der Digitalisierungstechnik ist der Austausch aufgrund veralteter Hardware oder sich ändernder Software aber nicht zwingend nötig, sodass für die diese Arbeit von einer Nutzungsdauer für die gesamte Digitalisierungstechnik von 10 Jahren[10] ausgegangen wird.

[9] Systematische Zerlegung der Einzelteile der Digitalisierungstechnik, um Aufschluss über die darin enthaltenen Materialien und die jeweils zugehörigen Mengen zu erhalten.

[10] Tägliche Nutzung von 24 Stunden entspricht 87.600 Betriebsstunden.

6.3.2 Darstellung der Ergebnisse für die Digitalisierungselemente der Datenerfassung

Die Einzelkomponenten für die Digitalisierungselemente der Datenerfassung sind im Forschungsdemonstrator in physischer Form der Messvorrichtungen vorhanden und sind ausschließlich für die Digitalisierung der Fertigungsmaschinen beschafft und im Einsatz. Durch die Demontageanalyse der eingesetzten Hardwarekomponenten stehen die zur Durchführung der Ökobilanzstudie notwendigen Daten zur Verfügung.[11] Die Vorgehensweise zur Ermittlung der Ergebnisse umfasst ausgewählte Methodenteile der DIN EN ISO 14040, wie Festlegung des Ziels und des Untersuchungsrahmens, Erstellung der Sachbilanz und Teile der Wirkungsabschätzung (DIN EN ISO 14040, 2021, S. 16; DIN EN ISO 14044, 2021). Die Elemente Wirkungsabschätzung und Auswertung werden nur eingeschränkt genutzt, da die Ergebnisse der Bilanzierung für diese Arbeit weitgehend ausreichen. Die Details und eine Dokumentation der Ökobilanzierung sind in Anhang 6 im elektronischen Zusatzmaterial einsehbar.

Die Ökobilanzierung der Hardwarekomponenten erfolgt entlang ihres gesamten Lebenszyklus und umfasst die Herstellung, den Transport, die Nutzung sowie die anschließende Verwertung. Für die einzelnen Hardwarekomponenten wird angenommen, dass sie in China hergestellt werden. Ebenso stammen die dafür verwendeten Rohstoffe aus China. Der (Land-)Transport der Rohstoffe zum Herstellungsort sowie der (Land-)Transport der Fertigteile zum Hafen liegen aufgrund fehlender Informationen (Start- und Zielort, Transportmittel) außerhalb der Systemgrenze. Die Verpackung der einzelnen Komponenten liegt ebenfalls außerhalb der Systemgrenze (System A). Der Weitertransport von einem Hafen in China (Shanghai) zu einem Hafen in Deutschland (Hamburg) (22.000 km) sowie der Transport vom Hafen in Deutschland zu einem Einsatzort in Deutschland per Lastkraftwagen (LKW) (500 km) und im weiteren Verlauf der Transport vom Einsatzort zu einer Verwertungsanlage (im Umkreis von 50 km zum Einsatzort) befinden sich innerhalb der Systemgrenze (System B). Die Montage der Einzelteile zur Gesamtkomponente Messvorrichtung erfolgt am Einsatzort manuell und verursacht keine Umweltwirkungen. Ein möglicher Werkzeugverbrauch bei der Montage wurde nicht berücksichtigt und über die Lebensdauer der Messvorrichtung wird diese als wartungsfrei angenommen. Beides liegt außerhalb der Systemgrenze, ebenso wie die Beseitigung eventuell auftretender Störungen (System C). Für die Verwertung wurde entsprechend den gesetzlichen Vorgaben eine

[11] Zur Unterstützung bei der Durchführung der Ökobilanzierungsstudie wird die Software Gabi (Version 10.6.1.35, Schema 8007) genutzt.

Sammelquote von 65 % sowie eine Aufteilung von energetischer zu stofflicher Verwertung von 20:80 festgelegt (System D) (Abbildung 6.9) (Richtlinie 2012/19/EU, 2012).

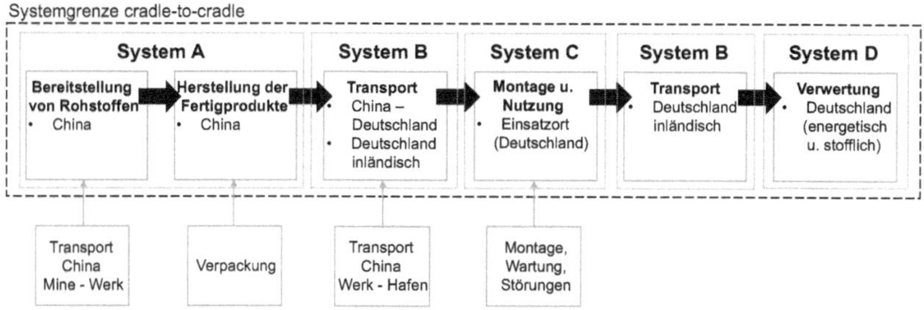

Abbildung 6.9 Systemgrenze für die Hardwarekomponenten der Messvorrichtung. (Eigene Darstellung in Anlehnung an Wenker, 2015, S. 74)

Die Basis zur Bilanzierung der Einzelteile der Messvorrichtung bilden die Materialien und deren Mengenanteile der zerlegten und analysierten Hardwarekomponenten. Die Modellierung der Sachbilanz enthält innerhalb der Systemgrenze alle Stoff- und Energieflüsse sowie alle Material- und Energiemengen (keine Abschneidung kleiner Materialmengen) (Abbildung 6.10).[12]

[12] Zur Modellierung wurden innerhalb der Software Gabi die Datenbanken Professional Datenbank 2021, Zusatzdatenbank V: Nicht-Eisen-Metalle, Zusatzdatenbank VI: Edelmetalle 2021, Zusatzdatenbank VII Kunststoffe 2021, Zusatzdatenbank IXa: Kreislaufwirtschaft 2021, Zusatzdatenbank X: Fertigungsprozesse 2021, Zusatzdatenbank Elektronik 2021, Zusatzdatenbank XII: Nachwachsende Rohstoffe 2021 genutzt. Wenn keine passenden Prozesse für die benötigten Materialien vorhanden waren, dann wurden diese selbst modelliert oder es wurde auf vergleichbare Datensätze in den Datenbanken zurückgegriffen.

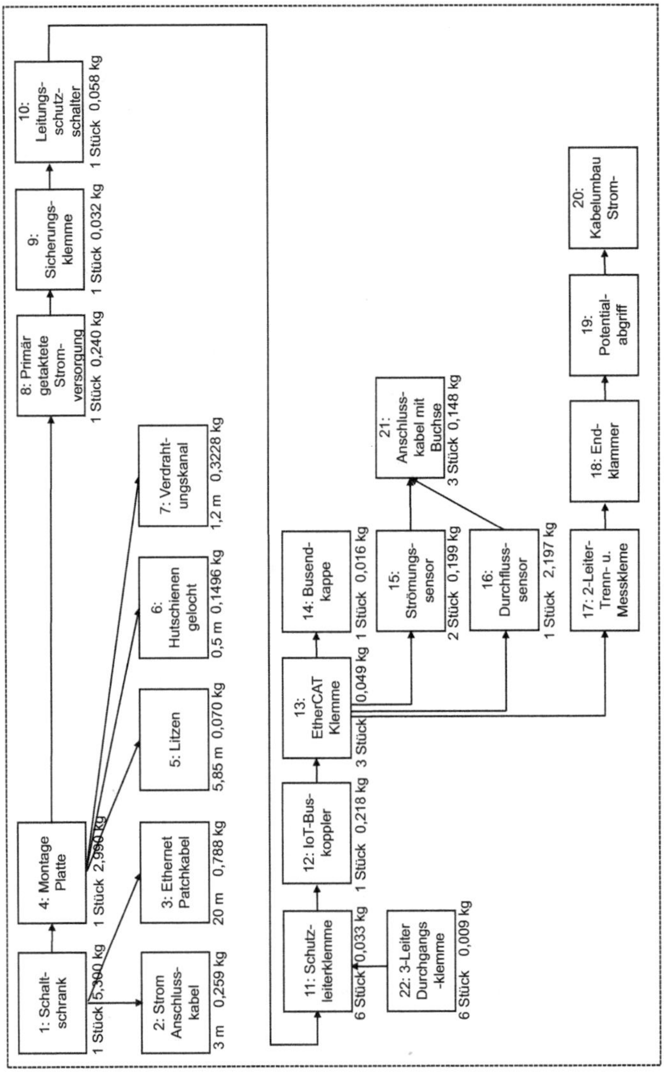

Abbildung 6.10 Systemfließbild Hardwarekomponenten der Messvorrichtung

Die Ergebnisse für System A einschließlich Transport zum Einsatzort (System B) aus der Ökobilanzierung ergeben für den Primärenergiebedarf[13] 1580 MJ, für das GWP_{100}[14] 88,6 kg CO_2 Äquiv. und für das $ADP_{elementar}$[15] 0,0047 kg Sb Äquiv. Die Kosten für das System A entsprechen den Anschaffungskosten für die Hardwarekomponenten ohne evtl. anfallende Versandkosten sowie ohne Mehrwertsteuer (netto) und wurden den Angeboten/Rechnungen für die im Forschungsdemonstrator beschafften Komponenten im Jahr 2019 entnommen und betragen für eine vollständig ausgestattete Messvorrichtung 2.078,49 € (netto) (Abschnitt 5.2).[16]

System C enthält die Montage und die Nutzung der Messvorrichtung. Die Montage erfolgt per Hand am Einsatzort. Hierfür fällt eine Montagezeit in Höhe von ca. 3,25 Stunden an.[17] Hinzukommt eine Demontagezeit am Ende der Nutzung von ca. einer Stunde (eine detaillierte Betrachtung der Montage- und Demontagezeiten ist in Anhang 7 im elektronischen Zusatzmaterial einsehbar). Die Montagestunden werden mit 55,00 €/Stunde verrechnet.[18] Das System wird über die vom Hersteller angegebene Lebensdauer als wartungsfrei angenommen. Mögliche Störungen des Systems, die einen Austausch einzelner Komponenten des Systems zur Folge hätten, werden ebenfalls ausgeschlossen bzw. nicht betrachtet. Die während des Betriebs gemessene Leistung der Messvorrichtung beträgt 83,21 W. Weitere Verbräuche entstehen während des Betriebs nicht.

Für die Verwertung der Messvorrichtung (System D) wurde ein Verwertungsprozess modelliert, welcher den Transport der Messvorrichtung zur Verwertungsanlage (System B)[19], die Zerkleinerung der Messvorrichtung in einem Shredder sowie die Sortierung und anschließende thermische und stoffliche Verwertung der jeweiligen Materialien enthält (die Dokumentation ist in Anhang 6 im elektronischen Zusatzmaterial einsehbar). Die Sammelquote wurde mit 65 % und hieraus die thermische Recyclingquote mit 20 % und die stoffliche Recyclingquote mit

[13] Primärenergiebedarf aus regenerativen und nicht regenerativen Ressourcen, unterer Heizwert.

[14] CML2001 – Aug. 2016, Treibhauspotential (GWP 100 Jahre).

[15] CML2001 – Aug. 2016, Abiotischer Ressourcenverbrauch elementar (ADP elementar).

[16] Die Zusammensetzung der verwendeten Strommixe für China und Deutschland ist in Anhang 10 im elektronischen Zusatzmaterial einsehbar.

[17] Die Montage der Messvorrichtung ist vollständig ohne die Verwendung von elektronischen Werkzeugen (elektrischer Bohrschrauber) möglich. Daher befindet sich ein möglicherweise anfallender Endenergiebedarf des Werkzeugs außerhalb der Systemgrenze und wird nicht berücksichtigt.

[18] Interne Verrechnung von Montagearbeiten an der TH Rosenheim.

[19] Eigene Annahme: Verwertungsanlage im Umkreis von 50 Kilometern um den Einsatzort.

80 % festgesetzt (Richtlinie 2012/19/EU, 2012). Eine Substitution des stofflichen, durch thermisches Recycling (ab einem festgesetzten Heizwert) wird nicht berücksichtigt. Aufgrund der Komplexität des Verwertungsproduktes und des Verwertungsprozesses werden prozessbedingte Materialverluste (Wirkungsgrad der Verwertungsanlage) berücksichtigt, indem nur 80 %[20] der zugeführten Stoffströme in das Recycling eingehen (Feil, 2017, S. 189 ff.; Martens & Goldmann, 2016, S. 19 ff.). Weiterhin werden für die stoffliche Verwertung materialspezifische Wertminderungsquoten berücksichtigt (Werte aus Gabi-Datenbanken). Zudem wird eine Fraktion mit „Sonstiges“ (bspw. Batterien, Display) während der Verwertung abgetrennt. Für die Rücknahme des Elektroschrottes werden keine positiven oder negativen ökonomischen Kosten verrechnet, da diese kostenneutral in den Verwertungsanlagen erfolgt (Tabelle 6.6).

Tabelle 6.6 Mengengrößen für den Verwertungsprozess

Verwertungsstufe 1	**Messvorrichtung zur Verwertung**			
	15,376 kg			
Verwertungsstufe 2	**Sammelquote 65 %**			
	9,994 kg			
Verwertungsstufe 3	**Vorzerkleinerung und Sortierung (20 % Anlagenverluste)**			
	Materialien zur Verwertung	7,995 kg		
	Sonstiges	0,476 kg		
Verwertungsstufe 4		**Metalle**	**Elektronik**	**Kunststoffe**
	Verwertungsanteil	3,286 kg	0,592 kg	3,641 kg
	Anteil stoffliche Verwertung (80 %)	2,629 kg	0,473 kg	2,913 kg
	Anteil thermische Verwertung (20 %)	0,657 kg	0,118 kg	0,728 kg

6.3.3 Darstellung der Ergebnisse für die Digitalisierungselemente der Datenverarbeitung und -analyse

Zum Auslesen von Daten aus internen und externen Systemen sowie zur Datenübertragung und -speicherung dient vorhandene Hardware. An der vorhandenen Hardware wird zum Auslesen der Daten vorhandene oder nachzurüstende Software genutzt. Hierbei fallen ebenso unterschiedliche Aufwendungen für

[20] Eigene Annahme aufgrund der in der Literatur beschriebenen Komplexität des Verwertungsprozesses.

Herstellung, Transport, Nutzung und Verwertung an. Für die Herstellung der Hardware werden Ressourcen verbraucht und für die Nutzung der Hardware und der Software wird Endenergie benötigt, wodurch Kosten und CO_2 entstehen (Schebek et al., 2017, S. 64). Die für das Auslesen der Daten aus internen und externen Systemen sowie zur Datenübertragung und -speicherung benötigte Hardware[21] ist in der betrachteten Demonstratorumgebung allerdings bereits vorhanden. Daher werden zur Mitnutzung dieser Hardware ausschließlich der während der Nutzungsdauer anfallende Endenergiebedarf sowie die hieraus resultierenden Kosten und Umweltwirkungen betrachtet. Kosten/Umweltwirkungen aus der Herstellungs- oder Verwertungsphase fließen nicht in die Bewertung mit ein, da die Hauptnutzung der Hardware bei anderen Anwendungen liegt bzw. eine weitere Nutzung nach Ende der Laufzeit der Digitalisierungstechnik nicht ausgeschlossen ist. Um die Zurechnung der entstehenden Umweltwirkungen und Kosten während der Nutzung zu ermöglichen/vereinfachen, wird während der Nutzungsdauer durch die Digitalisierungstechnik von einer alleinigen Hardwarenutzung durch diese ausgegangen.

Zur Ermittlung des Endenergiebedarfs für die verwendeten Hardwarekomponenten in Form von Desktop PCs und Datenbankserver als Desktop PCs verweisen Andrae und Anderson 2010 darauf, dass die hierzu existierenden Studien erheblich voneinander abweichen und eine Vergleichbarkeit nur eingeschränkt möglich ist (Andrae & Andersen, 2010, S. 830 f.; Schebek et al., 2017, S. 74 ff.). Die Autoren verweisen auf den IVF Report 07004, welcher für Office Desktop PCs eine elektrische Leistung von 70,5–81,7 Watt angibt (IVF Report 07004, 2007, S. 141 f.). Weitere Studien beziehen sich ebenfalls auf den IVF Report (Maga, Hiebel, & Knermann, 2012, S. 863). Gröger 2020 gibt in einer aktuellen Studie den Leistungsverbrauch von Desktop PC's mit Monitor mit 87 Watt an (Gröger, 2020, S. 30). Aigner et al. 2022 nutzt den von Schebek et al. 2017 ermittelten Verbrauch für einen Desktop PC (mit LCD-Screen), der auf Andrae und Anderson 2010 sowie auf die Energiebedarfsrelevante-Produkte-Richtlinie (auch Ökodesgin-Richtline) zurück geht und 215 kWh/Jahr umfasst (Aigner et al., 2022; Andrae & Andersen, 2010; Richtlinie 2009/125/EG, 2012; Schebek et al., 2017). Für die Berechnungen des Endenergiebedarfs der verwendeten Desktop PCs (einschließlich LCD-Monitor) sowie für die hieraus zu berechnenden Kosten und die entstehenden Umweltwirkungen wird in dieser

---

[21] 1 Desktop PC zum Betrieb des MQTT-Brokers und der Programmiersoftware Node-Red, 1 Datenbankserver als Desktop PC zum Betrieb der SQL-Datenbank, 1 Desktop PC für das MES.

Arbeit der ermittelte Maximalwert von 87 Watt Leistung angesetzt. Für die nachzurüstende Hardware in der vorliegenden Arbeit fallen keine direkten Kosten (Investitionskosten, Installationskosten) an.

In Bezug auf die Ermittlung des Endenergiebedarfs bzw. der Umweltwirkungen von Softwareprodukten weisen Hilty et al. 2017 darauf hin, dass der Einfluss von Software auf den Endenergiebedarf bzw. die Umweltwirkungen bisher wenig untersucht ist und die Ermittlung eine methodische Herausforderung hinsichtlich der Definition einer funktionalen Einheit sowie aufgrund von Mess- und Allokationsproblemen darstellt (Hilty et al., 2015, S. 46). Der Grund dafür ist, dass das Zusammenspiel von Soft- und Hardware ein komplexes System bildet, das von mehreren Parametern beeinflusst wird, die sich wiederum gegenseitig beeinflussen und somit eine isolierte Betrachtung der Software ausschließen. (Kern, Dick, Naumann, Guldner, & Johann, 2013, S. 91 ff.). Hierzu existierende Ansätze sind sehr umfangreich und erfordern ausführliche Messungen und Studien zur jeweils verwendeten Software (F. Chen, Schneider, Yang, Grundy, & He, 2012). Ein übergeordnet gültiger Wert bzw. eine generische Ermittlungsmethode konnte nicht recherchiert werden. Bei der Bestimmung des Stromverbrauchs der Hardwarekomponenten wird der ermittelte Maximalwert angesetzt und daher die Annahme getroffen, dass der Endenergiebedarf der Software hier bereits enthalten ist und ohne die Verwendung der Software ein geringerer Endenergiebedarf der Hardware vorliegen würde (Schebek et al., 2017, S. 66). Bei der ausgewählten nachzurüstenden Software handelt es sich jeweils um Open Source Lösungen, die kostenfrei zu Verfügung steht und daher keine Investitionskosten verursacht. Für die Konfiguration der Software zur Erfassung, Übertragung und Speicherung der Daten sind als Anfangsaufwand 1,2 Programmierstunden nötig (eine detaillierte Darstellung ist in Anhang 7 im elektronischen Zusatzmaterial einsehbar). Diese Konfigurationsschritte sind einmalig bei der Einrichtung der Digitalisierungstechnik notwendig. Während des laufenden Betriebs ist die Software ebenfalls wartungsfrei und erfordert keine Eingriffe. Die Datenerfassung aus dem MES ist jeweils zu Beginn eines neuen Fertigungsauftrages einmalig durchzuführen und benötigt 0,5 Arbeitsstunden (eine detaillierte Darstellung ist in Anhang 7 im elektronischen Zusatzmaterial einsehbar).

6.3.4 Zusammenfassung der ermittelten Ergebnisse für das Aufwandsystem

Für die Bereitstellung der Digitalisierungstechnik entstehen einmalige fixe Kosten in Höhe von 2378,24 € sowie ein fixer Endenergiebedarf in Höhe von

65,50 kWh, ein GWP_{100} von 35,60 kg CO_2 Äquiv. und ein $ADP_{elementar}$ von 0,00119 kg Sb Äquiv. Die variablen Kosten je Stunde Betriebszeit des Digitalisierungssystems betragen 0,12 € und entstehen durch den Endenergiebedarf der Komponenten während des Betriebs. Dieser beträgt für das Digitalisierungssystem je Stunde Laufzeit 0,34 kWh. Hieraus lassen sich die variablen Umweltwirkungen GWP_{100} mit 0,15 kg CO_2 Äquiv. und das $ADP_{elementar}$ mit $8{,}44 * 10^{-8}$ kg Sb Äquiv. bestimmen. Zusätzlich entstehen 27,50 € an Kosten je Fertigungsauftrag (Tabelle 6.7).

Tabelle 6.7 Zusammenfassung der Ergebnisse für das Aufwandsystem

Digitalisierungselemente		Komponenten	Kosten netto [€]		Endenergie [kWh] *		GWP_{100} [kg CO_2 Äquiv.]		$ADP_{elementar}$ [kg Sb Äquiv.]	
			fixer Anteil	variabler Anteil	fixer Anteil	variabler Anteil	fixer Anteil	variabler Anteil	fixer Anteil	variabler Anteil
Sensorik und Aktorik	**nachzurüstende Hardware**	Sensoren, IoT_Koppler, elektronische Komponenten, Messvorrichtung	**2312,24 €** (1) (je Messvorrichtung)	**0,03 €** (2) (je Messvorrichtung; je 1 Stunde Laufzeit)	**65,502 kWh** (3) (je Messvorrichtung)	**0,083 kWh** (2) (je Messvorrichtung; je 1 Stunde Laufzeit)	**35,6 kg CO_2 Äquiv.** (3) (je Messvorrichtung)	**0,037 kg CO_2** Äquiv. (2) (je Messvorrichtung; je 1 Stunde Laufzeit)	**0,00119 kg Sb Äquiv.** (3) (je Messvorrichtung)	**$2{,}069 * 10^{-8}$ kg Sb Äquiv.** (4) (je Messvorrichtung; je 1 Stunde Laufzeit)
Datenerfassung	**vorhandene Software**	MES-System	**27,50 €** (5) (einmalig je Fertigungsauftrag)	--	--	--	--	--	--	--
	vorhandene Hardware	Datenbank PC (Desktop PC inkl. Monitor)	--	**0,03 €** (2) (je Datenbank PC; je 1 Stunde Laufzeit)	--	**0,087 kWh** (2) (je Datenbank PC; je 1 Stunde Laufzeit)	--	**0,038 kg CO_2 Äquiv.** (2) (je Datenbank PC; je 1 Stunde Laufzeit)	--	**$2{,}123 * 10^{-8}$ kg Sb Äquiv.** (4) (je Datenbank PC; je 1 Stunde Laufzeit)
Datenübertragung und Datenspeicherung	**nachzurüstende Software**	MQTT-Broker inkl. Konfigurationssoftware IoT-Koppler, Node-Red, SQL-Datenbank	**66,00 €** (5) (je Digitalisierungsvorgang / je Messvorrichtung)	--	--	--	--	--	--	--
	vorhandene Hardware	2 Datenbank PC (Desktop PC inkl. Monitor)	--	**0,06 €** (2) (je 2 Datenbank PC's; je 1 Stunde Laufzeit)	--	**0,174 kWh** (2) (je 2 Datenbank PCs; je 1 Stunde Laufzeit)	--	**0,076 kg CO_2 Äquiv.** (2) (je 2 Datenbank PCs; je 1 Stunde Laufzeit)	--	**$4{,}246 * 10^{-8}$ kg Sb Äquiv.** (4) (je 2 Datenbank PCs; je 1 Stunde Laufzeit)

1 Anschaffungskosten 2078,49 € inkl. Montagekosten/Demontagekosten 233,75 € (55 €/h * 4,25 h) für Digitalisierungssystem

2 Endenergieverbrauch (bezogen auf eine Stunde Laufzeit der betrachteten Komponente) während der Nutzung / umgerechnet auf Kosten (0,3306 €/kWh) / umgerechent auf GWP (438 g/kWh)

3 Werte für den Lebenszyklus der Messvorrichtung aus Gabi_Software ermittelt

4 Abiotischer Ressourcenverbauch elementar Faktor $2{,}44 * 10^{-7}$ je kWh (Faktor aus Gabi_Software ermittelt)

5 Programmier und -konfigurationskosten durch Elektriker (55 €/h)

* Umrechnungsfaktor Primärenergie zu Endenergie 3,1:1 aus Gabi Software ermittelt

* Alle Energien bezogen auf den unteren Heizwert

6.4 Anwendung der entwickelten Modellgleichungen am Forschungsdemonstrator

Die Anwendung der Modellgleichungen erfolgt ebenfalls für die vier Berechnungsgrößen Kosten, Primärenergiebedarf, GWP_{100} und $ADP_{elementar}$ sowie für die Einsparfaktoren[22] 5 %, 10 % und 15 %. Hierbei werden die Kosten des Nutzens mit den entstehenden Kosten des Aufwandes, die gemessene Endenergie aus dem Nutzen mit dem ermittelten Endenergiebedarf des Aufwandes, der berechnete CO_2-Anfall des Nutzens mit dem ermittelten GWP_{100} aus dem Aufwand und das berechnete $ADP_{elementar}$ des Nutzens mit dem ermittelten $ADP_{elementar}$ des Aufwands verrechnet. Neben dem Indikator Ressourceneffizienz wird der Nachhaltigkeitsgewinn nach 10 Jahren Laufzeit sowie eine Amortisationszeit in Betriebsstunden (Break Even Point) berechnet (Tabelle 6.8). In Anhang 8 im elektronischen Zusatzmaterial sind die Ausgangsdaten und die Berechnungswege zur Berechnung der Ergebnisse für die Modellgleichungen dargestellt.

Aus ökonomischer Sicht ergibt sich eine Amortisation für die PAS und für die KAM jeweils für 5 %–15 % und für die BAZ für 15 % Einsparung. Bei Gesamtbetrachtung der drei Maschinen (gemeinsame Betrachtung aller drei Maschinen), ist für alle Einsparfaktoren nach Laufzeitende eine positive Einsparung vorhanden. Die ökonomischen Einsparungen werden jeweils stark durch eine Einsparung beim jeweiligen Materialverbrauch beeinflusst. Dies führt auch dazu, dass sich für die BAZ lediglich für 15 % Einsparung eine Amortisation ergibt, da dort kein Rohmaterial zum Einsatz kommt. Betrachtet man die ökonomische Dimension, ohne das Rohmaterial mit einzubeziehen, dann ergibt sich neben der BAZ bei der PAS eine Amortisation für 15 % Einsparung und bei der KAM für 10 % und 15 % Einsparung. Diesen Einsparungen liegen allerdings jeweils hohe Amortisationszeiten zu Grunde (Abbildung 6.11, Tabelle 6.9).

[22] Prozentualer Wert der im Nutzensystem eingespart werden kann. Beispiel Energieverbrauch Fertigungsmaschine im Betrachtungszeitraum 1000 kWh. Der Einsparfaktor beträgt 10 %. Hieraus beträgt der mögliche Nutzen (der dem Aufwand gegenübersteht) bzw. die mögliche Einsparung 100 kWh.

Tabelle 6.8 Zusammenfassung der Ergebnisse für die Anwendung der Modellgleichungen

Fertigungs-maschine	Berechnung	Einsparfaktor	Kosten	Endenergie	Endenergie (ohne Peripherie)	GWP_{100}	$ADP_{elementar}$
Plattenaufteilsäge	Amortisations-zeit	5%	129,23 h	keine Amortisation	keine Amortisation	2.173,23 h	589,00 h
		10%	64,40 h	522,10 h	keine Amortisation	193,31 h	288,29 h
		15%	42,89 h	181,80 h	keine Amortisation	101,15 h	190,89 h
	Nachhaltig-keitsgewinn (nach Laufzeitende)	5%	1.628.387,71 €	keine Amortisation	keine Amortisation	1.399,39 kg CO_2 Äquiv.	0,18 kg Sb Äquiv.
		10%	3.269.693,17 €	10.924,69 kWh	keine Amortisation	16.097,02 kg CO_2 Äquiv.	0,36 kg Sb Äquiv.
		15%	4.910.998,62 €	31.495,75 kWh	keine Amortisation	30.794,64 kg CO_2 Äquiv.	0,54 kg Sb Äquiv.
	Ressourcen-effizienz	5%	127,00	0,68	0,28	1,11	21,50
		10%	254,12	1,36	0,58	2,21	43,00
		15%	381,00	2,04	0,86	3,32	64,50
Kantenanleimmaschine	Amortisations-zeit	5%	459,74 h	221,11 h	keine Amortisation	244,09 h	keine Amortisation
		10%	227,26 h	69,93 h	341,31 h	80,34 h	16.735,81 h
		15%	150,94 h	41,53 h	142,40 h	48,08 h	7.994,89 h
	Nachhaltig-keitsgewinn (nach Laufzeitende)	5%	455.985,59 €	25.884,53 kWh	keine Amortisation	12.740,52 kg CO_2 Äquiv.	keine Amortisation
		10%	924.888,93 €	81.986,48 kWh	16.745,91 kWh	38.779,28 kg CO_2 Äquiv.	0,01 kg Sb Äquiv.
		15%	1.393.792,26 €	138.088,43 kWh	40.227,58 kWh	64.818,04 kg CO_2 Äquiv.	0,01 kg Sb Äquiv.
	Ressourcen-effizienz	5%	36,00	1,86	0,78	1,96	0,79
		10%	72,60	3,71	1,55	3,92	1,59
		15%	109,00	5,57	2,33	5,87	2,38
CNC-Bearbeitungszentrum	Amortisations-zeit	5%	keine Amortisation	246,05 h	keine Amortisation	544,63 h	–
		10%	keine Amortisation	74,72 h	keine Amortisation	126,18 h	–
		15%	6.507,17 h	44,05 h	keine Amortisation	71,36 h	–
	Nachhaltig-keitsgewinn (nach Laufzeitende)	5%	keine Amortisation	2.266,51 kWh	keine Amortisation	5.690,39 kg CO_2 Äquiv.	–
		10%	keine Amortisation	7.613,72 kWh	keine Amortisation	24.679,01 kg CO_2 Äquiv.	–
		15%	29.980,50 €	12.960,93 kWh	keine Amortisation	43.667,64 kg CO_2 Äquiv.	–
	Ressourcen-effizienz	5%	1,10	1,77	0,15	1,43	–
		10%	2,21	3,54	0,31	2,86	–
		15%	3,30	5,31	0,46	4,28	–

Betrachtet man den Endenergiebedarf (Endenergie einschließlich Peripherie), so amortisiert sich der Einsatz der Digitalisierungstechnologie an der PAS mit einer Einsparung von 10 % und 15 % sowie an der KAM und dem BAZ mit einer Einsparung von 5–15 %. Die Amortisation in Verbindung mit den sehr kurzen Amortisationszeiten von jeweils max. 500 Betriebsstunden ist im Wesentlichen auf die Einsparungen bei den Peripheriemedien zurückzuführen. Dies bestätigt sich, wenn man den reinen Endenergiebedarf ohne Peripheriemedien betrachtet.

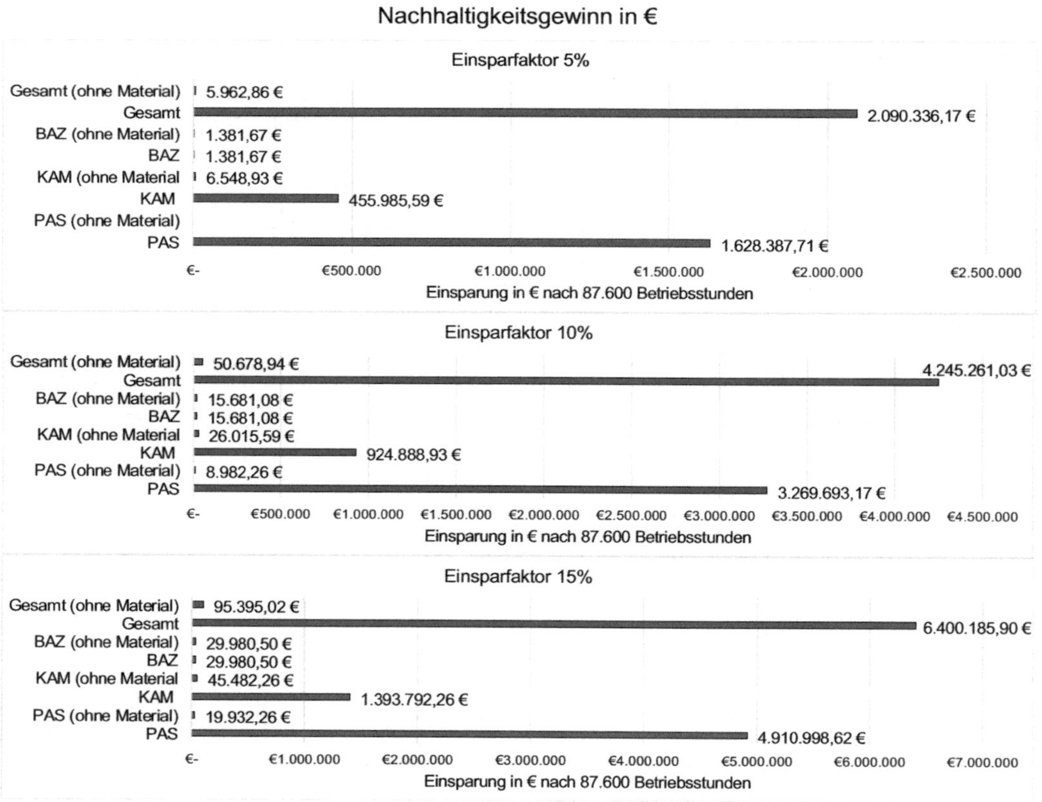

Abbildung 6.11 Nachhaltigkeitsgewinn Kosten in € auf Einzelmaschinenbasis nach Betriebszeitende

Tabelle 6.9 Amortisationszeit nach Einsparfaktoren

	Einsparfaktor	Betriebsstunden (mit Material)	Betriebsstunden (ohne Material)
PAS	5%	129 h	keine Amortisation
	10%	64 h	keine Amortisation
	15%	42 h	9.434 h
	Einsparfaktor	Betriebsstunden (mit Material)	Betriebsstunden (ohne Material)
KAM	5%	459 h	keine Amortisation
	10%	227 h	7.414 h
	15%	150 h	4.400 h
	Einsparfaktor	Betriebsstunden (mit Material)	Betriebsstunden (ohne Material)
BAZ	5%	--	55.642 h
	10%	--	11.651 h
	15%	--	6.507 h

Hier ergibt sich eine Amortisation nur für die KAM und Einsparungen von 5 %–10 %. Bei Betrachtung der Endenergie für das Gesamtsystem können bei einer Einsparung von 5 % nach 87.600 Betriebsstunden 18.505 kWh, bei einer Einsparung von 10 % 100.525 kWh und bei einer Einsparung von 15 % 182.545 kWh eingespart werden (Abbildung 6.12).

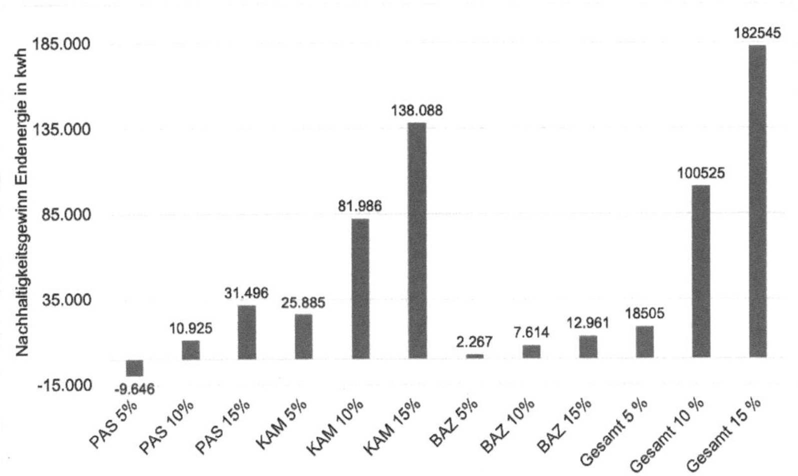

Abbildung 6.12 Nachhaltigkeitsgewinn Endenergie in kWh auf Einzelmaschinenbasis nach Betriebszeitende

An allen drei Maschinen und für alle betrachteten Einsparfaktoren ergeben sich geringe Amortisationszeiten für das GWP_{100}. Für die Gesamtbetrachtung bei einer Einsparung von 10 % ergibt sich eine Amortisation bereits nach unter 200 Betriebsstunden und für 15 % bereits nach 100 Betriebsstunden. Die Einsparungen stammen jeweils aus einer Reduktion des Endenergiebedarfs sowie aus einer Reduktion der beiden Peripheriemedien. Der größte Einsparungsanteil stammt hierbei aus einer Reduktion der erzeugten Abluft, gefolgt von einer Reduktion der direkten Endenergie. Die Erzeugung der Druckluft spielt bei Betrachtung des GWP_{100} nur eine untergeordnete Rolle (Abbildung 6.13).

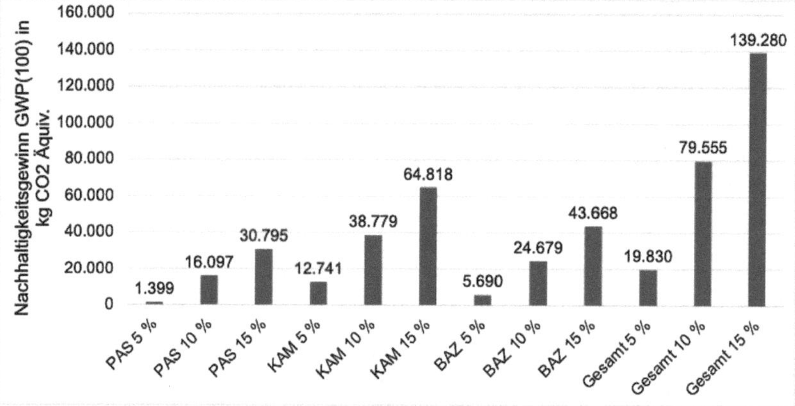

Abbildung 6.13 Nachhaltigkeitsgewinn GWP_{100} in kg CO_2 Äquiv. auf Einzelmaschinenbasis nach Betriebszeitende

Die Einsparung an $ADP_{elementar}$ ist an die Einsparung von Inputmaterial gekoppelt. Daraus folgt, dass prozessbedingte Einsparungen nur an der PAS und der KAM möglich sind. An der PAS ergibt sich eine Amortisation innerhalb der Betriebszeit für alle drei Einsparfaktoren und an der KAM für die Einsparfaktoren 10 % und 15 %. Aufgrund des hohen Materialbedarfs an Spanplatten an der PAS ergeben sich hier kurze Amortisationszeiten von 191 Betriebsstunden bei 15 % Einsparung und 589 Betriebsstunden bei 5 % Einsparung. An der KAM wird mit dem Kantenband deutlich weniger Rohmaterial eingesetzt. Für den Einsparungsfaktor 15 % beträgt die Amortisationszeit daher 7.995 Betriebsstunden und für den Einsparungsfaktor 10 % 16.735 Betriebsstunden (Abbildung 6.14).

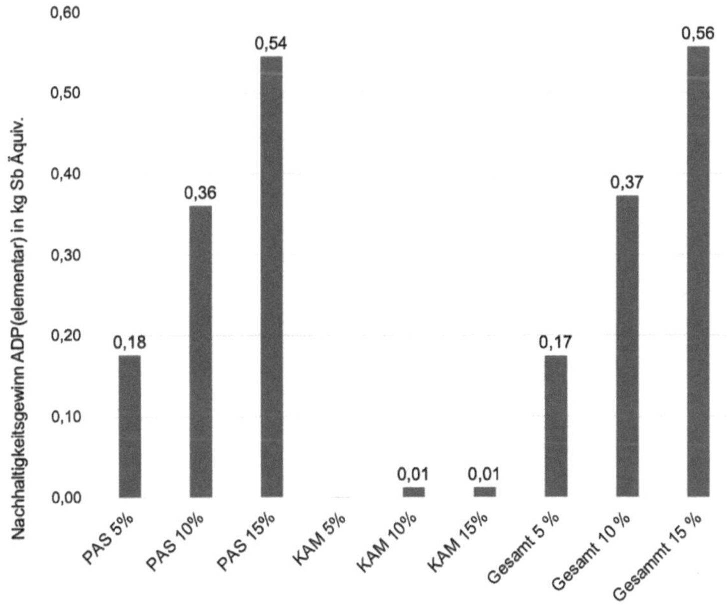

Abbildung 6.14 Nachhaltigkeitsgewinn $ADP_{elementar}$ in kg Sb Äquiv. auf Einzelmaschinenbasis nach Betriebszeitende

Bei allen Berechnungsgrößen, bei denen die Amortisation im Betrachtungszeitraum positiv ist, ist auch die Ressourceneffizienz (Formel 7) größer als eins. Auffällig ist der hohe Wert der Ressourceneffizienz bei der Berechnungsgröße Kosten an der PAS und KAM und bei der Berechnungsgröße $ADP_{elementar}$ an der PAS. Hier ergeben sich besonders hohe Einsparungen und kurze Amortisationszeiten durch die Reduktion des Materialeinsatzes. Bei der Betrachtung des Gesamtsystems ergeben sich für alle Berechnungsgrößen und Einsparfaktoren Amortisationszeiten innerhalb des Betrachtungszeitraums und damit eine Ressourceneffizienz größer als 1 (Abbildung 6.15).

Eine nichtlineare Darstellung der Anlaufzustände, wie in der Theorie beschrieben (Abschnitt 4.1.3), ist in der praktischen Darstellung nicht möglich, da die Änderungsfaktoren der Einsparung nicht bekannt sind und eine Berechnung aufgrund fehlender Daten[23] nicht möglich ist.

[23] Anlauf der Digitalisierungstechnologie in einem realen Fertigungsumfeld fehlt.

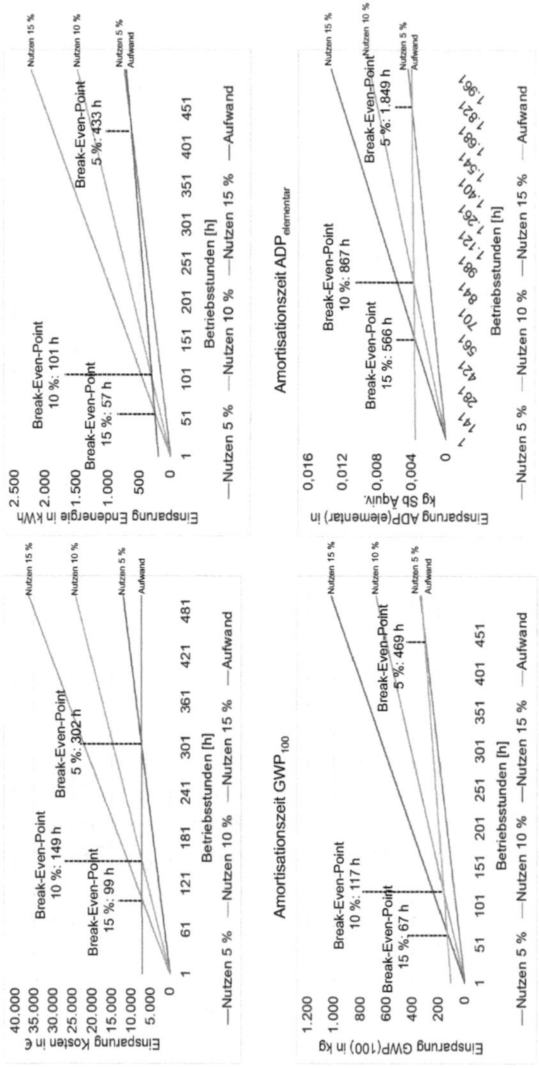

Abbildung 6.15 Amortisationszeiten und Break-Even-Point für den Gesamtprozess nach Berechnungsgrößen

6.5 Skalierung der Versuchsdaten für eine Musterproduktion

Um die aus dem Forschungsdemonstrator ermittelten Daten für die Anwendung der entwickelten Vorgehensweise zu nutzen, werden diese entsprechend einer entwickelten Logik für eine fiktive Musterproduktion skaliert. Der gemittelte bauteilbezogene Durchsatz je Beispiel-Produkt beträgt für die PAS 0,014 h/Bauteil[24], für die KAM 0,013 h/Bauteil[25] und für das BAZ 0,23 h/Bauteil[26]. Hierbei bildet das BAZ einen Engpass, da der Durchsatz bezogen auf ein Bauteil ca. 75 % über dem der anderen beiden Maschinen liegt. Um diesen Umstand auszugleichen, wird für die Musterproduktion ein zweites BAZ angenommen, welches so real im Forschungsdemonstrator nicht zur Verfügung steht. Das Rohmaterial durchläuft die PAS und die KAM und anschließend eines der beiden BAZ (BAZ 1 oder BAZ 2) und wird abschließend im Fertigteillager für nachfolgende Bearbeitungsschritte, welche sich allerdings außerhalb der Betrachtung befinden, zur Verfügung gestellt. Jede der vier Maschinen ist mit einer Messvorrichtung ausgestattet, welche ebenso wie das MES die abgerufenen Daten an die übergeordnete Digitalisierungstechnik weitergibt. Zudem wird die Produktionslinie fiktiv dupliziert, sodass zwei „Fertigungsstraßen" mit den jeweils identischen Maschinen zur Verfügung stehen. Für die Duplizierung werden die zu den Maschinen gehörigen Messvorrichtungen ebenfalls entsprechend skaliert. Das MES sowie die weitere Digitalisierungstechnik werden nicht dupliziert, da die hier zur Verfügung stehenden Kapazitäten für die zweite „Fertigungsstraße" ausreichen und somit durch diese mit genutzt werden können (Abbildung 6.16).

Zur überschlägigen Berechnung der gefertigten Produkte je Produktionsschicht wird ausgehend von den Produktionsraten der langsamsten Maschine die Gesamtzahl der gefertigten Produkte, bei einer angenommenen Maschinenauslastung von 80 %[27] ermittelt. Für ein 1-Schichtmodell ergeben sich somit 29,12 gefertigte Produkte, für ein 2-Schicht Modell 58,24 gefertigte Produkte und für ein 3-Schichtmodell 87,36 gefertigte Produkte.

[24] PAS: 0,22 h je Beispiel-Produkt / 16 Bauteile.

[25] KAM: 0,18 h je Beispiel-Produkt / 14 Bauteile.

[26] BAZ: 0,34 h je Beispiel-Produkt / 15 Bauteile.

[27] Hierin enthalten sind Wartungszeiten, Pausenzeiten und Schichtwechselzeiten.

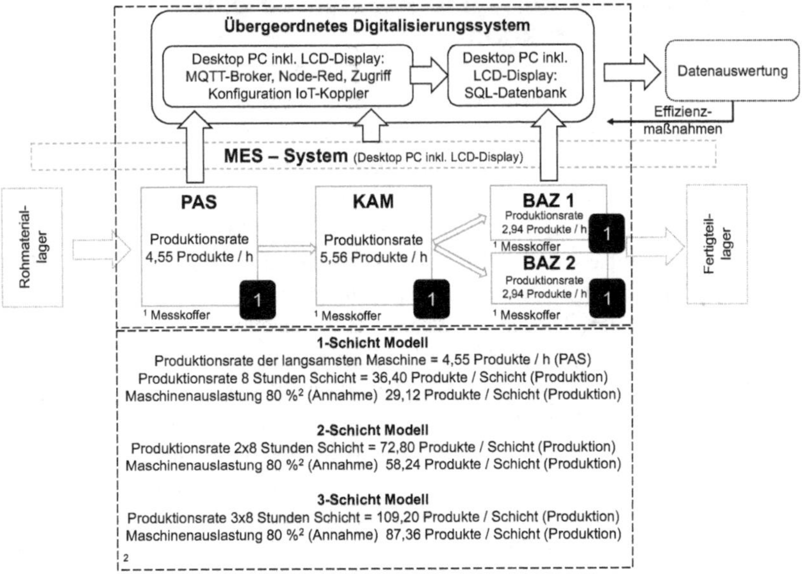

Abbildung 6.16 Darstellung der Musterproduktion einschließlich eines entwickelten 3 Schichtmodells

Bei Ausweitung der beschriebenen Schichtmodelle auf eine Wochenbetrachtung müssen zu der bereits angenommenen Maschinenauslastung zusätzlich wochenweise anfallende Einschalt- und Ausschaltzeiten berücksichtigt werden. Diese fallen jeweils zu Beginn (Sonntag 22:00 Uhr) und zum Ende (Freitag 22:00 Uhr) einer Schichtwoche an. Die Einschaltzeit für alle vier Maschinen beträgt ca. 0,59 h. Das Einschalten der Maschinen wird nacheinander ausgeführt, da jeweils ein manueller Programmaufruf stattfinden muss sowie die jeweiligen Konfigurationen manuell geprüft werden müssen. Für die Ausschaltzeiten werden am Ende einer Wochenschicht 2 h angenommen, da zusätzlich zum Ausschalten der Maschinen Reinigungs- und Sortierabreiten anfallen (Tabelle 6.10).

Tabelle 6.10 Darstellung des entwickelten Wochenschichtmodells für die Musterproduktion für eine Fertigungsstraße

Zeiten	Schicht 1 Sonntag 22:00 Uhr - Montag 6:00 Uhr	Schicht 2 - 14 Montag 6:00 Uhr - Freitag 14:00 Uhr	Schicht 15 Freitag 14:00 Uhr - Freitag 22:00 Uhr	Summe
Einschaltzeit	0,59 h	--	--	0,59 h
Wartungszeiten, Störzeiten, Rüstzeiten usw.	1,48 h	20,80 h	1,20 h	23,48 h
Laufzeit der Maschinen	5,93 h	83,20 h	4,80 h	**93,93 h**
Ausschaltzeit (inkl. Reinigung der Anlagen)	--	--	2,00 h	2,00 h
Produzierte Produkte	26,97 Stk.	378,56 Stk.	21,84 Stk.	**427,37 Stk.**

Für die Musterproduktion werden wie beschrieben zwei Produktionslinien mit jeweils dem beschriebenen Wochenschichtmodell verwendet. Unter Berücksichtigung der genannten Zeiten ergibt sich eine Wochenproduktion, summiert für beide Produktionslinien von 854,74 Stück/Wochenschicht und eine Maschinenlaufzeit von 187,86 h/Wochenschicht sowie eine Laufzeit der Digitalisierungstechnik von 240 h/Wochenschicht unter Berücksichtigung eines 3-Schichtmodells. Für die Auftragsgröße wird ein Mittelwert von 15 Produkten angesetzt. Die jährliche Arbeitszeit beträgt 50 Wochen. Dabei wurde eine jährliche Wartung der Maschinen bzw. ein urlaubsbedingter Stillstand berücksichtigt.

6.6 Anwendung der entwickelten Vorgehensweise zur Nachhaltigkeitsbewertung von Digitalisierungstechnologien

6.6.1 Stufe 1: Festlegen der Zielsetzung sowie der Rahmenbedingungen für die Musterproduktion

In einer fiktiven Musterschreinerei, in der zwei Fertigungsstraßen im 3-Schichtbetrieb Teile für Plattenmöbel herstellen, soll zum Zwecke des Energie- und Stoffstrommanagements eine Digitalisierung dieser vorgenommen werden. Hiermit soll einerseits steigenden Energie- und Rohstoffpreisen und andererseits sich verschärfenden Anforderungen an die Nachhaltigkeit, durch Kunden und den Gesetzgeber, Rechnung getragen werden. Zur Digitalisierung dient die beschriebene Messvorrichtung (Abschnitt 5.2). Mittels der aus der Messvorrichtung gewonnen Daten sollen zur Energieeinsparung Druckluftleckagen identifiziert werden. Zusätzlich sollen die Daten dazu genutzt werden, um den Verschleißzustand der Werkzeuge (über ein Monitoring des Energieverbrauchs der Fertigungsmaschinen) zu erfassen und bei Bedarf einen Austausch der Werkezuge vornehmen zu können, was zu geringerem Ausschuss und somit zu einer Einsparung an Fertigungsmaterial führen würde. Um den CO_2 Ausstoß zu senken, soll mittels der Daten aus der Messvorrichtung eine bedarfsgesteuerte Absaugung eingerichtet werden, wodurch der Energieverbrauch und das durch die Energieerzeugung entstehende CO_2 sinken würde. Als konkrete Zielsetzungen sollen durch die Digitalisierung (Tabelle 6.11)

- 5 % Endenergie eingespart werden,
- der Materialverbrauch um 10 % gesenkt werden,
- das entstehende CO_2 um 10 % reduziert werden und
- die Digitalisierungstechnik soll kostenneutral (bei 5 % Einsparung) betrieben werden.

Zur Erreichung dieser Ziele wurde ein Digitalisierungskonzept (Messvorrichtung und übergeordnete Digitalisierungstechnik) erstellt.

Tabelle 6.11 Zielsetzung und Rahmenbedingung der Musterproduktion

Festlegungen	Anwendungsfall Musterproduktion
	A: Zielsetzungen
Darstellung der Gründe zur Durchführung	Zur Nutzung der Vorteile der Digitalisierung soll ein Prozess zur Produktion von Plattenmöbeln im Unternehmen mit Digitalisierungstechnik ausgestattet werden.
Darstellung der allgemeinen Zielsetzung	Maßnahme gegen steigende Energie- und Rohstoffpreise, Anpassung an sich ändernde Anforderungen durch Kunden und den Gesetzgeber.
Darstellung der spezifischen Zielsetzung	Reduktion Energieverbrauch um 5 %, Reduktion des Materialeinsatzes um 10 %, Reduktion der CO_2-Emissionen um 10 %, kostendeckender Betrieb der Digitalisierungstechnik (bei max. 5 % Einsparung);
	B: Rahmenbedingungen
Darstellung des zu untersuchenden Fertigungsprozesses / Optimierungsgegenstandes	Fertigungsprozess Plattenmöbel: Fertigung von Plattenmöbel an der Plattenaufteilsäge, Kantenanleimmaschine, CNC-Bearbeitungszentrum (inkl. Peripherie Druckluft und Abluft).
Definition der Systemgrenze des Optimierungsgegenstandes	Fertigungsprozess Plattenmöbel; innerhalb der Systemgrenze: Plattenaufteilsäge, Kantenanleimmaschine, CNC-Bearbeitungszentrum inkl. Erzeugung Prozessmedien Druckluft und Abluft; außerhalb der Systemgrenze: Vorprozesse, innerbetrieblicher Transport, Nachprozesse (insbesondere Montage und Verpackung);
Festlegung des zur Berechnung notwendigen Zeitrahmens / Zeiteinheit ("funktionelle Einheit")	Fertigungsprozess Plattenmöbel: Der Durchlauf des betrachteten Musterprodukts benötigt 0,74 Stunden (Fertigung 1 Stück / 0,74 Stunden).
Festlegung der zu betrachtenden Berechnungsgrößen	Fertigungsprozess Plattenmöbel: Kosten, Primärenergiebedarf, GWP_{100}, $ADP_{elementar}$;
Festlegung der Datengüte (Anforderungen, Annahmen, Einschränkungen)	Fertigungsprozess Plattenmöbel: Alle zur Berechnung des Nutzensystems benötigten Daten werden mittels der Messtechnik erhoben (reale Daten); Die für das Aufwandssystem notwenigen Daten werden in einer Ökobilanzstudie ermittelt und in Datenbanken recherchiert. Bei Bedarf werden Annahmen getroffen.

6.6.2 Stufe 2: Eignungsprüfung der Musterproduktion für eine Digitalisierung

Die Berechnung des Anlagenabnutzungsgrades erfolgt für jede der zu digitalisierenden Maschinentypen separat, wobei für alle Maschinentypen identische Ausgangswerte angenommen werden. Dies stellt vor der eigentlichen Bewertung einen deutlich geringeren Berechnungsaufwand dar, da die hierzu benötigten Daten im Unternehmen, in der innerbetrieblichen Kostenrechnung in der Regel bereits vorhanden sind (Tabelle 6.12).

Tabelle 6.12 Berechnung des Anlagenabnutzungsgrades für die Maschinen im Musterprozess (Tabelle basierend auf AfA-Tabelle, 2000)

Maschine	PAS	KAM	BAZ
Anschaffungskosten [1]	89.900,00 €	163.000,00 €	60.000,00 €
Restwert der Maschine [2]	10%	15%	10%
Maschinenalter [2]	4 Jahre	3 Jahre	8 Jahre
Nutzungsdauer AFA [3]	14 Jahre	13 Jahre	16 Jahre
kumulierte kalk. Abschreibungen	25.685,71 €	31.973,08 €	30.000,00 €
Anlagenabnutzungsgrad	**0,32**	**0,23**	**0,56**

[1] Schätzwert durch Internetrecherche auf Hersteller- und Vertriebsseiten für die ausgewählten Fertigungsmaschinen

[2] Annahme

[3] AFA-Tabelle (Absetzung für Abnutzung)

Für alle drei Maschinentypen ergibt sich ein Anlagenabnutzungsgrad von unter 0,7. Somit sind die Maschinen laut Vorprüfung zur Digitalisierung geeignet, da noch eine ausreichend lange Restnutzungszeit zur Generierung von Einsparungen zur Verfügung steht. Lediglich an der BAZ liegt die Restnutzungsdauer mit 8 Jahren unter der Betriebszeit der Digitalisierungstechnologie von 10 Jahren. Hier ist in der nachfolgenden Bewertung zu prüfen, ob die Restnutzungsdauer ausreicht, um Rückflüsse zu generieren.

6.6.3 Stufe 3: Ökonomische und ökologische Bewertung des Digitalisierungssystems für die Musterproduktion

Für die geplanten Einsparungen wird zunächst die ökologische Rückzahlungsdauer berechnet und anschließend geprüft, ob der Kapitalwert innerhalb der jeweiligen Rückzahlungsdauer gleich 0 ist und sich die Investition amortisiert hat. Die Berechnung der ökologischen Rückzahlungsdauer für die Gesamtanlage erfolgt jeweils durch Division der fixen Schadschöpfungsanteile der Digitalisierungstechnik durch die jährlichen variablen Schadstoffeinsparungen an den Maschinen abzüglich der jährlichen variablen Schadschöpfungsanteile durch den Betrieb der Digitalisierungstechnik. Hieraus errechnet sich die Dauer der ökologischen Amortisation in Jahren. Für den fixen Anteil der Schadschöpfung werden die fixen Aufwandsanteile der 8 Messvorrichtungen angesetzt. Für den variablen Anteil (jährlich) der Schadschöpfung sowie für die jährliche Schadstoffeinsparung liegen 12.000 Stunden Maschinenlaufzeit (50 Wochen * 240 Stunden Betriebszeit aller Fertigungsstraßen / Woche) und 42.737 produzierte Stück (50 Wochen * 854,74 Stück / Woche) und hieraus 2849 Aufträge (15 Stück / Auftrag) jeweils pro Jahr zu Grunde (Tabelle 6.13)[28].

Tabelle 6.13 Berechnung der ökologischen Rückzahlungsdauer für die ausgewählten Berechnungsgrößen (Gesamtanlage)

Gesamtanlage	Endenergie (Einsparung 5 %)	GWP_{100} (Einsparung 10 %)	$ADP_{elementar}$ (Einsparung 10 %)
Fixe Schadschöpfung der Investition	524,02 kWh	284,80 kg CO_2 Äquiv.	0,0095 kg Sb Äquiv.
jährliche variable Schadschöpfung der Investition	11119,20 kWh/Jahr	4933,20 kg CO_2 Äquiv./Jahr	0,0028 kg Sb Äquiv./Jahr
jährliche variable Schadstoffeinsparung der Investition	15999,60 kWh/Jahr	14027,67 kg CO_2 Äquiv./Jahr	0,0397 kg Sb Äquiv./Jahr
ökologische Rückzahlungsdauer	**0,11 Jahre**	**0,03 Jahre**	**0,25 Jahre**

Für alle drei ökologischen Bewertungskategorien ergibt sich für die angestrebten Einsparungen bei Betrachtung der Gesamtanlage eine Amortisation innerhalb eines Jahres, womit die Investition in Digitalisierungstechnik unter den gegebenen Parametern ökologisch als positiv zu bewerten ist. Bei isolierter Betrachtung der Einzelmaschinentypen[29] ergeben sich ebenfalls kurze ökologische Amortisationszeiten. Für die Endenergie an der PAS sowie für das $ADP_{elementar}$ an der KAM und BHX wird keine Amortisation erreicht.

Zur Prüfung, ob auch eine ökonomische Rentabilität vorliegt, wird der Kapitalwert berechnet. Laut Zielsetzung liegt der Fokus der Investition auf den ökologischen Rückzahlungen. Ökonomisch soll sich die Investition innerhalb der

[28] Der detaillierte Rechenweg und die Berechnung der Werte für die Einzelmaschinen sind in Anhang 9 im elektronischen Zusatzmaterial einsehbar.

[29] Die Berechnung erfolgt auf Basis einer angepassten jährlichen Betriebszeit je Maschine von 6.000 Betriebsstunden (nur eine Produktionsline berücksichtigt, 50 Wochen und 120 Stunden Betriebszeit je Fertigungsmaschine, je Woche), jeweils für die Einzelmaschinentypen und nicht für alle einzelnen Maschinen der Musterproduktion, da sich die Ergebnisse aufgrund der vorgenommenen Skalierung nicht unterscheiden würden.

Betriebszeit der Digitalisierungstechnik (87.600 Betriebsstunden) lediglich amortisieren. Daher wird der interne Kalkulationszinssatz mit 0 %[30] angenommen (Tabelle 6.14).[31]

Tabelle 6.14 Berechnung des Kapitalwertes bei 5 % Einsparung (Gesamtanlage)

Jahr	Auszahlungen (Aufwand)	Einzahlungen (Nutzen)	Differenzwert	Abzinsungs-faktor	Barwert
0	19.025,92 €	- €	- 19.025,92 €	1	- 19.025,92 €
1	79.791,08 €	219.796,39 €	140.005,32 €	1	140.005,32 €
2	79.791,08 €	219.796,39 €	140.005,32 €	1	140.005,32 €
3	79.791,08 €	219.796,39 €	140.005,32 €	1	140.005,32 €
4	79.791,08 €	219.796,39 €	140.005,32 €	1	140.005,32 €
5	79.791,08 €	219.796,39 €	140.005,32 €	1	140.005,32 €
6	79.791,08 €	219.796,39 €	140.005,32 €	1	140.005,32 €
7	79.791,08 €	219.796,39 €	140.005,32 €	1	140.005,32 €
8	79.791,08 €	219.796,39 €	140.005,32 €	1	140.005,32 €
9	79.791,08 €	219.796,39 €	140.005,32 €	1	140.005,32 €
10	79.791,08 €	219.796,39 €	140.005,32 €	1	140.005,32 €
				Kapitalwert	**1.381.027,24 €**

Bei einer festgelegten maximalen ökonomischen Einsparung in Höhe von 5 % ergibt sich ein positiver Kapitalwert und eine ökologische Rentabilität der Investition ist gegeben. Für einen Einsparfaktor von ca. 1,9 % ergibt sich bereits ein Kapitalwert von 0. Dies entspricht der Mindesteinsparung, dass die Zielsetzung einer ökonomischen Rentabilität erfüllt ist. Bei Betrachtung der Einzelmaschinentypen erfüllt nur die PAS die geforderte Zielsetzung einer ökonomischen Amortisation.

6.6.4 Stufe 4: Interpretation der Bewertungsergebnisse der Musterproduktion

Die ausgewählte Anlage zur Fertigung von Plattenmöbeln ist in der Gesamtbetrachtung zur Digitalisierung geeignet und erfüllt die Anforderungen der Zielsetzung (Abbildung 6.17).

---

[30] Keine Berücksichtigung anderer Anlagemöglichkeiten (siehe 4.3.4).

[31] Der detaillierte Rechenweg und die Berechnung der Werte für die Einzelmaschinen sind in Anhang 9 im elektronischen Zusatzmaterial einsehbar.

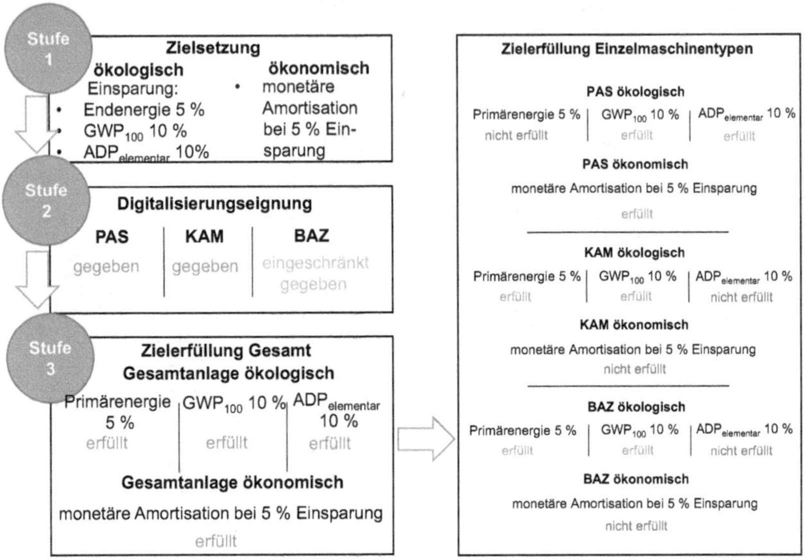

Abbildung 6.17 Darstellung der Bewertungsergebnisse

Für alle drei Einzelmaschinentypen reicht die Restnutzungszeit der Maschinen aus, um Rückflüsse aus der Digitalisierung zu generieren. Bei einer notwendigen Rangfolgenbildung aufgrund nicht ausreichender Investitionsmittel gibt es aufgrund des Anlagenabnutzungsgrades zwei Betrachtungsweisen. Die erste Betrachtungsweise setzt auf die Priorisierung von Maschinen mit geringem Anlagenabnutzungsgrad und langer Restnutzungsdauer (betriebswirtschaftlicher Ansatz). In diesem Fall sind zuerst die KAM, dann die PAS und zuletzt das BAZ zu digitalisieren. KAM und PAS haben noch eine geplante Restnutzungsdauer von mind. 10 Jahren, was der Laufzeit der Digitalisierungstechnik entspricht. Am BAZ steht nur noch eine geplante Nutzungsdauer von 8 Jahren zur Verfügung, was unter der Laufzeit der Digitalisierungstechnik liegt. Diese Betrachtungsweise basiert auf der Überlegung, dass sich Investitionen in Digitalisierung besser amortisieren lassen, wenn die Maschinen über einen längeren Zeitraum hinweg von den Einsparungen profitieren können. Die zweite Betrachtungsweise verfolgt den Ansatz, zunächst Maschinen mit hohem Anlagenabnutzungsgrad und kurzer Restnutzungsdauer zu digitalisieren. Hier also zuerst das BAZ. Gerade weil diese Maschine nicht mehr lange im Betrieb sein wird, könnte die Digitalisierung schnellstmöglich noch Einsparungen und Effizienzsteigerungen ermöglichen, bevor sie außer Betrieb genommen wird. Zusätzlich könnte die Digitalisierung dazu beitragen, die Lebensdauer durch vorausschauende Wartung und optimierte Betriebsführung sogar zu verlängern. Das Risiko bei dieser Herangehensweise besteht jedoch darin, dass sich die Investition nicht vollständig amortisieren könnte, falls die Maschine trotz Digitalisierung frühzeitig ausfällt. Daher wird im Rahmen dieser Arbeit die Anwendung der ersten Betrachtungsperspektive verfolgt, da Maschinen mit langer Restnutzungsdauer den Vorteil bieten, dass die Digitalisierungsinvestitionen über viele Jahre hinweg Einsparungen generieren. Bei einer notwendigen Rangfolgenbildung wird daher empfohlen, zunächst die KAM und PAS zu digitalisieren und das BAZ nachrangig zu betrachten. Dieses Vorgehen minimiert das Investitionsrisiko und maximiert gleichzeitig die langfristigen Rückflüsse aus den Digitalisierungsmaßnahmen. Die weitere Bewertung der Maschinen hinsichtlich der Zielerfüllung zeigt allerdings, dass bei der Betrachtung als Gesamtanlage (alle drei Maschinen) kurze Amortisationszeiten für die ökologischen Rückzahlungen vorliegen und auch die ökonomische Zielsetzung erfüllt wird.

Bei Betrachtung der einzelnen Maschinentypen ergibt sich je nach Berechnungsgröße eine unterschiedliche Zielerreichung. Bei der PAS wird die ökologische Rückzahlung des Primärenergiebedarfs erst bei einem Einsparfaktor von ca. 9,5 % erreicht. Am BAZ wird aufgrund der prozesstechnischen Festlegung, dass dort keine Rohstoffeinsparung erfolgt, die ökologische Rückzahlung für das $ADP_{elementar}$ nicht erreicht. Für die KAM ergibt sich im Betrachtungszeitraum ebenso keine Einsparung. Bei Betrachtung des ökonomischen Kriteriums wird die Zielvorgabe einer Amortisation bei 5,0 % Einsparung nur von der PAS, mit einer Amortisation bei ca. 2,3 % Einsparung, erreicht. An der KAM ist eine Einsparung von ca. 9,7 % erforderlich, um eine ökonomische Amortisation zu erreichen. Am BAZ ist im Betrachtungszeitraum keine ökonomische Amortisation möglich (Abbildung 6.18).

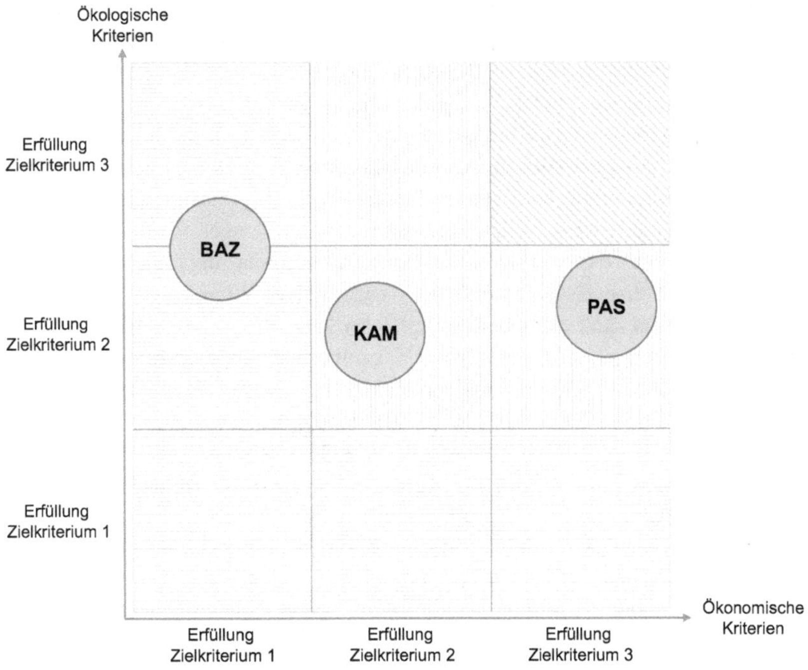

Abbildung 6.18 Bewertungsportfolio ökonomische und ökologische Kriterien

Somit ist bei einer Einzelbetrachtung (Einzelmaschinentypen) und den ausgewählten Berechnungsgrößen die Digitalisierung der BAZ abzulehnen und die Digitalisierung der PAS sowie der KAM unter weiteren Gesichtspunkten zu prüfen. Trotz der Tatsache, dass in einer Einzelbetrachtung, Maschinen wie die BAZ abzulehnen sind, kann es sein, dass in einer Gesamtbetrachtung (PAS, KAM, BAZ) eine Digitalisierung sinnvoll ist. Dies ist der Tatsache geschuldet, dass mehrere Bewertungskriterien jeweils isoliert betrachtet werden. Hierdurch schmälert zwar die BAZ ein Bewertungskriterium, trägt aber zu einer Verbesserung anderer Bewertungskriterien bei.

An dieser Stelle wird für die digitalisierten Maschinen empfohlen, die optionale Abweichungskontrolle der Stufe 5 ca. 1–2 Jahre (ca. 12.000–24.000 Stunden

Maschinenlaufzeit) nach der Investition in die Digitalisierungstechnik vorzunehmen. Dieser Schritt zielt darauf ab, die tatsächlichen betrieblichen Aufwendungen und Einsparungen nach der Einführung der Technik mit den ursprünglich berechneten und prognostizierten Werten zu vergleichen, um mögliche Abweichungen zu identifizieren und zu analysieren und um die Aussagekraft der vorgenommenen Bewertung zu überprüfen und gegebenenfalls Optimierungen für zukünftige Digitalisierungsmaßnahmen vornehmen zu können. Zudem stellt diese Kontrolle sicher, dass die angestrebten Ziele tatsächlich erreicht wurden. Im Fokus stehen vor allem die mit der Zielsetzung verknüpften Anforderungen wie:

- Stimmen die zur Berechnung genutzten gemessenen Wert- und Stoffströme Endenergie, Druckluft und Abluft mit den realen Verbräuchen überein?
- Entsprechen die aus dem MES entnommenen Rohstoff- und Betriebsdaten den tatsächlichen Prozessabläufen?
- Sind die für die Peripheriemedien und die zur Umrechnung angenommenen Faktoren für die Berechnung der Umweltwirkungen und der Kosten korrekt?
- Wurden die Festlegungen und Annahmen zur Bestimmung des Aufwands richtig getroffen?
- Sind die prognostizierten Einsparungen im Nutzensystem im realen Fertigungsumfeld durch Einsatz der Digitalisierungstechnik erreichbar?
- Wurden die Berechnungen korrekt und fehlerfrei durchgeführt?

Dieser Schritt ermöglicht es, den tatsächlichen Nutzen der Digitalisierungstechnik zu evaluieren und die Ursachen für etwaige Abweichungen zu identifizieren. Daraus können Erkenntnisse für zukünftige Bewertungen abgeleitet werden, wie bspw. Anpassungen der Annahmen und der erreichbaren Nutzenniveaus. Zudem schafft die Abweichungskontrolle die Grundlage für eventuelle Nachjustierungen im laufenden Betrieb, um die erzielten Nachhaltigkeitseffekte langfristig zu sichern.

7 Diskussion der Bewertungsergebnisse und der entwickelten Vorgehensweise

7.1 Strukturierung der Ergebnisse

Als Ausgangsbasis zur Berechnung der Ergebnisse dienen die Daten aus dem Forschungsdemonstrator, welche in eine Aufwand- und in eine Nutzenbetrachtung unterteilt sind. Aus den Zwischenergebnissen dieser Betrachtung entstehen mittels Anwendung der entwickelten Modellgleichungen die Ergebnisse für die Amortisationszeit, den Nachhaltigkeitsgewinn und für die Ressourceneffizienz. Ebenfalls dienen die Ausgangsdaten der Anwendung der entwickelten Vorgehensweise für die Praxis, die als Ergebnis die ökonomische und ökologische Digitalisierungseignung prüft. Die jeweiligen Berechnungen und Ergebnisse stehen für alle Einzelmaschinen sowie für die Gesamtanlage zur Verfügung (Abbildung 7.1).

Ergänzende Information Die elektronische Version dieses Kapitels enthält Zusatzmaterial, auf das über folgenden Link zugegriffen werden kann https://doi.org/10.1007/978-3-658-50270-6_7.

F. Tomaschko, *Nachhaltigkeit und Digitalisierung*,
https://doi.org/10.1007/978-3-658-50270-6_7

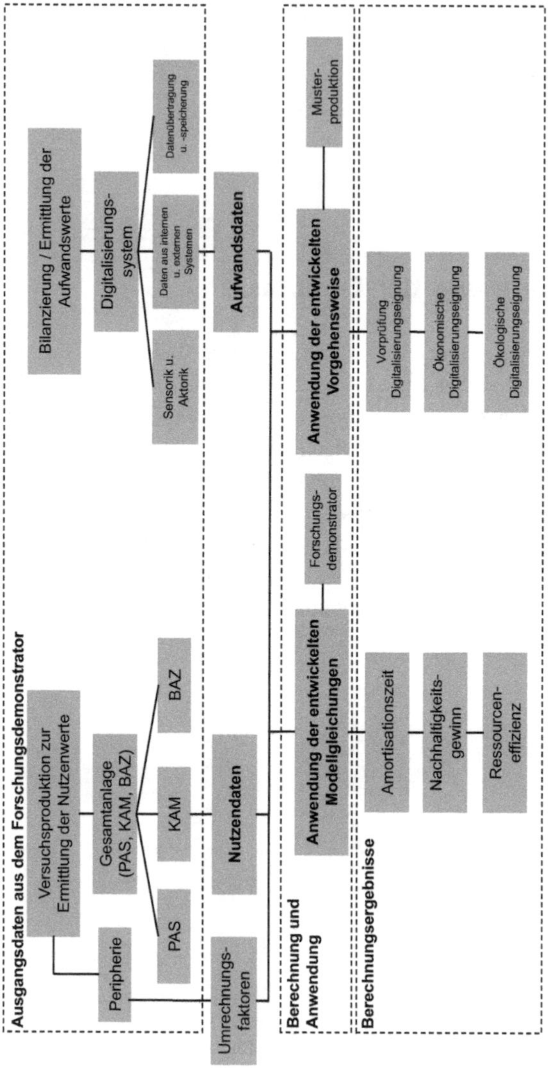

Abbildung 7.1 Übersicht über die Strukturierung der Ergebnisse

Die beiden Berechnungsergebnisse aus der Anwendung der Modellgleichungen (Formeln 4.1 und 4.2 und Formeln 4.5–4.12, angewandt am Forschungsdemonstrator) und aus der Anwendung der entwickelten Vorgehensweise (Abschnitt 4.3, angewandt an der Musterproduktion) verwenden jeweils unterschiedliche Ansätze zur Berechnung des Nutzens und des Aufwandes sowie zur Bildung des jeweiligen Ergebnisses. Beide basieren zwar auf den Daten aus dem Forschungsdemonstrator, die Ergebnisse der Modellgleichungen beziehen sich allerdings direkt auf die diesen und die Anwendung der Vorgehensweise basiert auf den für eine praxisnahe Musterproduktion skalierten Daten aus dem Forschungsdemonstrator. Ein Vergleich der Ergebnisse, ist daher nicht auf Basis der konkreten Berechnungsergebnisse möglich, sondern nur mittels eines Abgleichs der Zielkriterien (bspw. Amortisation gegeben oder nicht gegeben, Einsparung von 5 % erreicht oder nicht erreicht) (Tabelle 7.1).

Tabelle 7.1 Gegenüberstellung der Ergebnisse der Modellgleichungen und der Vorgehensweise

Zielsetzung	PAS		KAM	
	Zielerfüllung durch		Zielerfüllung durch	
	Modellgleichungen	entwickelte Vorgehensweise	Modellgleichungen	entwickelte Vorgehensweise
Einsparung Kosten 5 %	erfüllt	erfüllt	erfüllt	nicht erfüllt
Einsparung Primärenergiebedarf 5 %	nicht erfüllt	nicht erfüllt	erfüllt	erfüllt
Einsparung GWP_{100} 10 %	erfüllt	erfüllt	erfüllt	erfüllt
Einsparung $ADP_{elementar}$ 10 %	erfüllt	erfüllt	erfüllt	nicht erfüllt
Zielsetzung	**BAZ**		**Gesamtanlage**	
	Zielerfüllung durch		**Zielerfüllung durch**	
	Modellgleichungen	entwickelte Vorgehensweise	Modellgleichungen	entwickelte Vorgehensweise
Einsparung Kosten 5 %	nicht erfüllt	nicht erfüllt	erfüllt	erfüllt
Einsparung Primärenergiebedarf 5 %	erfüllt	erfüllt	erfüllt	erfüllt
Einsparung GWP_{100} 10 %	erfüllt	erfüllt	erfüllt	erfüllt
Einsparung $ADP_{elementar}$ 10 %	nicht erfüllt	nicht erfüllt	erfüllt	erfüllt

Die zum Abgleich verwendeten Zielkriterien bewegen sich, hinsichtlich deren Zielerfüllung jeweils in einem breiten Korridor, was dazu führt, dass der überwiegende Teil der Berechnungsergebnisse der Modellgleichungen und der Vorgehensweise übereinstimmen. Dies bestätigt, trotz der eingeschränkten Vergleichbarkeit, die Eignung der skalierten Musterproduktion zur Anwendung der Vorgehensweise. Die Abweichung der zwei Werte KAM Kosten und KAM $ADP_{elementar}$ ist darauf zurückzuführen, dass sich die Berechnungsergebnisse jeweils an den Grenzen zwischen Zielkriterium erfüllt bzw. Zielkriterium nicht erfüllt bewegen und dieses jeweils somit knapp verfehlen.

Die tatsächliche Qualität und Aussagekraft der Ergebnisse sind unter anderem abhängig von der Qualität und der Genauigkeit der beschriebenen Ausgangsdaten, die mittels definierter Kriterien bewertet werden können. Zudem haben die verwendeten Daten/Parameter einen unterschiedlich hohen Einfluss auf das Ergebnis. Hierzu sieht die DIN EN ISO 14044 ein Bewertungsschema vor (DIN EN ISO 14044, 2021, S. 51 f.):

- I: signifikanter Einfluss (höchste Wichtigkeit des Parameters), Beitrag > 50 %;
- II: relevanter Einfluss (sehr wichtiger Parameter), 25 % < Beitrag < 50 %;
- III: mäßig wichtig (gewisser Einfluss des Parameters), 10 % < Beitrag < 25 %;
- IV: eher unwichtig (geringer Einfluss des Parameters), 2,5 % < Beitrag < 10 %;
- V: zu vernachlässigender Einfluss (unwichtiger Parameter), Beitrag < 2,5 %.

Je nach Kombination aus Qualität der Ausgangsdaten und Einfluss auf das Ergebnis kann die Qualität und Aussagekraft des Gesamtergebnisses beurteilt werden.

7.2 Beurteilung der Ausgangsdaten

7.2.1 Übersicht zur Beurteilung der Ausgangsdaten

Zur Beurteilung der Güte der Ausgangsdaten, die das Ergebnis beeinflussen, nutzt die Methodik der Ökobilanzierung die Beurteilungsmerkmale Datenherkunft, Vollständigkeit der Daten, getroffene Annahmen, Qualität der Daten und Aussagekraft der Daten (DIN EN ISO 14044, 2021, S. 38 ff.). Zur Einordung werden die Bewertungsfaktoren in dieser Arbeit jeweils in die Kategorien hoch (Güte der Ausgangsdaten nicht zu beanstanden), mittel (Güte der Ausgangsdaten nochmals zu prüfen) und gering (Güte der Ausgangsdaten zu beanstanden) eingeteilt (Tabelle 7.2).

Tabelle 7.2 Übersicht zur Beurteilung der Ausgangsdaten

Beurteilungsmerkmal	ökologischer Aufwand				ökonomischer Aufwand		ökonomischer und ökologischer Nutzen			Einordnung der Bewertungsfaktoren
	System A (fixer Aufwand)	System B (fixer Aufwand)	System C (variabler Aufwand)	System D (fixer Aufwand)	System A und B (fixer Aufwand)	System C (variabler Aufwand)	gemessene Werte	ausgelesene Werte	berechnete Werte	
Datenherkunft	Hoch: Zerlegung und Bilanzierung der einzelnen Bauteile der Digitalisierungstechnik	Hoch: Daten aus den in Gabi hinterlegten Transportprozessen für LKW und Schiff.	Mittel: Variable Verbrauchsdaten der Digitalisierungs-technik wurden direkt am Demonstrator gemessen. Weitere Daten wurden über Literaturwerte (Mittelwerte) bzw. Werte aus der Gabi-Software entnommen.	Hoch: Daten stammen aus den ermittelten Gewichten aus der Bauteilzerlegung. Verwendete Verwertungsprozesse stammen aus der Gabi-Software und wurden durch Herstellerdaten (Produktdatenblätter und Website) ergänzt.	Hoch: Nettoverkaufspreise der Hersteller (Rechnungen aus Beschaffung der Digitalisierungstechnik für den Demonstrator).	Mittel: Montagezeiten und Einrichtzeiten wurden beim Zusammenbau der Digitalisierungstechnik gemessen. Weitere nicht messbare Zeiten wurden auf Basis der gemessenen Zeiten angenommen. Stundensätze zur Monetarisierung wurden geschätzt.	Hoch: Alle Werte wurden direkt an den Demonstratoranlagen mit der installierten Messtechnik gemessen. Hierzu wurde ein Musterprozess definiert.	Hoch: Die verwendeten Werte wurden dem MES-System entnommen und bestehen aus Herstellerangaben sowie aus einer automatisch vom Planungssystem generierten Stückliste.	Hoch: Die berechneten und ausgelesenen Werte wurden mittels Literaturdaten, weiteren Messdaten und Werten aus der Gabi-Software verrechnet.	Hoch
Vollständigkeit der Daten	Hoch: Alle Daten wurden vollständig erfasst und bilanziert (Messgrenze der verwendeten Waage 0,002 g).	Hoch: Alle Daten wurden vollständig erfasst und bilanziert.	Mittel: Messdaten wurden durch Daten aus der Literatur bzw. aus der Gabi-Software ergänzt. Montage und Wartung wurden nicht berücksichtigt.	Mittel: Verwertungsprozess unvollständig, nur die wesentlichen Prozessschritte abgebildet.	Hoch: Alle Komponenten der eingesetzten Digitalisierungstechnik wurden berücksichtigt.	Mittel: Montage und Wartung wurden nicht berücksichtigt.	Hoch: Die Messdaten wurden während der Versuchszeit für den Musterprozess vollständig aufgenommen.	Hoch: Die ausgelesenen Daten sind vollständig.	Hoch: Die berechneten Daten sind vollständig.	Hoch
getroffene Annahmen	Hoch: Herstellung der Einzelkomponenten in China, Näherungen bei einzelnen Produktionsschritten an verfügbare Prozesse der Gabi-Software.	Hoch: Für den Schiffstransport wurde eine Strecke von 22.000 km und für den Transport innerhalb Deutschlands vom Hafen zur Nutzungsstätte eine Strecke von 500 km sowie nach Ende der Nutzungsdauer eine Strecke von 50 km zur Verwertungsstätte angenommen.	Niedrig: Montage ohne Erzeugung von Umweltwirkungen. System über die Nutzungsdauer wartungsfrei und ausfallfrei.	Niedrig: Verwertungsprozess und verwendete Verwertungsanlagen in einer vereinfachten Form abgebildet. Bei fehlenden Daten bzw. Prozessen in der Gabi Software wurden diese durch Annahmen (gestützt durch Produktdatenblätter) ergänzt. Für die Sammel- und Verwertungsquoten wurden die gesetzlich geforderten Werte angesetzt.	Mittel: Entfall von Versandkosten und Mindermengenzuschlägen sowie Berücksichtigung der gewährten Rabatte, angenommene Montagestundensätze.	Niedrig: Annahme als wartungsfreies und ausfallfreies System, Ansetzung des Strompreises.	Hoch: Die gemessenen Daten aus dem Musterprozess wurden durch angenommene Produktionszeiten skaliert.	Hoch: Die verwendeten Daten aus dem MES-System wurden durch angenommene Produktionszeiten skaliert.	Hoch: Die berechneten Werte wurden durch angenommene Produktionszeiten skaliert.	Mittel
Qualität der Daten	Hoch: Umfassende und detailreiche Analyse der Komponenten.	Hoch: Daten vollständig aus Gabi Software entnommen.	Hoch: Daten für die Digitalisierungstechnik stammen aus direkten Messungen. Weitere Daten wurden als Mittelwerte aus der Literatur übernommen sowie mittels Werten aus der Gabi Software verifiziert.	Mittel: Verwendung eines vereinfachten und auf Annahmen beruhenden Verwertungsprozesses.	Mittel: Statische Daten, keine Berücksichtigung von Preissteigerungen oder Inflation.	Mittel: Gemessene Daten wurden mit angenommenen Daten weiterverrechnet.	Hoch: Alle Daten entstammen Messungen, die in mehreren Schritten theoretisch und praktisch validiert wurden.	Hoch: Die Daten wurden nicht verändert und direkt aus den Systemen übernommen.	Hoch: Die gemessenen und ausgelesenen Daten wurden jeweils mit festen Faktoren (Literatur, Messdaten, Gabi-Software) verrechnet.	Hoch
Aussagekraft der Daten	Mittel: Gültigkeit aufgrund der Komponentenauswahl sowie der hierdurch betrachteten Materialien nur für den Einzelfall.		Hoch: Gemessene Energieverbräuche wurden um allgemeine Literaturdaten aus Studien (Berücksichtigung unterschiedlicher Digitalisierungs-komponenten) ergänzt.	Mittel: Gültigkeit aufgrund der Komponentenauswahl sowie der hierdurch betrachteten Materialien nur für den Einzelfall.	Hoch: Allgemein gültig, da reale Beschaffungspreise verwendet wurden.	Mittel: Gültigkeit aufgrund der Komponentenauswahl nur für den Einzelfall.	Hoch: Die Ergebnisse sind innerhalb der Systemgrenze / der gewählten Parameter allgemein übertragbar.	Hoch: Die Ergebnisse sind innerhalb der Systemgrenze / der gewählten Parameter allgemein übertragbar.	Hoch: Die Ergebnisse sind innerhalb der Systemgrenze / der gewählten Parameter allgemein übertragbar.	Hoch

Zur Erfassung des fixen ökologischen Aufwands erfolgte eine umfassende Bilanzierung der Digitalisierungstechnik der Messvorrichtungen von der Rohstoffherstellung bis zur Verwertung (System A, B und D). Hierzu wurden die einzelnen Komponenten in ihre Bestandteile zerlegt und es erfolgte eine Analyse der Materialzusammensetzung sowie der Gewichtsanteile. Für die Modellierung der Herstellungs-, Transport- und Verwertungsprozesse wurden geeignete Prozesse aus der Gabi-Software basierend auf den Materialmengen ausgewählt. Die Herstellung der Komponenten wurde in China angenommen und die Transportstrecken wurden durch Annahmen über Start- und Zielorte ermittelt. Transporte innerhalb Chinas und die Verpackung in System A und B wurden nicht berücksichtigt.

Im Verwertungsprozess wurde eine vereinfachte Darstellung der Zerkleinerung, Sortierung sowie der thermischen und stofflichen Verwertung für alle Materialien verwendet. Sammel- und Verwertungsquoten basieren auf gesetzlichen Vorgaben sowie auf Produktdatenblättern für Verwertungsmaschinen und vorgefertigten Verwertungsprozessen der Gabi-Software. Die Daten zum variablen Aufwand (System C) stammen aus Messungen des Endenergiebedarfs und wurden mit Literaturwerten ergänzt. Der fixe ökonomische Aufwand berücksichtigt die Beschaffungskosten der Einzelkomponenten (ohne Versandkosten), einen Montagestundensatz und ermittelte Montagezeiten. Das Gesamtsystem wurde als wartungsfrei und ausfallfrei betrachtet und die Verwertung wurde als monetär neutral angenommen. Der variable ökonomische Aufwand basiert auf Zeitmessungen der Montage- und Installationszeiten.

7.2.2 Beurteilung der Datenherkunft und der Datenvollständigkeit

Die Qualität der Datenherkunft und -vollständigkeit ist systemübergreifend als hoch zu bewerten, da die Daten für den Aufwand und Nutzen, bis auf wenige Ausnahmen, jeweils aus dem realen Systemen entnommen wurden und daher den ausgewählten Prozess am Forschungsdemonstrator bestmöglich wiedergeben. Lediglich für die variablen ökonomischen und ökologischen Aufwendungen wurden die realen Daten um Literaturwerte oder um Werte aus der Gabi-Software erweitert. Die Abweichungen durch die nicht dem realen System entnommenen Daten sind allerdings als gering zu bewerten, da die Berechnung nicht aus dem realen System stammender Werte immer auf Daten aus dem realen System beruht, die mit festen Faktoren, welche aus der Literatur oder der Gabi-Software stammen, verrechnet wurden. Die aus dem realen System stammende Anzahl und Art der Digitalisierungskomponenten wurde um Kostensätze und um Energieverbräuche bzw. anfallende Umweltwirkungen erweitert. Hierzu wurden jeweils unterschiedliche Literaturdaten verglichen und hieraus ein Maximalwert ausgewählt, um sicherzustellen, dass keine Einflüsse vernachlässigt werden. Zudem wurden die Daten jeweils bis auf die kleinsten möglichen Ebenen bestimmt und eine Abschneidung von Werten vermieden. Eine Unvollständigkeit der Daten besteht nur an Stellen, welche zuvor durch die Systemgrenze ausgeschlossen wurden, wie dem Transport innerhalb Chinas, der Verpackung, der Montage und der

Wartung. Dies ist somit methodisch unbedenklich. Eine Ausnahme bildet der Verwertungsprozess. Dieser wurde aufgrund seiner Komplexität und einer fehlenden Datengrundlage in einer vereinfachten Form abgebildet (Tabelle 7.3).

Tabelle 7.3 Einfluss des Verwertungsprozesses auf Aufwand und Nutzen

Berechnungsgrößen	fiktives Verhältnis des Verwertungsprozesses zum positiven Aufwand					
	Bilanzierter Prozess	Erhöhung der Werte des Verwertungsprozesses um 10 % (bspw. Verwertungsanteile erhöht)		Senkung der Werte des Verwertungsprozesses um 10 % (bspw. höherer Aufwand bei der Verwertung)		Änderung Gesamtaufwand
		Anteil / Änderung des Anteils am positiven Aufwand		Anteil / Änderung des Anteils am positiven Aufwand		
Endenergie	54%	59%	+ 5%	48%	-11%	+/- 12%
GWP_{100}	60%	66%	+ 6%	54%	-12%	+/- 15%
$ADP_{elementar}$	75%	82%	+ 7%	67%	- 8%	+/- 32%
Berechnungsgrößen	fiktives Verhältnis des Verwertungsprozesses zum Nutzen (max. Laufzeit)					
	5 % Einsparfaktor		10 % Einsparfaktor		15 % Einsparfaktor	
Endenergie	0,58%		0,29%		0,19%	
GWP_{100}	0,09%		0,05%		0,03%	
$ADP_{elementar}$	1,84%		0,92%		0,62%	

Der Gesamtaufwand teilt sich in einen positiven Aufwand aus der Herstellungsphase und einen negativen Aufwand aus der Verwertungsphase. Durch den negativen Ansatz der Verwertungsaufwendungen wird der Teil der positiven Aufwendungen durch diesen reduziert. Je nach Berechnungsgröße hat der Verwertungsprozess somit einen Anteil am positiven Aufwand des bilanzierten Prozesses in Höhe von 54–75 %. Dies zeigt den großen Einfluss des Verwertungsprozesses auf die Aufwandsbetrachtung. Bei einer fiktiven Änderung der Ausgangswerte für den Verwertungsprozess wird diese These bestätigt. Je nach positiver oder negativer Veränderung des Verwertungsaufwandes (±10 %) bewegt sich der Anteil am positiven Aufwand zwischen einer Steigerung um 5 %–7 % und einer Senkung zwischen 8 %–12 %. Der Anteil am Gesamtaufwand ändert sich hierdurch sogar um ±12 %–±32 %. Bei einer reinen Darstellung des Aufwandes hat die fehlende Datenherkunft des Verwertungsprozesses einen so großen Anteil, dass davon auszugehen ist, dass das Ergebnis verfälscht wird. Betrachtet man allerdings die für die Bewertung geforderte Gesamtbetrachtung und vergleicht den Verwertungsaufwand mit den möglichen Einsparungen aus dem Nutzen über die maximale Laufzeit von 87.600 Betriebsstunden, dann wird der Einfluss des Verwertungsprozesses vernachlässigbar und bewegt sich im Bereich von 0,03–1,84 % je nach Einsparfaktor.

7.2.3 Beurteilung der getroffenen Annahmen

Die getroffenen Annahmen für Aufwand und Nutzen haben einen mittleren Einfluss auf das Ergebnis. Die getroffenen Näherungen bzw. Annahmen zu den Produktions- und Verwertungsschritten sind jeweils so gewählt, dass sie dem realen System möglichst nahekommen und der Einfluss der Verfälschung der Ergebnisse daher vernachlässigbar ist.

Die Annahmen hinsichtlich der Produktion der Komponenten in China sowie die hierdurch anfallende Transportstrecke nach Deutschland ist aufgrund der durch diese entstehende Verbräuche zu prüfen. Eine mögliche Änderung der Annahmen könnte darauf beruhen, dass die Komponenten in Europa gefertigt werden und sich somit die Transportstrecken, der Strommix, die Zusammensetzung des Prozessgases sowie der Einfluss des verwendeten Leitungs- und Prozesswasser ändern. Die Anteile des Transportprozesses, des Prozessgases sowie des Leitungs- und Prozesswassers am fixen Aufwandsprozess betragen zwischen 0,0003 % und 3,2 % und sind durch den noch geringeren Anteil am Gesamtergebnis zu vernachlässigen. Eine genauere Betrachtung ist für die mögliche Veränderung des Strommix notwendig. Bei einer Änderung des angenommenen Produktionsstandortes China hin zu einer Produktion in Europa ergeben sich für einen europäischen Strommix im Vergleich zum chinesischen Strommix unterschiedliche Umweltwirkungen, die je nach Kategorie höher oder niedriger ausfallen (Tabelle 7.4).

Tabelle 7.4 Untersuchung des Einflusses des Strommix[1]

Berechnungsgrößen	Anteil bilanzierter Strommix China am fixen Aufwandsprozess	Anteil bilanzierter Strommix China am Gesamtergebnis (max. Laufzeit)			Strommix China für eine kWh Endenergie	Strommix Europa für eine kWh Endenergie	Prozentuale Änderung der Umweltwirkungen Vergleich Strommix China - Europa
		Einsparfaktor 5 %	Einsparfaktor 10 %	Einsparfaktor 15 %			
Primärenergiebedarf	9,06%	0,001950%	0,000974%	0,000649%	8,49 MJ	7,23 MJ	-15%
GWP_{100}	12,51%	0,000375%	0,000188%	0,000125%	0,805 kg CO_2 Äquiv.	0,386 kg CO_2 Äquiv.	-52%
$ADP_{elementar}$	0,02%	0,000010%	0,000005%	0,000004%	0,0000000739 kg Sb Äquiv.	0,000000138kg Sb Äquiv.	+87%

[1] Das im europäischen Strommix im Vergleich zum chinesischen Strommix erhöhte $ADP_{elementar}$ ist auf den höheren Anteil erneuerbarer Energien im europäischen Strommix zurückzuführen. Zur Ermittlung der Umweltwirkungen wurden die in der verwendeten GaBi-Software vorhandenen Prozesse sowie die dort hinterlegte Zusammensetzung des Strommixes genutzt. Diese beziehen sich auf den Referenzzeitraum 2016–2017. Aufgrund von Veränderungen im Strommix, insbesondere durch den Ausbau erneuerbarer Energien, verändern sich mit aktuellen Werten auch die Umweltwirkungen. Die Zusammensetzung der beiden ausgewählten Strommixe ist in Anhang 10 im elektronischen Zusatzmaterial einsehbar.

Eine Änderung des Strommixes würde den fixen Aufwandsprozess je nach Bewertungskategorie unterschiedlich beeinflussen, da der Anteil des aktuell bilanzierten chinesischen Strommixes am fixen Aufwandsprozess zwischen 0,02 % und 12,5 % beträgt. Bei einer Änderung des Produktionsstandortes der Digitalisierungstechnik von China nach Europa ändern sich die Umweltwirkungen für den Primärenergiebedarf um minus 15 %, für das GWP_{100} um minus 52 % und für das $ADP_{elementar}$ um plus 87 %. Je nach Produktionsstandort ändert sich somit der Einfluss des Strommix. Dies zeigt, dass für den Aufwandsprozess die Wahl des Produktionsstandortes wesentlich ist. Bei Betrachtung des Gesamtergebnisses ist der Einfluss des für den Aufwand gewählten Strommix allerdings vernachlässigbar, was auf die gewählte Laufzeit von 87.600 Betriebsstunden zurückzuführen ist. Grundsätzlich ist daher die Annahme der Produktionsstätten in China für den Gesamtprozess als unkritisch zu sehen. Bei einer Veränderung der Nutzenparameter gewinnt dieser unter Umständen allerdings an Bedeutung.

Die beiden angenommenen Verrechnungssätze, Montagestundenkostensatz (55,00 €/h) und Strompreis (0,3306 €/kWh), dienen zur Berechnung des ökonomischen Aufwands und fließen im ersten Fall in die fixen Aufwendungen und im zweiten Fall in die variablen Aufwendungen ein. Der fixe Aufwand hat im Vergleich zum Nutzen über die betrachtete Laufzeit nur einen kleinen Anteil. Selbst bei einer Änderung sind somit die hierzu getroffenen Annahmen als unkritisch zu sehen. Der gewählte Verrechnungspreis für den Endenergiebedarf (Strompreis), wird als konstanter Faktor mit dem anfallenden Strombedarf verrechnet und beeinflusst die Höhe der variablen Aufwendungen (Tabelle 7.5).

Tabelle 7.5 Einfluss des angenommenen Verrechnungssatzes für Strom

Betrachtungsweise	Anteil variabler ökonomischer Aufwendungen (angenommener Verrechnungssatz für Strom) am Gesamtergebnis (max. Laufzeit)		
	Einsparfaktor 5 %	Einsparfaktor 10 %	Einsparfaktor 15 %
mit Material	0,70%	0,35%	0,23%
ohne Material	31,10%	16,53%	11,02%

Unter Einbezug der Materialkosten in das Gesamtergebnis ist der Einfluss des Strompreises vernachlässigbar, da dieser jeweils unter 1 % liegt und eine Änderung dessen vernachlässigbare Veränderungen am Gesamtergebnis nach sich ziehen würde. Berechnet man das Gesamtergebnis allerdings ohne Berücksichtigung der Kosten für das benötigte Material, dann liegt der Einfluss des benötigten Stroms zwischen 31 % und 11 %, wodurch das Gesamtergebnis in einem relevanten bis mäßigen Maße beeinflusst wird.

Für die Berechnung des Gesamtergebnisses wurden die Aufwandskomponenten über die Gesamtlaufzeit von 87.600 Betriebsstunden als ausfall- und wartungsfrei angenommen. Das System wurde so konzipiert, dass eine Wartung nicht notwendig ist. Die Laufzeiten der einzelnen Komponenten werden von den Herstellern so angegeben, dass in einer theoretischen Betrachtung während der maximalen Laufzeit keine Komponenten ausfallen. In der Praxis, können allerdings aus unterschiedlichen Gründen Teile der Aufwandskomponenten einen Defekt aufweisen und somit einen Austausch notwendig machen (Tabelle 7.6).

Tabelle 7.6 Verhältnis des fixen Aufwands zum Gesamtergebnis für unterschiedliche Laufzeiten der Digitalisierungstechnik

Berechnungsgrößen	Verhältnis des fixen Aufwands zum jeweiligen Gesamtergebnis								
	Ausfall nach 3 Jahren			Ausfall nach 5 Jahren			Ausfall nach 7 Jahren		
	Einsparfaktor 5 %	Einsparfaktor 10 %	Einsparfaktor 15 %	Einsparfaktor 5 %	Einsparfaktor 10 %	Einsparfaktor 15 %	Einsparfaktor 5 %	Einsparfaktor 10 %	Einsparfaktor 15 %
Kosten*	1,10%	0,55%	0,37%	0,66%	0,33%	0,22%	0,47%	0,24%	0,16%
Kosten ohne Material*	52,40%	26,20%	17,47%	31,44%	15,72%	10,48%	22,46%	11,23%	7,49%
Endenergie	0,44%	0,22%	0,15%	0,26%	0,13%	0,09%	0,19%	0,09%	0,06%
GWP_{100}	0,60%	0,30%	0,20%	0,36%	0,18%	0,12%	0,26%	0,13%	0,09%
$ADP_{elementar}$	6,22%	3,11%	2,07%	3,73%	1,87%	1,24%	2,67%	1,33%	0,89%

* Berechnung ohne mehrfache Berücksichtigung des fixen Aufwandes "zum Auslesen der Werte aus dem MES-System" in Höhe von 27,50 €

Wie auch in den anderen Betrachtungen gezeigt, hat der fixe Aufwand einen unwichtigen bzw. zu vernachlässigenden Anteil am Gesamtergebnis und es ergibt sich für alle betrachteten Varianten ein Anteil im niedrigen einstelligen Prozentbereich ($\leq$6 %). Somit würde sich selbst bei der Worst Case Betrachtung eines Gesamtausfalles des Aufwandsystems am Gesamtergebnis nichts ändern, da die Amortisationszeit einer neuen Digitalisierungstechnik deutlich unter den betrachteten Zeiträumen liegt. Da in der Praxis zudem noch davon auszugehen ist, dass nicht das gesamte System, sondern nur einzelne Komponenten ausfallen, ist die Annahme als ausfallfreies System als unkritisch zu sehen. Lediglich bei Betrachtung des ökonomischen Aufwands, ohne Berücksichtigung einer Einsparung bei den Materialkosten, ergeben sich relevante Anteile, bei denen zwar eine Amortisation eines neuen Systems gegeben ist, sich das positive Gesamtergebnis aber schmälert. Da auch hier in der Praxis nicht von einem Ausfall des gesamten Systems, sondern nur von einzelnen Komponenten auszugehen ist, sind die tatsächlichen Anteile geringer. Trotz dieser Tatsache ist die Annahme eines ausfallfreien Systems ohne Einsparungen bei den Materialkosten kritisch zu betrachten und für den Einzelfall der Ausfall einzelner Komponenten oder des gesamten Systems zu berücksichtigen.

7.2.4 Beurteilung der Datenqualität und Aussagekraft der Daten

Die Datenqualität und die Aussagekraft der Daten ist übergreifend jeweils als hoch zu bewerten. Zur Beurteilung für die Systeme A und D, erfolgt ein Vergleich der Materialzusammensetzung von Digitalisierungs- und IKT-Komponenten mit anderen Studien. Hierbei fällt auf, dass nur wenige Studien die Materialzusammensetzung in der hier dargestellten Tiefe betrachten. Die überwiegende Anzahl der Autoren stellen lediglich deren Ergebnisse dar und verweisen bei der Materialzusammensetzung auf Literaturangaben oder Datenbanken und liefern nur ein unvollständiges bzw. näherungsweise gültiges Modell (Tabelle 7.7) (Aigner et al., 2022; Bonvoisin et al., 2012; IVF Report 07004, 2007).

Tabelle 7.7 Gegenüberstellung von Materialanteilen (Gewichtsprozent) von Digitalisierungstechnologien (Tabelle basierend auf Aigner et al., 2022; Bonvoisin et al., 2012; IVF Report 07004, 2007)

Kategorie	vorliegende Arbeit	IVF-Report 07004, 2007	Aigner et al., 2022	Bonvoisin et al., 2012
	Messkoffer	Desktop PC	Sensorgeräte	Summe aus Sensor, Repeater, Gateway
Kunststoffe	45,5 %	7,9 %	15 %	22,9 %
Eisenmetalle	38,4 %	54,6 %	13,3 %	26,3 %
Nicht-Eisenmetalle	2,7 %	7,9 %	16,4 %	0,0 %
Elektronische Bauteile	7,4 %	11,5 %	25,5 %	7,3 %
Sonstiges	6,0 %	18,2 %	29,8 %	43,4 %

Bei Vergleich der unterschiedlichen Literaturstudien existieren nur wenige Gemeinsamkeiten bezüglich der jeweiligen Materialanteile. Dies lässt annehmen, dass die aufgenommen Aufwandsdaten bzw. die Ergebnisse der anderen Studien nur für den jeweiligen Einzelfall gültig sind und keine generelle Aussage für Digitalisierungs- bzw. IKT-Komponenten möglich ist. Die Datenqualität des Systems A ist allerdings dennoch als hoch zu bewerten, da im Vergleich zu den anderen Studien eine sehr granulare und umfassende Analyse der Komponenten der Digitalisierungstechnik und der darin enthaltenen Materialien erfolgt ist.

Es konnten neben den genannten Studien keine weiteren Arbeiten identifiziert werden, die sich konkret auf die Bilanzierung der Umweltauswirkungen von Digitalisierungstechnologien beziehen (Aigner et al., 2022; Bonvoisin et al., 2012; IVF Report 07004, 2007). Hinsichtlich der Aussagekraft der Daten ist System B analog zu System A zu bewerten, da die Berechnung ebenfalls für die spezifischen Gewichtsanteile der ausgewählten Digitalisierungstechnologie erfolgt ist. Die Datenqualität ist auch hier als hoch zu bewerten, da für die angenommenen Transportwege alle Werte auf den Datensätzen der Gabi-Software beruhen.

Die Datenqualität des Verwertungsprozesses System D ist aufgrund der vereinfachten und teilweise auf Annahmen beruhenden Daten als Mittel zu bewerten. Wie gezeigt hat der Verwertungsprozess allerdings einen zu vernachlässigenden Einfluss auf das Gesamtergebnis (Tabelle 7.3). Daher ist die hier Mittel zu bewertende Datenqualität und die als Mittel zu bewertende Übertragbarkeit der Ergebnisse als unkritisch zu sehen.

Um die Aussagekraft des fixen ökonomischen Aufwands zu bewerten, werden die Beschaffungskosten ausgewählter Komponenten mit alternativen Herstellerpreisen aus einer Internetrecherche verglichen. Bei den nicht in den Vergleich mit aufgenommenen Komponenten aus der Messvorrichtung handelt es sich um Montagematerial oder Kleinteile (Tabelle 7.8).

Tabelle 7.8 Vergleich der Beschaffungskosten ausgewählter Komponenten der Messvorrichtung[2]

Ausgewählte Komponenten	Beschaffung für Messkoffer	Alternative 1	Alternative 2
Schaltschrank 600 x 400 x 210	136,34 €	85,80 €	132,28 €
Primär getaktete Stromversorgung 2,5 A	52,95 €	56,67 €	52,09 €
IoT-Buskoppler	262,50 €	269,10 €	370,09 €
EtherCat-Klemme (Leistungsmessung)	103,06 €	136,57 €	66,10 €
Strömungssensor	233,38 €	221,00 €	238,07 €
Kabelumbaustromwandler 100/1	56,32 €	81,00 €	49,90 €
Summe	**844,55 €**	**850,14 €**	**908,53 €**

[2] Recherche auf Basis ähnlicher Komponenten, Unsicherheiten hinsichtlich identischer Funktionen sowie Preisabweichungen einzelner Händler.

Die Abweichung bei den Beschaffungspreisen zwischen unterschiedlichen Herstellern der Digitalisierungstechnologie ist nur gering und hat keinen Einfluss auf das Gesamtergebnis. Die Datenqualität ist allerdings als Mittel zu bewerten, da es sich hier jeweils um Momentaufnahmen handelt und eine mögliche Preissteigerung durch eine Inflation nicht berücksichtigt wird. Dies ist allerdings nur relevant, wenn die Daten für in der Zukunft liegende Berechnungen verwendet werden. Bei Verwendung jeweils aktueller Beschaffungspreise ist die Datenqualität als hoch zu bewerten.

7.3 Einflüsse auf das Ergebnis

7.3.1 Einflüsse des Aufwands und Nutzens auf das Gesamtergebnis

Das Gesamtergebnis (hier der Nachhaltigkeitsgewinn) errechnet sich aus dem positiven Nutzen und dem negativen Aufwand. Zur Bewertung dient der Nachhaltigkeitsgewinn (Formel 4.11) als Bezugsgröße und entspricht 100 %.[3] Die Untersuchung auf signifikante Einflüsse erfolgt jeweils für alle berechneten Einsparfaktoren und für alle Bewertungsgrößen (Abbildung 2.7) (Bewertungsschema in Abschnitt 7.1). Die ökologischen Ergebnisse stammen aus der durchgeführten Ökobilanzierung und entsprechen für die Darstellung der Endenergie, dem umgerechneten Primärenergiebedarf aus regenerativen und nicht regenerativen Ressourcen (unterer Heizwert), für das GWP_{100} dem CML2001 – Aug. 2016, Treibhauspotential (GWP 100 Jahre) und für das $ADP_{elementar}$ dem CML2001 – Aug. 2016, Abiotischer Ressourcenverbrauch elementar ($ADP_{elementar}$), entnommen aus der verwendeten Ökobilanzierungssoftware Gabi (eine Darstellung in Tabellenform ist in Anhang 11 im elektronischen Zusatzmaterial einsehbar[4]) (Abbildung 7.2).

[3] Da der Aufwand vom Nutzen abgezogen wird, ist der Nutzen Anteil jeweils größer 100 % zum Gesamtergebnis.

[4] Für den Falle einer Darstellung der Abbildungen in schwarz-weiß ist die Zuordnung der Balken in dieser Grafik mittels der Nummerierung 1–4 dargestellt. Alle anderen Grafiken folgen dem gleichen Schema.

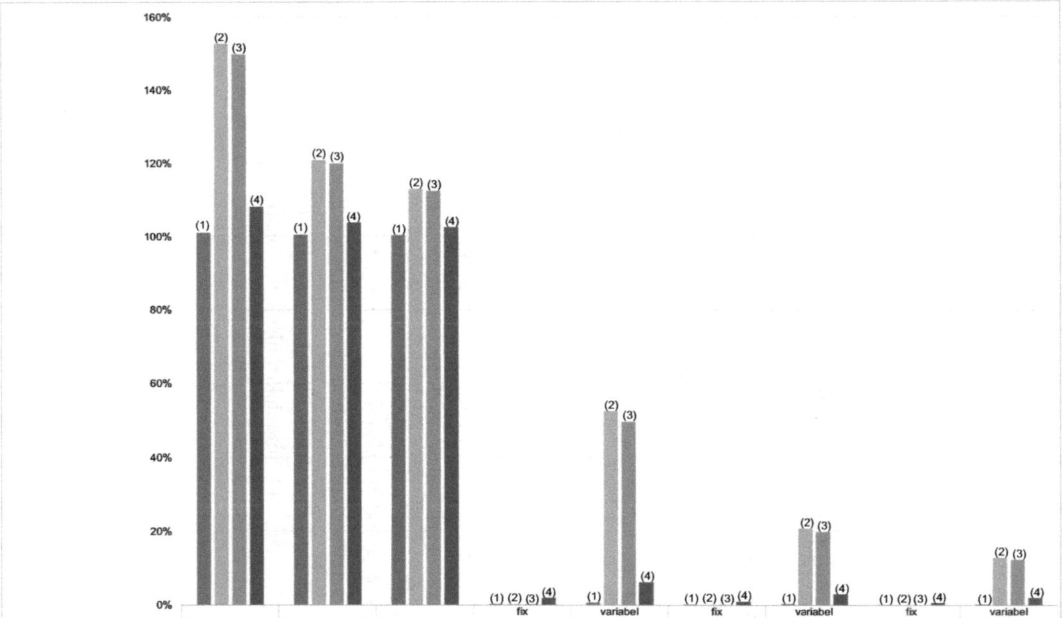

	Einsparfaktor 5 %	Einsparfaktor 10 %	Einsparfaktor 15 %	fix	variabel	fix	variabel	fix	variabel
		Anteil Nutzen		Einsparfaktor 5 % Anteil Aufwand		Einsparfaktor 10 % Anteil Aufwand		Einsparfaktor 15 % Anteil Aufwand	
(1) Kosten [€]	101%	101%	100%	0,34%	0,75%	0,17%	0,37%	0,11%	0,25%
(2) Primärenergiebedarf [kWh]	153%	121%	113%	0,23%	52%	0,09%	21%	0,06%	13%
(3) GWP(100) [kg CO2 Äquiv.]	150%	120%	112%	0,27%	50%	0,11%	20%	0,07%	12%
(4) ADP(elementar) [kg Sb Äquiv.]	108%	104%	103%	2%	6%	0,97%	3%	0,64%	2%

Abbildung 7.2 Identifikation signifikanter Parameter auf das Gesamtergebnis

Alle Parameter des Nutzens haben einen signifikanten Einfluss auf das Gesamtergebnis, was im Wesentlichen mit der gewählten Laufzeit von 87.600 Betriebsstunden zusammenhängt. Beim dem Nutzen gegenüber stehenden Aufwand haben nur vier Parameter einen Einfluss. Der variable Primärenergiebedarf und das GWP_{100} verknüpft mit 5 % Einsprung haben einen signifikanten bzw. relevanten Einfluss, der variable Primärenergiebedarf und das GWP_{100} verknüpft mit 10 % Einsprung haben einen gewissen/mäßigen Einfluss, und der variable Primärenergiebedarf, das GWP_{100} verknüpft mit 15 % Einsprung sowie der abiotische Ressourcenverbrauch verknüpft mit 5 % Einsparung haben einen geringen Einfluss.

7.3.2 Einflüsse der Berechnungsgrößen auf den Nutzen

Der erzeugte Gesamtnutzen im Forschungsdemonstrator kann je Einsparfaktor aufgeteilt und den drei Fertigungsmaschinen zugeordnet werden (Abbildung 7.3) (eine Darstellung in Tabellenform ist in Anhang 11 im elektronischen Zusatzmaterial einsehbar).

Bedingt durch den hohen Anfall an Fertigungsmaterial hat die PAS hinsichtlich des $ADP_{elementar}$ und der Kosten einen signifikanten Einfluss auf den Gesamtnutzen. Beim $ADP_{elementar}$ umfasst dies mit 96,6 % nahezu den gesamten Ressourcenverbrauch. Bei den Kosten entstehen hierdurch ¾ des Anteils an der PAS und knapp ¼ an der KAM. Am BAZ sind für die Entstehung der Kosten der direkte und indirekte Endenergiebedarf relevant, was aber einen vernachlässigbaren Einfluss auf die Gesamtkosten hat. Das Treibhauspotential hat, bedingt durch den Verbrauch an Endenergie und an Peripheriemedien, einem relevanten Einfluss an der KAM und am BAZ. An der PAS hat dieser Parameter einen gewissen/mäßigen Einfluss. Gleiches gilt für den Primärenergiebedarf, wobei sich hier im Unterschied zum GWP_{100} jeweils eine gleiche Aufteilung zwischen KAM und BAZ ergibt. Der Vergleich von Primärenergiebedarf und GWP_{100} an KAM und BAZ zeigt, dass der Bedarf an Endenergie der beiden Fertigungsmaschinen zwar identisch ist, an der KAM allerdings ein höherer Bedarf an Peripheriemedien herrscht.

Bei detaillierterer Betrachtung kann für jede der Berechnungsgrößen der Nutzenanteil innerhalb der einzelnen Fertigungsmaschinen betrachtet werden. Über eine Verknüpfung mit den Anteilen am Gesamtnutzen lassen sich relevante Parameter auf der untersten Ebene des Nutzens identifizieren (Abbildung 7.4, 7.5 und 7.6) (eine Darstellung in Tabellenform ist in Anhang 11 im elektronischen Zusatzmaterial einsehbar).

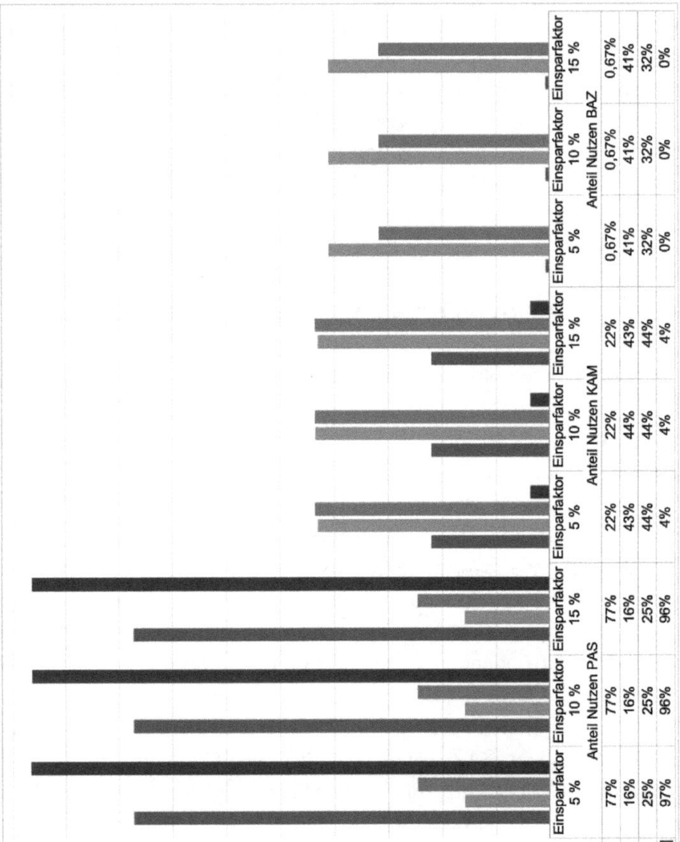

Abbildung 7.3 Einfluss der Berechnungsgrößen auf Basis der Fertigungsmaschinen auf den Gesamtnutzen

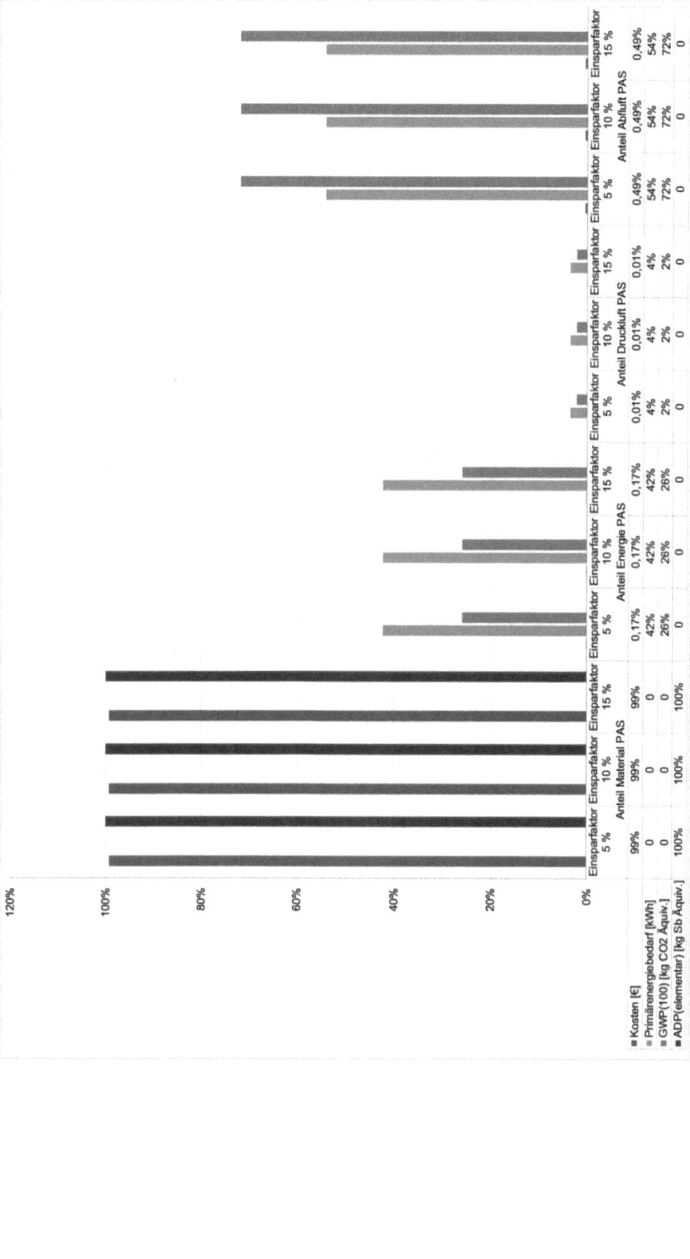

	Anteil Material PAS – Einsparfaktor 5 %	Anteil Material PAS – Einsparfaktor 10 %	Anteil Material PAS – Einsparfaktor 15 %	Anteil Energie PAS – Einsparfaktor 5 %	Anteil Energie PAS – Einsparfaktor 10 %	Anteil Energie PAS – Einsparfaktor 15 %	Anteil Druckluft PAS – Einsparfaktor 5 %	Anteil Druckluft PAS – Einsparfaktor 10 %	Anteil Druckluft PAS – Einsparfaktor 15 %	Anteil Abluft PAS – Einsparfaktor 5 %	Anteil Abluft PAS – Einsparfaktor 10 %	Anteil Abluft PAS – Einsparfaktor 15 %
Kosten [€]	99%	99%	99%	0,17%	0,17%	0,17%	0,01%	0,01%	0,01%	0,49%	0,49%	0,49%
Primärenergiebedarf [kWh]	0	0	0	42%	42%	42%	4%	4%	4%	54%	54%	54%
GWP(100) [kg CO2 Äquiv.]	0	0	0	26%	26%	26%	2%	2%	2%	72%	72%	72%
ADP(elementar) [kg Sb Äquiv.]	100%	100%	100%	0	0	0	0	0	0	0	0	0

Abbildung 7.4 Einfluss der Berechnungsgrößen auf den Nutzen je Fertigungsmaschine für die PAS

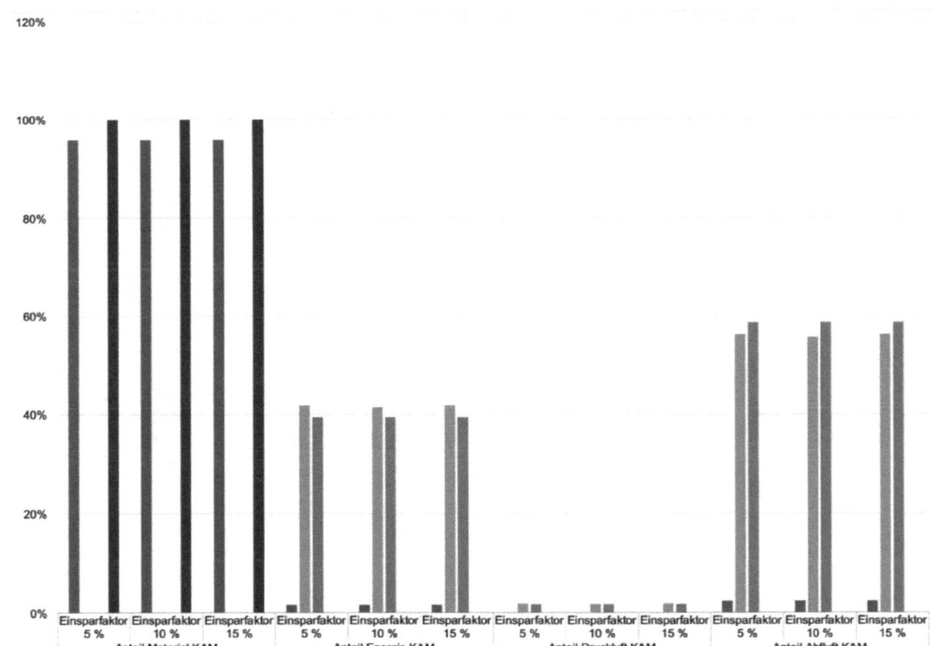

	Einsparfaktor 5 %	Einsparfaktor 10 %	Einsparfaktor 15 %	Einsparfaktor 5 %	Einsparfaktor 10 %	Einsparfaktor 15 %	Einsparfaktor 5 %	Einsparfaktor 10 %	Einsparfaktor 15 %	Einsparfaktor 5 %	Einsparfaktor 10 %	Einsparfaktor 15 %
	Anteil Material KAM			Anteil Energie KAM			Anteil Druckluft KAM			Anteil Abfluft KAM		
Kosten [€]	96%	96%	96%	2%	2%	2%	0,05%	0,05%	0,05%	2%	2%	2%
Primärenergiebedarf [kWh]	0	0	0	42%	41%	42%	2%	2%	2%	56%	56%	56%
GWP(100) [kg CO2 Äquiv.]	0	0	0	39%	39%	39%	2%	2%	2%	59%	59%	59%
ADP(elementar) [kg Sb Äquiv.]	100%	100%	100%	0	0	0	0	0	0	0	0	0

Abbildung 7.5 Einfluss der Berechnungsgrößen auf den Nutzen je Fertigungsmaschine für die KAM

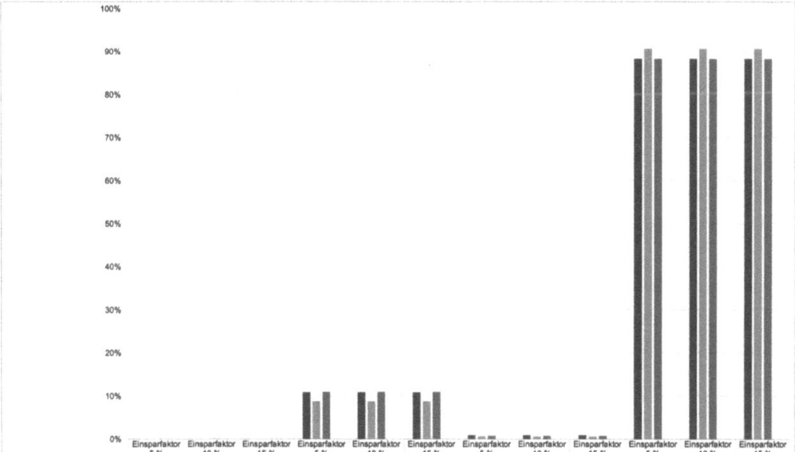

	Einsparfaktor 5 %	Einsparfaktor 10 %	Einsparfaktor 15 %	Einsparfaktor 5 %	Einsparfaktor 10 %	Einsparfaktor 15 %	Einsparfaktor 5 %	Einsparfaktor 10 %	Einsparfaktor 15 %	Einsparfaktor 5 %	Einsparfaktor 10 %	Einsparfaktor 15 %
	Anteil Material BAZ			Anteil Energie BAZ			Anteil Druckluft BAZ			Anteil Abfluft BAZ		
Kosten [€]	0	0	0	11%	11%	11%	0,90%	0,90%	0,90%	88%	88%	88%
Primärenergiebedarf [kWh]	0	0	0	9%	9%	9%	0,63%	0,63%	0,63%	91%	91%	91%
GWP(100) [kg CO2 Äquiv.]	0	0	0	11%	11%	11%	0,78%	0,78%	0,78%	88%	88%	88%
ADP(elementar) [kg Sb Äquiv.]	0	0	0	0	0	0	0	0	0	0	0	0

Abbildung 7.6 Einfluss der Berechnungsgrößen auf den Nutzen je Fertigungsmaschine für das BAZ

Am GWP_{100} haben an der PAS der direkte Endenergiebedarf mit 26 % einen relevanten Einfluss und der Endenergiebedarf durch die Abluft mit 72 % einen signifikanten Einfluss. Dasselbe gilt für den Primärenergiebedarf, wobei hier der Endenergiebedarf durch die Abluft 54 % und der direkte Endenergiebedarf 42 % betragen. Die Kosten werden zu 99 % durch das Fertigungsmaterial verursacht. An der KAM haben ebenfalls der Endenergiebedarf durch die Abluft mit einem Anteil von 56 % und der direkte Endenergiebedarf mit einem Anteil von 39 % einen signifikanten bzw. relevanten Einfluss auf das GWP_{100}. Der Anteil am Primärenergiebedarf teilt sich an der KAM analog zum GWP_{100} zwischen dem Endenergiebedarf durch die Abluft mit einem Anteil von 56 % und dem direkten Endenergiebedarf mit einem Anteil von 42 % auf. Auch hier werden die Kosten wesentlich durch das eingesetzte Fertigungsmaterial verursacht. Am BAZ zeigt sich ein ähnliches Bild beim GWP_{100} und beim Primärenergiebedarf, allerdings sind hierbei Verhältnisse im Bereich von 90 % und 10 % zu Gunsten des Endenergiebedarfs für die Abluft verschoben. Gleiches gilt an der BAZ für die Kosten.

An allen drei Fertigungsmaschinen zeigt sich für das GWP_{100} und den Primärenergiebedarf ein ähnliches Bild. Beide Größen werden jeweils vom Endenergiebedarf durch die Abluft, gefolgt vom direkten Endenergiebedarf bestimmt. Je nach direktem Endenergiebedarf der Fertigungsmaschine unterscheidet sich das Verhältnis zwischen GWP_{100} und Primärenergiebedarf. Der Endenergiebedarf durch die Druckluft spielt hierbei nur eine untergeordnete Rolle. Prozessbedingt fällt das $ADP_{elementar}$ nur an der KAM und der PAS an und ist vollständig dem Materialverbrauch zuzuordnen. Die Kosten werden ebenfalls maschinenübergreifend durch das eingesetzte Fertigungsmaterial bestimmt. Ohne Betrachtung des Fertigungsmaterials ergibt sich ein identisches Bild wie bei der Betrachtung des GWP_{100} und des Primärenergiebedarfs.

Aus der Zusammenführung der übergeordneten Betrachtung des Gesamtnutzens und der detaillierten Betrachtung der Maschinen ergibt sich für das $ADP_{elementar}$ der Schwerpunkt bei der PAS und wie beschrieben beim eingesetzten Fertigungsmaterial. Beim GWP_{100} und beim Primärenergiebedarf liegt die KAM an der Spitze, gefolgt von dem BAZ. Dabei sind an der KAM der Endenergiebedarf durch die Abluft gefolgt vom direkten Endenergiebedarf und bei der BAZ der Endenergiebedarf durch die Abluft die größten Einflussparameter auf den Nutzen. Bei den Kosten hat die PAS den größten Einfluss, der wie bereits identifiziert durch das eingesetzte Fertigungsmaterial verursacht wird.

7.3.3 Einfluss der Berechnungsgrößen auf den Aufwand

Für die fixen Aufwandsysteme A bis D stammen die Daten aus der Ökobilanzierung und der Kostenaufstellung für die Digitalisierungstechnik. Für die variablen Aufwendungen wurden die Daten im Forschungsdemonstrator erfasst und für die Musterproduktion berechnet. Zur Identifikation signifikanter Einflussparameter auf das Gesamtergebnis lässt sich der Aufwand bis zur untersten Einflussebene, den Prozessen und Einzelkomponenten auftrennen. Die oberste Ebene umfasst die Lebenszyklusphasen der Systeme A bis D. Diese enthalten die Rohstoffgewinnung und Herstellung der Zwischenprodukte und Endprodukte, den Transport von China nach Deutschland und den Transport innerhalb Deutschlands zum Einsatzort und zur Verwertung, die Nutzung der Produkte sowie die Verwertung (Abbildung 7.7) (eine Darstellung in Tabellenform ist in Anhang 11 im elektronischen Zusatzmaterial einsehbar).

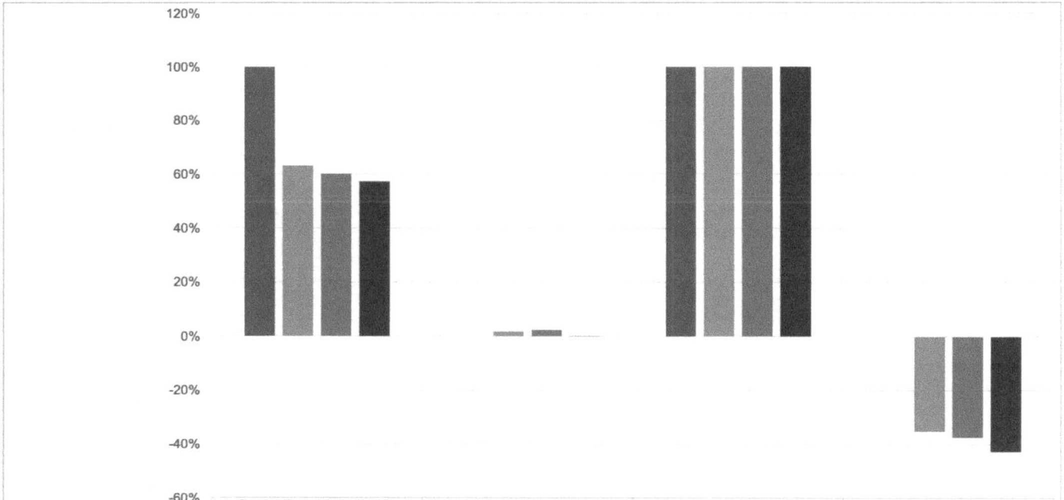

	Rohstoffbereitstellung und Produktherstellung (Fixe Aufwendungen System A)	Transport (Fixe Aufwendungen System B)	Montage und Nutzung (Variable Aufwendungen System C)	Verwertung (Fixe Aufwendungen System D)
■ Kosten [€]	100%	0%	100%	0%
■ Primärenergiebedarf [MJ]	63%	2%	100%	-35%
■ GWP(100) [kg CO2 Äquiv.]	60%	2%	100%	-37%
■ ADP(elementar) [kg Sb Äquiv.]	57%	0%	100%	-43%

Abbildung 7.7 Darstellung der Aufwendungen nach Lebenszyklusphasen über die Gesamtlaufzeit (getrennte Betrachtung von variablen und fixen Aufwendungen)

Der Schwerpunkt der aufwandsseitigen Einflüsse liegt bei den variablen Aufwendungen, die in der Montage- und Nutzungsphase anfallen. Diese ergeben sich aus dem Endenergiebedarf der Digitalisierungstechnik, der im Mittel über die Lebensdauer der Technik konstant ist. Veränderbar ist der Einfluss durch die Wahl eines alternativen Strommix. Im Vergleich zu den variablen Kosten spielen die fixen Kosten nur eine untergeordnete Rolle. Hier liegt der Schwerpunkt der ökologischen Aufwendungen in der Herstellungs- und Verwertungsphase und der Transport spielt nur eine untergeordnete Rolle, wobei die negativen Aufwendungen der Herstellungsphase die Einsparungen durch die Verwertung übersteigen. Die fixen ökonomischen Aufwendungen fallen vor allem aufgrund der getroffenen Annahmen nur in der Herstellungsphase an.

Durch die Systemgrenze wurde der inländische Transport in China nicht berücksichtigt. Beim Vergleich des inländischen Transportes zwischen China und Deutschland ist das $ADP_{elementar}$ in China um ca. 60 % niedriger, das GWP_{100} um ca. 51 % höher und der Primärenergiebedarf um ca. 5 % höher als in Deutschland[5]. Aufgrund des geringen Einflusses des Transportprozesses auf das Gesamtergebnis, würde sich selbst bei einer Berücksichtigung eines fiktiven Transports von 1000 km in China das $ADP_{elementar}$ nur um 3,1 * 10^{-9} kg Sb Äquiv., das GWP_{100} nur um 0,08 kg CO_2 Äquiv. und der Primärenergiebedarf nur um 1,09 MJ erhöhen. Dies würde das Gesamtergebnis nur in einem zu vernachlässigenden Maße beeinflussen (jeweils unter 1 % des Gesamtergebnisses). Ebenso verhält sich der Transport via Schiff von China nach Deutschland. Dieser hat für das $ADP_{elementar}$ einen Anteil von unter einem 1 % am Gesamtprozess, für das GWP_{100} einen Anteil von ca. 8 % am Gesamtprozess und für den Primärenergiebedarf einen Anteil von ca. 5 % am Gesamtprozess. Eine Änderung der hier angenommenen Transportwege via Schiff führt je nach Berechnungsgröße zu einer spürbaren Veränderung des Gesamtergebnisses. Allerdings ist beispielsweise bei einer Verlagerung der Produktion nach Deutschland weiterhin ein Transport der Rohstoffe nach Deutschland nötig. Dies würde ebenso zu Umweltwirkungen führen. Zusammenfassend zeigt sich, dass der Transportprozess nur eine geringe Hebelwirkung hat, um den Gesamtprozess hinsichtlich der Umweltwirkungen zu beeinflussen.

Die Haupteinflüsse der fixen Aufwendungen aus der Herstellungsphase lassen sich weiter aufteilen und den einzelnen Digitalisierungskomponenten der Messvorrichtung zuordnen. Hierbei wird deutlich welche Komponenten der Digitalisierungstechnik die größten Einflüsse auf den fixen Aufwand haben. Bei einer

[5] Dieselmix ab Tankstelle für LKW 32 Tonnen Gesamtgewicht bei 100 km Transportstrecke.

notwendigen oder gewünschten Änderung des fixen Aufwands bilden die Digitalisierungskomponenten mit den größten Einflüssen die wesentlichen Stellschrauben (Abbildung 7.8).

Die Einflüsse der Digitalisierungskomponenten auf den fixen Aufwand sind je nach Berechnungsgröße und Komponente sehr unterschiedlich, was durch die unterschiedlichen Materialien und den damit verbundenen Umweltwirkungen bedingt ist (eine Darstellung in Tabellenform ist in Anhang 11 im elektronischen Zusatzmaterial einsehbar). Beim $ADP_{elementar}$ haben vor allem die Digitalisierungskomponenten einen signifikanten Einfluss, die ein Kabel enthalten, was auf die zur Herstellung benötigten Metalle zurückzuführen ist. Dies umfasst die Herstellung des Anschluss- und des Ethernet Patchkabels sowie die Herstellung des Kabelumbaustromwandlers und des Anschlusskabels mit Buchse. Das GWP_{100} wird im Wesentlichen von Digitalisierungskomponenten mit hohem Material-/Gewichtsanteil bestimmt, wie der Herstellung des Schaltschranks und der zugehörigen Montageplatte sowie von der Herstellung des Durchflusssensors und der Herstellung des Kabelumbaustromwandlers. Der Primärenergiebedarf wird mit einem Anteil von über einem Drittel von der Herstellung des Schaltschranks, welcher als Hauptteil Kunststoff enthält beeinflusst, gefolgt von der Herstellung des Durchflusssensors mit 11 % Anteil, mit einem hohen Gewichtsanteil an Metall. Die relevanten ökonomischen Kostenanteile werden von den komplexen Digitalisierungskomponenten wie der Herstellung des IoT-Kopplers, der Herstellung des Strömungssensor und der Herstellung des Durchflusssensor verursacht.

Eine weitere Unterteilung nach den Einflüssen des Herstellungsprozesses bestätigt, dass die Umweltauswirkungen überwiegend vom Rohmaterial und dessen Weiterverarbeitung zu den Produkten verursacht werden. Dieser Prozessbestandteil hat in allen drei ökologischen Kategorien einen Anteil von 80 % bis 99 % (Abbildung 7.9) (eine Darstellung in Tabellenform ist in Anhang 11 im elektronischen Zusatzmaterial einsehbar).

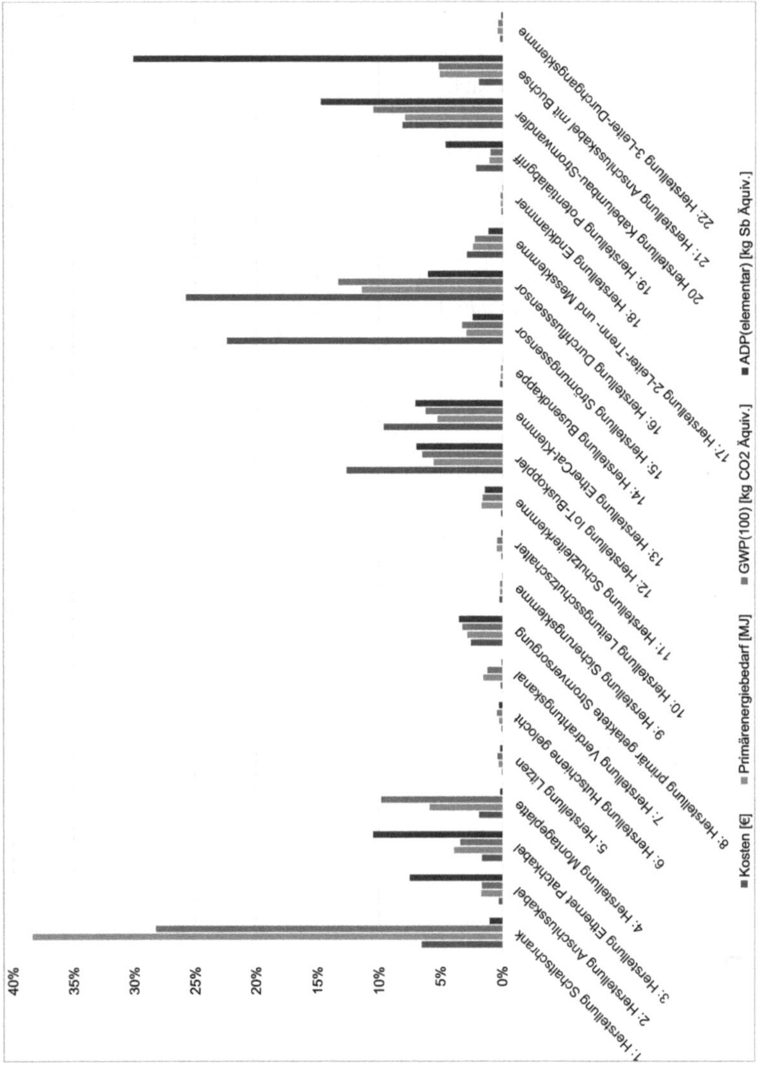

Abbildung 7.8 Einflüsse der Digitalisierungskomponenten der Messvorrichtung auf den fixen Aufwand

	Transport via LKW (Deutschland)	Transport via Schiff (China-Deutschland)	Prozessgas (China)	Schmierstoffe im Prozess (EU)	Strommix (China)	Rohmaterial inkl. Weiterverarbeitung (China)	Leitungs- und Prozesswasser (China / Global)	Sonstiges
Primärenergiebedarf [MJ]	0,51%	2%	0,66%	0,002%	9%	88%	0,002%	0,045%
GWP(100) [kg CO2 Äquiv.]	0,66%	3%	0,75%	0,001%	13%	83%	0,002%	0,12%
ADP(elementar) [kg Sb Äquiv.]	0,001%	0,002%	0,002%	0,000001%	0,022%	99%	0,0003%	0,000%

Abbildung 7.9 Einflüsse des Herstellungsprozesses des Meskoffers auf den fixen Aufwand

Neben dem Haupteinfluss des Rohmaterials hat weiterhin der verwendete Strommix aus China einen Einfluss von ca. 12 % auf das GWP_{100} und 9 % auf den Primärenergiebedarf. Alle anderen Prozessbestandteile haben einen zu vernachlässigenden Einfluss.

Die Umweltwirkungen des Verwertungsprozesses setzen sich aus positiven Aufwendungen und negativen Gutschriften des Prozesses zusammen. So stellen der Transport, die thermische Verwertungsenergie sowie das für die Verwertung benötigte Prozesswasser ausschließlich Belastungen dar, während der Strommix aus positiven und negativen Anteilen besteht, wobei in der Summe der aufzuwendende Strom (Endenergie) überwiegt. Die wiederverwendbaren Materialien und der Prozessdampf[6] aus der Verwertung führen zu Gutschriften (Abbildung 7.10) (eine Darstellung in Tabellenform ist in Anhang 11 im elektronischen Zusatzmaterial einsehbar).

Die Einflüsse auf den Verwertungsprozess werden jeweils zu mindestens 95 % für alle ökologischen Berechnungsgrößen vom Fertigungsmaterial bestimmt, dass als Gutschrift zur Wiederverwendung aufbereitet wird, was zu einem signifikanten Einfluss führt. Alle anderen Prozessbestandteile haben einen zu vernachlässigenden Einfluss auf den Verwertungsprozess.

[6] Prozessdampf wird für diese Arbeit als Dampf definiert, der bei der thermischen Verwertung der Digitalisierungskomponenten entsteht und in industriellen Prozessen als Energie- oder Wärmequelle genutzt werden kann. Diese Nutzungsmöglichkeit wird in der Ökobilanzierung als Gutschrift berücksichtigt.

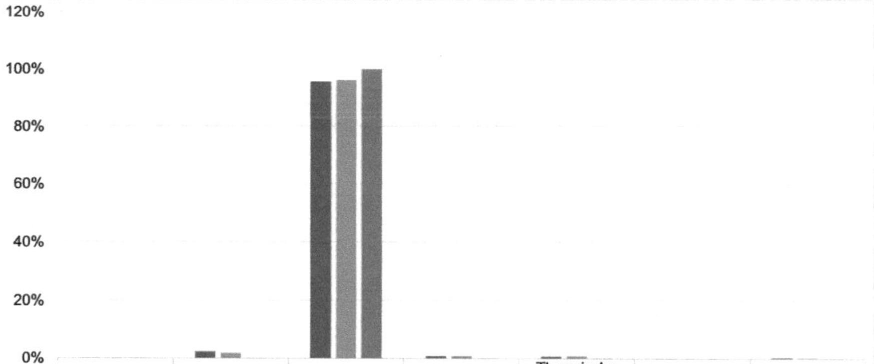

	Transport Verwertung	Strommix Verwertung	Materialien Verwertung	Prozessdampf Verwertung	Thermische Energie Verwertung	Prozesswasser Verwertung	Sonstiges
Primärenergiebedarf [MJ]	0,09%	2%	96%	0,93%	0,71%	0,02%	0,35%
GWP(100) [kg CO2 Äquiv.]	0,10%	2%	96%	0,85%	0,85%	0,02%	0,27%
ADP(elementar) [kg Sb Äquiv.]	0,0002%	0,01%	100%	0,001%	0,0005%	0,003%	0,04%

Abbildung 7.10 Anteile einzelner Bestandteile des Verwertungsprozesses

7.4 Abgleich der Ausgangsdaten mit den identifizierten signifikanten Parametern

Bei Vergleich zwischen den identifizierten signifikanten Parametern und der Qualität der Ausgangsdaten lassen sich Schwachstellen bzw. Ansatzpunkte zur Optimierung der Datenlage identifizieren, da eine ungenügende Qualität der Ausgangsdaten bei signifikanten Parametern einen hohen Einfluss auf das Gesamtergebnis hat (Tabelle 7.9).

Die ökonomischen und ökologischen Parameter, die einen Einfluss auf das Gesamtergebnis haben, stellen gleichzeitig Stellgrößen dar, an denen die Nachhaltigkeit gemessen und beeinflusst werden kann (FF 2.2). Ausgehend vom Gesamtsystem ist dies vor allem der Nutzen, der mittels unterschiedlicher Einsparfaktoren aus dem Fertigungssystem generiert wird. Hierbei ist die angenommene Systemlaufzeit sowie die angenommene Wartungsfreiheit des Systems als kritisch zu sehen. Im Nutzensystem haben die Fertigungsmaschinen auf die Berechnungsgrößen jeweils unterschiedliche Einflüsse. Wesentlich für die ökonomischen Größen sind die PAS und die KAM und für die ökologischen Größen die KAM und das BAZ. An den Fertigungsmaschinen wird der Einfluss für die ökonomischen Größen vom eingesetzten Fertigungsmaterial und für die ökologischen Größen von der direkt verbrauchten Endenergie und von der zur Erzeugung der Abluft benötigten Endenergie sowie ebenfalls vom Fertigungsmaterial bestimmt.

Das Aufwandsystem wird wesentlich durch die variablen Aufwendungen für Kosten, Primärenergiebedarf und GWP_{100}, welche durch die für den Betrieb der Digitalisierungstechnik benötigte Endenergie entstehen, bestimmt. Bei 5 % und bei 10 % Einsparung stellt zudem der variable Endenergiebedarf eine Stellgröße für das Gesamtsystem dar. Näher zu betrachten sind für diese Stellgrößen die angenommene Systemlaufzeit, da hiervon die Gesamthöhe der variablen Aufwendungen abhängt, die angenommenen Verrechnungssätze, welche die jeweilige Höhe der Stellgrößen beeinflussen sowie die angenommene Wartungsfreiheit des Systems und der verwendete Strommix. Die fixen Aufwendungen werden durch die Aufwendungen der Herstellungsphase gefolgt von den Aufwendungen bzw. Gutschriften der Verwertungsphase bestimmt. Hier haben im Wesentlichen die Zusammensetzung der Digitalisierungskomponenten sowie die in den einzelnen Komponenten enthaltenen Materialien einen Einfluss und stellen ökonomische und ökologische Stellgrößen dar. Eine weitere ökologische Stellgröße ist der verwendete Strommix. Bei Betrachtung der Stellgrößen auf den fixen Aufwand sind ebenfalls der angenommene Strommix, die angenommenen Verrechnungssätze, die Wartungsfreiheit des Systems sowie der vereinfacht dargestellte Verwertungsprozess näher zu betrachten.

Tabelle 7.9 Gegenüberstellung signifikanter Parameter mit den als kritisch identifizierten Ausgangsdaten

	Identifizierte Signifikanz			Auffälligkeiten bei den verwendeten Ausgangsdaten
System	**Signifikanz**	**Erläuterung**	**Einordnung der Signifikanz**	
Gesamt-system	Einfluss Nutzen auf das Gesamtsystem	Signifikante Beeinflussung aller Berechnungsgrößen	signifikanter Einfluss	Angenommene Systemlaufzeit; Annahme der Wartungsfreiheit des Aufwandsystems
Nutzensystem	Einfluss der Fertigungsmaschinen auf den Nutzen	PAS auf $ADP_{elementar}$ und Kosten	signifikanter Einfluss	keine Auffälligkeit
		KAM auf Kosten	mäßiger Einfluss	keine Auffälligkeit
		KAM und BAZ auf GWP_{100}	relevanter Einfluss	keine Auffälligkeit
		KAM und BAZ auf Primärenergiebedarf	relevanter Einfluss	keine Auffälligkeit
	Einflüsse der Fertigungsmaschinen	GWP_{100} und Primärenergiebedarf durch Endenergie für Abluft und Endenergie direkt an PAS, KAM, BAZ	signifikanter bis mäßiger Einfluss je nach Fertigungsmaschine	keine Auffälligkeit
		Fertigungsmaterial auf Kosten und $ADP_{elementar}$ an PAS, KAM	signifikanter Einfluss	keine Auffälligkeit
Aufwandssystem	Einfluss des Aufwandsystems auf das Gesamtsystem	Variabler Endenergiebedarf bei 5 % Einsparung	relevanter Einfluss	Verwendeter Strommix aufgrund der angenommenen Produktions-, Nutzungs-, und Verwertungsstandorte; Annahme der Wartungsfreiheit des Aufwandsystems; Angenommene Systemlaufzeit
		Variabler Endenergiebedarf bei 10 % Einsparung	mäßiger Einfluss	Verwendeter Strommix aufgrund der angenommenen Produktions-, Nutzungs-, und Verwertungsstandorte; Annahme der Wartungsfreiheit des Aufwandsystems; Angenommene Systemlaufzeit
	Einflüsse auf das Aufwandsystem	Variable Größen Kosten, Primärenergiebedarf, GWP_{100}	signifikanter Einfluss	Verwendeter Strommix aufgrund des angenommenen Nutzungsstandorts; Annahme der Verrechnungssätze; Angenommene Systemlaufzeit
	Einfluss der fixen Aufwendungen auf den Aufwand	Herstellungsphase und Verwertungsphase	signifikanter bis relevanter Einfluss	Verwertungsprozess: Aufgrund der hohen Komplexität und fehlender Daten, vereinfachte Darstellung; Verwendeter Strommix aufgrund der angenommenen Produktions-, Nutzungs-, und Verwertungsstandorte; Annahme der Verrechnungssätze; Annahme der Wartungsfreiheit des Aufwandsystems
	Einflüsse der variablen Aufwendungen auf den Aufwand	Endenergie während der Nutzungsphase auf Kosten, Primärenergiebedarf, $ADP_{elementar}$, GWP_{100}	signifikanter Einfluss	Verwendeter Strommix aufgrund der angenommenen Produktions-, Nutzungs-, und Verwertungsstandorte; Annahme des Verrechnungssatzes für Strom, Annahme der Wartungsfreiheit
	Einflüsse der fixen Aufwendungen auf den Aufwand (im Detail)	Herstellung und Verwertung auf ökologisch fixe Aufwendungen	signifikanter bis relevanter Einfluss	Verwertungsprozess: Aufgrund der hohen Komplexität und fehlender Daten vereinfachte Darstellung; Annahme der Wartungsfreiheit des Aufwandsystems
		Kosten durch komplexe Produkte	relevanter bis mäßiger Einfluss	keine Auffälligkeit
		$ADP_{elementar}$ durch Komponenten mit Kabel	relevanter bis unwichtiger Einfluss	keine Auffälligkeit
		GDP_{100} durch Komponenten mit hohem Gewichtsanteil	relevanter bis unwichtiger Einfluss	keine Auffälligkeit
		Primärenergiebedarf durch Schaltschrank und Durchflusssensor	relevanter bis mäßiger Einfluss	Verwendeter Strommix aufgrund der angenommenen Produktions-, Nutzungs-, und Verwertungsstandorte
		Herstellungsphase Rohmaterial und Weiterverarbeitung auf Primärenergiebedarf, GWP_{100}, $ADP_{elementar}$	signifikanter Einfluss	Verwendeter Strommix aufgrund der angenommenen Produktions-, Nutzungs-, und Verwertungsstandorte
		Strommix China auf Primärenergiebedarf und GWP_{100}	mäßiger bis unwichtiger Einfluss	Verwendeter Strommix aufgrund der angenommenen Produktions-, Nutzungs-, und Verwertungsstandorte
		Materialgutschriften aus den Verwertungsprozess	signifikanter Einfluss	Verwertungsprozess: Aufgrund der hohen Komplexität und fehlender Daten, vereinfachte Darstellung

Im Prozess lässt sich die Nachhaltigkeit vor allem am Nutzen messen. Bei Veränderung der Systemlaufzeit und bei einer Änderung der Annahme der Wartungsfreiheit des Systems würde allerdings auch der Aufwand eine höhere Gewichtung am Gesamtsystem erhalten und stellt daher ebenfalls eine Stellgröße dar (Tabelle 7.10).

Tabelle 7.10 Identifizierte Stellgrößen im ausgewählten Prozess

ökonomische Stellgrößen ...	ökologische Stellgrößen ...
... im Gesamtsystem	
Nutzen (Einsparung)	Nutzen (Einsparung)
ökonomische Stellgrößen ...	**ökologische Stellgrößen ...**
... im Nutzensystem	
PAS+KAM	KAM + BAZ
eingesetztes Fertigungsmaterial	Endenergiebedarf direkt
	Endenergiebedarf für Abluft
	eingesetztes Fertigungsmaterial
ökonomische Stellgrößen ...	**ökologische Stellgrößen ...**
... im Aufwandssystem	
Endenergiebedarf Digitalisierungstechnik (variabler Aufwand)	Endenergiebedarf Digitalisierungstechnik (variabler Aufwand)
Produktherstellung (fixer Aufwand)	Produktherstellung und Verwertung
Zusammensetzung der Digitalisierungskomponenten (fixer Aufwand)	Strommix

Das Nutzensystem wird aus ökonomischer Sicht durch die beiden Fertigungsmaschinen PAS und KAM bestimmt. Hier lässt sich durch die Variation des eingesetzten Fertigungsmaterials oder untergeordnet auch durch Variation anderer Einflussgrößen wie dem direkten Endenergiebedarf oder dem Abluftbedarf der Nutzen beeinflussen. Aus ökologischer Sicht lässt sich die Nachhaltigkeit im Nutzensystem durch die Fertigungsmaschinen KAM und BAZ beeinflussen. Hier haben im Wesentlichen der direkte Endenergiebedarf, der Endenergiebedarf für die Abluft sowie das eingesetzte Fertigungsmaterial einen Einfluss. Durch eine Optimierung dieser Parameter kann der Nutzen bzw. die Nachhaltigkeit im Prozess verändert werden. Im Aufwandsystem wird der ökonomische Einfluss durch den Endenergiebedarf der eingesetzten Digitalisierungstechnik und dem entstehenden Aufwand in der Produktherstellung bestimmt. Die hier zur Messung der Nachhaltigkeit identifizierten Größen lassen sich durch die Zusammensetzung der Digitalisierungskomponenten verändern. Dies gilt ebenfalls für den ökologischen Einfluss auf den Aufwand, welcher durch die Stellgrößen Endenergiebedarf durch die Digitalisierungstechnik, durch die Produktherstellungs- und Verwertungsphase sowie durch den verwendeten Strommix bestimmt ist.

Mit diesen identifizierten Größen lässt sich wie beschrieben einerseits die Nachhaltigkeit im Prozess bestimmen und andererseits beeinflussen, da diese Größen die Hauptstellgrößen auf das betrachtete System darstellen.

7.5 Prüfung der Sensitivität der Ergebnisse

Die als kritisch identifizierten Parameter können mit einer Sensitivitätsanalyse abschließend hinsichtlich deren Einfluss auf das jeweilige Ergebnis untersucht werden. Durch die Sensitivitätsanalyse wird der Einfluss einer Änderung der untersuchten Ausgangsparameter auf das Gesamtergebnis deutlich bzw. sichtbar. Zusätzlich wird auf Basis der Sensitivität und den Erkenntnissen aus der Anwendung der Vorgehensweise eine Einschätzung getroffen, welche der Parameter allgemeingültig sind und welche nur spezifisch für den Prozess gelten (FF. 2.3).[7] Die identifizierten Parameter werden ergänzt, um die in der Berechnung nicht berücksichtigte CO_2-Bepreisung und lassen sich in

- **produktionsbedingte Einflüsse** wie, veränderte Betriebsstunden, Veränderung der Verbrauchsmengen und in Folge Veränderung der möglichen Einsparungen des Nutzensystems,
- **umweltbedingte Einflüsse** wie, Berücksichtigung einer CO_2-Bepreisung,
- und in **technisch/betriebswirtschaftliche Einflüsse** wie, eine veränderte Zusammensetzung der Digitalisierungstechnik verbunden mit einem veränderten Aufwand in der Nutzungsphase sowie eine veränderte Zusammensetzung der Digitalisierungstechnik verbunden mit einem veränderten Aufwand in der Herstellungs- und Verwertungsphase, unterteilen.

Die Sensitivität wird am Ergebnis Ressourceneffizienz mit dem Einsparfaktor 10 % überprüft. Hierzu werden die Ausgangsparamater (Ressourceneffizienz bisher) für die oben genannten Einflüsse entweder für den Nutzen um 10 % gesenkt

[7] Einschätzung des Autors der Arbeit auf Basis der bei der Anfertigung der Arbeit erlangten Erkenntnisse. Um eine methodenbasierte Einschätzung treffen zu können, müssten die Berechnung und die Vorgehensweise für andere Ausgangsdaten angewandt und mit diesen verglichen werden. Ein Abgleich mit der in Kapitel 3 identifizierten Literatur ist nur eingeschränkt möglich (siehe Abschnitt 7.6.3).

oder für den Aufwand um 10 % erhöht (Ressourceneffizienz neu). Das Ergebnis „Ressourceneffizienz neu“ wird mit der ursprünglichen „Ressourceneffizienz bisher“ verglichen.

- **Hohe Sensitivität:** Wenn sich die Ressourceneffizienz neu im Vergleich zur bisherigen Ressourceneffizienz um mehr als 10 % verändert.
- **Mittlere Sensitivität:** Wenn sich die Ressourceneffizienz neu im Vergleich zur bisherigen Ressourceneffizienz um ca. 10 % verändert.
- **Niedrige Sensitivität:** Wenn sich die Ressourceneffizienz neu im Vergleich zur bisherigen Ressourceneffizienz um weniger als 10 % verändert.

Die Sensitivität für den Nutzen wird durch eine angenommene Änderung des Produktionsprogramms geprüft. Als Annahme dient ein verringerter Produktionsoutput, wodurch die Verbrauchswerte im Nutzensystem um 10 % sinken, was auch die möglichen Einsparungen um 10 % sinken lässt (Abbildung 7.11[8]).

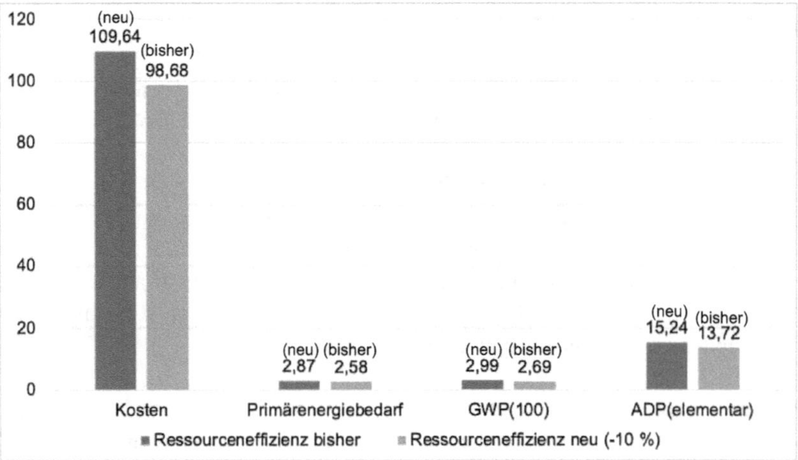

Abbildung 7.11 Sensitivität des Nutzens für eine Senkung der Einsparungen um 10 %

[8] Für den Falle einer Darstellung der Abbildungen in schwarz-weiß ist die Zuordnung der Balken in dieser Grafik mittels der Bezeichnungen neu und bisher dargestellt. Alle anderen Grafiken folgen dem gleichen Schema.

Bei einer Senkung des Nutzens um 10 % liegt für alle Berechnungsgrößen eine mittlere Sensitivität vor. Eine Senkung der Einsparungen um 10 % führt zu einer Senkung der daraus resultierenden Ressourceneffizienz um ebenfalls 10 %. Hierbei bestätigt sich die Bedeutung des Nutzens, da eine Änderung dessen in gleichem Maße das Gesamtergebnis beeinflusst. Aufgrund der Konzeption der Modellgleichung ist daher der Nutzen als allgemein gültiger Parameter zu sehen, da auch andere Systeme mit anderen Ausgangssituationen denselben Einflussanteil durch den Nutzen erfahren. Bei einer Aufschlüsselung des Nutzens zur Prüfung der weiteren identifizierten Parameter wird die Sensitivität einer Änderung der Menge des Fertigungsmaterials an der KAM und PAS sowie jeweils die Änderungen des Endenergiebedarfs direkt und die Änderung des Endenergiebedarfs für die Abluft an der KAM und am BAZ untersucht (Abbildung 7.12).

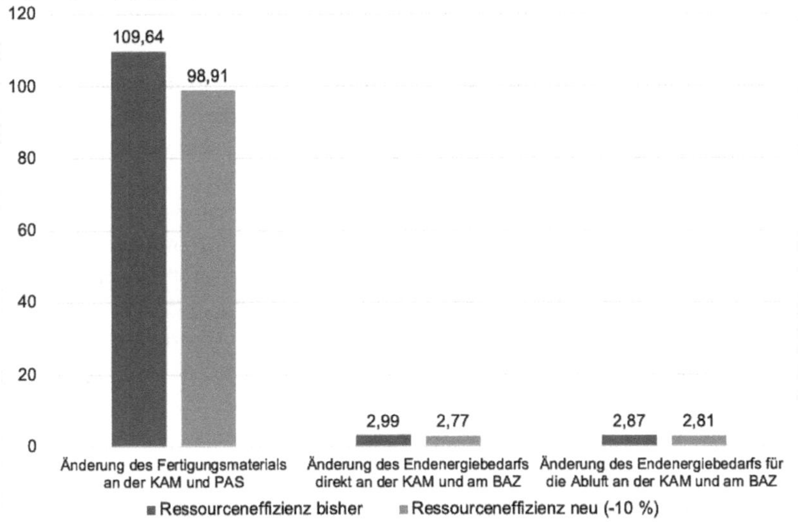

Abbildung 7.12 Sensitivität des Nutzens im Detail für ausgewählte Eingangsparameter

Bei der Änderung der Menge des Fertigungsmaterials an der KAM und PAS ergibt sich bei ökonomischer Betrachtung eine Änderung des Ergebnisses Ressourceneffizienz um 9,8 % was im Wesentlichen der Änderung der Eingangsparameter entspricht und zeigt, dass das Fertigungsmaterial bei ökonomischer Betrachtung eine mittlere Sensitivität aufweist. Da es sich um einen prozessspezifischen Parameter und um prozessspezifische Anteile handelt, kann nicht von einer allgemeinen Übertragbarkeit dieses Parameters auf andere Prozesse ausgegangen werden. Bei den beiden ökologischen Parametern handelt es sich ebenfalls um prozessspezifische Parameter. Hierbei hat der direkte Endenergiebedarf an der KAM und am BAZ eine niedrige Sensitivität von 7,4 % und der Endenergiebedarf für die Abluft ebenfalls eine niedrige Sensitivität von 2,1 %. Dies bestätigt die Ergebnisse aus dem Kapitel Identifikation signifikanter Parameter (Abschnitt 7.3).

Die Sensitivität des Aufwands lässt sich mittels dreier Annahmen untersuchen. Für den Fall eins des Einsatzes einer komplexeren Digitalisierungstechnik werden sowohl der fixe als auch der variable Aufwand erhöht, da hierbei einerseits die Beschaffung einen höheren Aufwand generiert und andererseits auch die Aufwendungen während der Nutzungsphase steigen (Abbildung 7.13). Im zweiten und im dritten Fall sind einmal die variablen und einmal die fixen Aufwendungen erhöht, wobei im zweiten Fall ein erhöhter Endenergiebedarf und im dritten Fall ein erhöhter Aufwand in der Herstellungs- und Nutzungsphase dargestellt wird (Abbildung 7.14).

Bei einer Erhöhung des Aufwands um 10 % ändert sich die Ressourceneffizienz der Kosten, des Primärenergiebedarfs und des GWP_{100} um ca. 9 %. Beim $ADP_{elementar}$ ergibt sich eine Änderung um 11,3 %. Die Größen weisen daher eine annähernd mittlere Sensitivität auf, wobei das $ADP_{elementar}$ einen größeren Einfluss auf das Gesamtergebnis hat als die eigentliche Änderung des Parameters. Eine mögliche Erklärung hierfür könnte sein, dass das $ADP_{elementar}$ bei der Nutzenbetrachtung nur an zwei Produktionsmaschinen auftritt, da nur dort Fertigungsmaterial eingesetzt wird, während es bei der Aufwandsbetrachtung an allen drei Produktionsmaschinen durch die dort installierten Messvorrichtungen berücksichtigt wird. Dies zeigt, dass es sich bei der Aufgliederung der Aufwandsdaten um prozessspezifische Parameter handelt, die nicht grundsätzlich auf andere Prozesse übertragen werden können. Als generelle Aussage kann festgehalten werden, dass der Aufwand und im Einzelfall auch das Gesamtergebnis von der gewählten Digitalisierungstechnik abhängt.

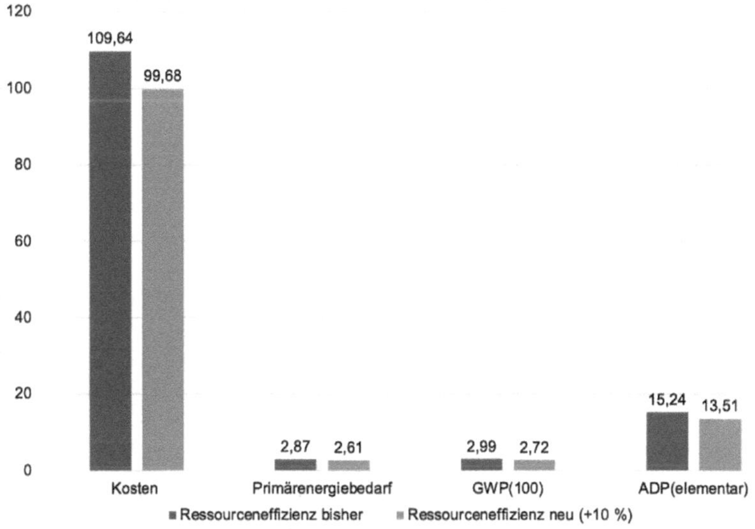

Abbildung 7.13 Sensitivität des Aufwands bei Änderungen dessen um 10 %

Für die weitere Aufschlüsselung des Aufwands dienen der beschriebene Fall zwei und drei, bei denen der fixe und variable Aufwand getrennt betrachtet werden (Abbildung 7.14).

Bei den Berechnungsgrößen Kosten, Primärenergiebedarf und GWP_{100} verhalten sich die Sensitivitäten wie erwartet, sodass der variable Aufwand jeweils den überwiegenden Anteil umfasst. Bei den Kosten ist das Verhältnis 7,5 % variabel und 1,8 % fix. Beim GWP_{100} und beim Primärenergiebedarf, welche über einen Umrechnungsfaktor direkt miteinander verknüpft sind, liegen die Sensitivtäten jeweils bei 9,2 % für den variablen Anteil und bei ca. 0,2 % für den fixen Anteil. Hierbei bestätigt sich, dass der fixe Anteil nur einen sehr geringen bis nahezu gar keinen Einfluss auf das Ergebnis hat (niedrige Sensitivität). Hierin sind die Ausarbeitungen für die Herstellungsphase (einschließlich Annahme Herstellungsland China), die Transportprozesse, sowie die Nutzungsphase und Verwertungsphase enthalten. Dies zeigt sich auch annähernd bei Betrachtung des $ADP_{elementar}$, welches allerdings für den variablen Aufwand eine mittlere Sensitivität von 10,2 % und für den fixen Aufwand eine niedrige Sensitivität von 3,8 % aufweist. Hierbei hat der fixe Aufwand eine deutlich höhere Sensitivität als bei den anderen

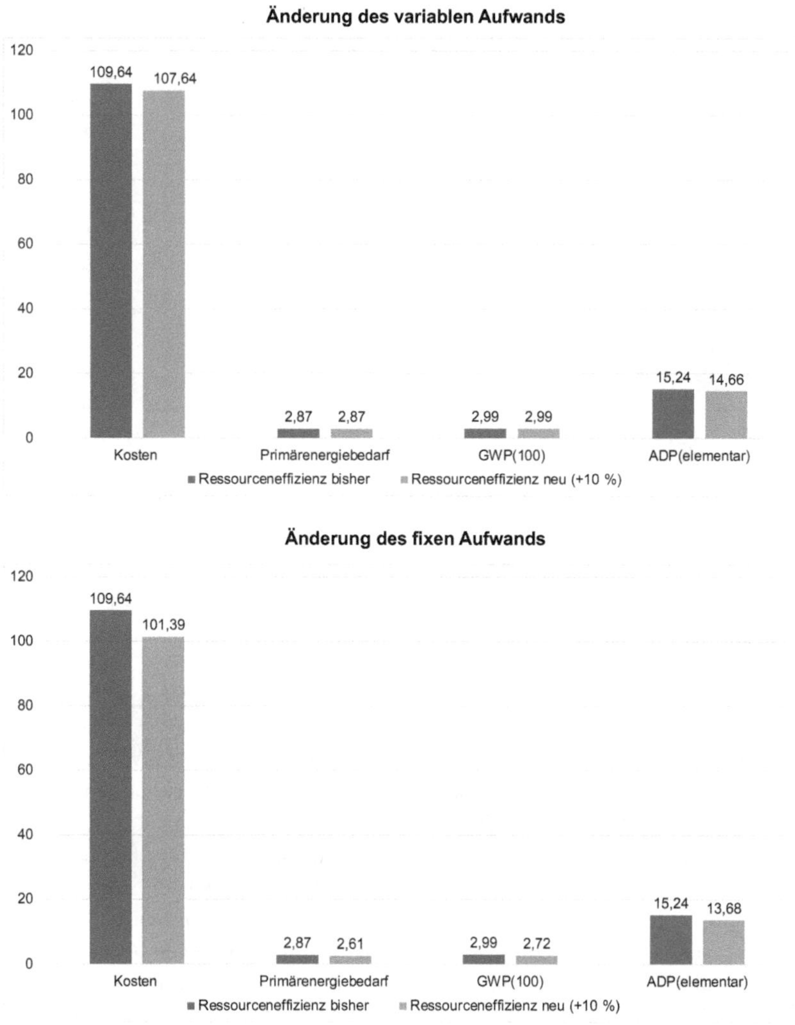

Abbildung 7.14 Sensitivität des variablen und fixen Aufwands bei Änderung dieser um 10 %

Größen, was ebenfalls wieder auf die Zuordnung der Werte zu den Fertigungsmaschinen und der Digitalisierungstechnik zurückzuführen ist. Die Auswahl der Digitalisierungskomponenten (fixer Aufwand) beeinflusst daher das ökonomische und ökologische Gesamtergebnis nicht.

Eine Veränderung der Betriebsstunden und somit der möglichen Amortisationszeit von 87.600 h zu 8.760 h (Jahresbetrachtung) hat hohe Sensitivitäten bei den Kosten mit 62,5 % und beim $ADP_{elementar}$ mit 55,5 %. Beide Größen hängen über das enthaltene Fertigungsmaterial und damit verbundene Amortisationszeiten zusammen. Beim Primärenergiebedarf und beim GWP_{100} weist diese Änderung nur eine niedrige Sensitivität von jeweils unter 2,5 % auf (die grafische Darstellung ist in Anhang 12 im elektronischen Zusatzmaterial einsehbar). Eine möglicherweise stattfindende Bepreisung von CO_2-Emissionen würde sich in einer vereinfachten Betrachtung ausschließlich auf die Kosten auswirken.[9] Dies umfasst die Kosten des Nutzens und die damit verbundene Höhe der möglichen Einsparungen und die variablen Kosten des Aufwands. Die Sensitivität dieser beiden Größen ist mittel und beträgt 7,3 % (die grafische Darstellung ist in Anhang 12 im elektronischen Zusatzmaterial einsehbar).

Nach Analyse der Sensitivität der identifizierten Stellgrößen in Bezug auf das Ergebnis der Bewertung zeigt sich, dass die Nachhaltigkeit des betrachteten Prozesses stark von spezifischen Einflussfaktoren abhängt und nur wenige allgemein übertragbare Parameter existieren. Der Nutzen (Einsparung) wurde als der wichtigste Einflussparameter auf das Gesamtergebnis identifiziert und weist eine hohe Sensitivität auf. Im Hinblick auf die ökonomische Dimension wurden die Kosten für PAS und KAM als Stellgrößen mit mittlerer Sensitivität identifiziert. In der ökologischen Dimension zeigen der direkte Endenergiebedarf sowie der Endenergiebedarf für die Abluft bei KAM und BAZ eine niedrige Sensitivität zum Ergebnis. Der Aufwand variiert je nach Aufwandsanteil und Berechnungsgröße stark in seiner Sensitivität, wobei der variable Anteil eine mittlere Sensitivität und der fixe Anteil eine niedrige Sensitivität aufweisen.

---

[9] Indirekte Folgen einer CO_2-Bepreisung, wie eine Reduzierung von Emissionen usw. werden nicht berücksichtigt.

7.6 Kritische Bewertung der entwickelten methodischen Vorgehensweise

7.6.1 Diskussion der einzelnen Methodenbestandteile

Zielsetzung der Methodenentwicklung war es, eine Vorgehensweise bereitzustellen, die eine Nachhaltigkeitsbewertung beim Einsatz von Digitalisierungstechnik in der Praxis ermöglicht. Hierzu wurden auf Basis entwickelter Modellgleichungen in der Praxis etablierte Investitionsberechnungsverfahren zur Berechnung ökonomischer und ökologischer Auswirkungen mittels identifizierter Kriterien bewertet und in einem entwickelten fünfstufigen Ablaufschema eingeordnet.

Als nicht unproblematisch ist die zur Durchführung des Ablaufschemas notwendige Bewertungsbasis zu sehen. Um die zur ökonomischen und ökologischen Bewertung notwendigen Investitionsbewertungen ausführen zu können, müssen im Vorfeld Daten aus dem IST-System erhoben werden bzw. bekannt sein sowie Daten bzw. eine Planung für das SOLL-System vorliegen. Für das IST-System werden zur Berechnung möglicher Einsparungen konkrete Verbrauchswerte der betroffenen Fertigungsprozesse bzw. -maschinen benötigt. Für ökonomische Verbräuche in Form von Kosten sind diese Daten teilweise in den Informationssystemen der Unternehmen verfügbar. Dies sind aber oftmals Durchschnittsdaten oder die Daten basieren auf betriebswirtschaftlichen Verrechnungssätzen und entsprechen nicht der benötigten Praxisnähe bzw. dem nötigen Detailgrad. Für die ökologischen Verbrauchsdaten bzw. die Entstehung von Umweltwirkungen sind die erforderlichen Daten in der Regel nicht verfügbar. Je spezifischer die gewählten Berechnungsgrößen sind, desto schwieriger wird es, die Werte ohne vorherige Ökobilanzstudie zu ermitteln, was mit einem erheblichen methodischen und zeitlichen Aufwand verbunden ist. Zur Ermittlung möglichst realer Werte wurde in dieser Arbeit auf die Vorarbeiten des Forschungsprojektes ReFer zugegriffen. Hierzu wurde Digitalisierungstechnik eingesetzt, die allerdings ebenfalls einen Aufwand generieren würde, welcher dann in der Berechnung wiederum nur eingeschränkt berücksichtig wird.[10] Gerade kleinere Unternehmen stellt dies vor Herausforderungen, da dort benötigte Daten bisher oft nicht erfasst sind und zur Erfassung dieser Daten ein hoher zeitlicher und personeller Aufwand sowie spezifisches Know-How hinsichtlich Umweltwirkungen, Messtechnik und des betrachteten Fertigungsprozesses notwendig sind. Weiterhin stellt sich die Herausforderung, dass diese Daten zur Berechnung der Einsparungen und des damit

[10] Die Messtechnik/Digitalisierungstechnik zur Ermittlung der Verbräuche der Peripheriemedien wurde in der Berechnung nicht berücksichtigt.

verbundenen Nutzens nicht pauschalisiert und allgemein gültig zur Verfügung gestellt werden können, da die Daten jeweils nur für das spezifisch betrachtete Fertigungssystem gelten.

Auch die Daten für das Aufwandsystem sind abhängig vom gewählten Digitalisierungssystem und teilen sich auf in fixe und variable Aufwandsdaten. Die Bestimmung der ökonomisch fixen Aufwendungen ist unkritisch, da sich diese aus den Beschaffungspreisen ableiten. Zur Ermittlung der ökologisch fixen Aufwendungen wurde in dieser Arbeit eine umfassende Demontageanalyse mit anschließender Bilanzierung der Umweltwirkungen (Ökobilanzierung), angelehnt an die DIN EN ISO 14040 / 14044 durchgeführt. Dies ist in der Praxis kritisch zu sehen, da die Digitalisierungstechnik vor der Investition bereits beschafft und zerlegt wurde, was nicht zerstörungsfrei möglich war. Darüber hinaus sind die Demontageanalyse und Bilanzierung mit einem hohen zeitlichen Aufwand verbunden. Zudem wurde im Rahmen der Ergebnisbewertung festgestellt, dass eine allgemeine Übertragbarkeit der Daten auf andere Systeme aufgrund unterschiedlicher Gewichtsanteile nur eingeschränkt möglich ist. Hier müsste für jedes betrachtete Digitalisierungssystem und für jede neue Bewertung eine eigene Analyse der Digitalisierungstechnik durchgeführt werden. Dies ist finanziell und aufgrund des angesprochenen hohen Zeitbedarfs nicht sinnvoll möglich. Eine Lösung würde hier ein noch zu entwickelndes Baukastensystem bieten, aus welchem die Aufwendungen unterschiedlicher Digitalisierungstechnologien hervorgehen und für die Anwendung der Vorgehensweise übernommen werden könnten (nicht Teil dieser Arbeit). Die variablen Aufwendungen wurden im System unter anderem durch eine Messung des elektrischen Leistungsbedarfes der Digitalisierungstechnik ermittelt. Dies setzt voraus, dass die Technik vor der Bewertung bereits vorhanden ist und ein weiteres geeignetes Messsystem zur Verfügung steht. In der Praxis ist anzunehmen, dass diese Konstellation nicht vorhanden sein wird. Analog zu anderen Endenergiebedarfen der Digitalisierungshardware kann der Endenergiebedarf hierfür ebenfalls aus der Literatur oder aus Herstellerangaben ermittelt werden. Auf dieser Basis lassen sich die weiteren Umweltwirkungen berechnen, wodurch die Anwendung in der Praxis unkritisch ist.

Die Stufe 1 des Ablaufschemas umfasst die Definition der Zielsetzung und der Rahmenbedingungen. Hierbei werden die wesentlichen Festlegungen zur Durchführung der Bewertung getroffen. Unter anderem werden die angestrebten Einsparungen, die zu betrachtenden Berechnungsgrößen und die einzuhaltende Systemgrenze festgelegt. Bei der Einsparung wird ein geplanter Wert prognostiziert, auf Basis dessen der Nutzen berechnet wird. Hierbei ist zu Beginn der Berechnung nicht klar in welchem Umfang die tatsächlichen Einsparungen durch den Einsatz der Digitalisierungstechnik ausfallen und ob die geforderte Einsparung in der Praxis tatsächlich erreicht werden kann. Ein nicht Erreichen der geforderten Einsparungen in der Praxis aufgrund einer falschen Annahme der Einsparungen, würde dazu führen, dass die Berechnungen nicht zutreffen und die Investition in die Digitalisierungstechnik nicht nachhaltig ist. Derartige Vorgehensweisen sind in der betriebswirtschaftlichen Investitionsberechnung allerdings etabliert. Im Rahmen dieser Arbeit wurde zur Festlegung der Einsparfaktoren auf die Erfahrung der Mitarbeiter, die für die Bedienung der holztechnischen Fertigungsmaschinen verantwortlich sind und auf Literaturwerte zurückgegriffen. Für die Praxis empfiehlt es sich zudem eine Spannweite an Faktoren zu berücksichtigen und bei knappen Amortisationen einen Einsparfaktor am unteren Ende dieser Spannweite zu berücksichtigen. Auf Basis der Zielsetzung werden zudem die Berechnungsgrößen festgelegt. Gerade für die ökologischen Größen steigt der Berechnungsaufwand mit der Anzahl und Komplexität der gewählten Größen deutlich an. Hier empfiehlt es sich, Größen zu wählen, für die bereits Messdaten im Nutzungssystem vorliegen oder zumindest eine Ermittlung der Größen in den Fertigungssystemen möglich ist, um die Einsparungen mit geringem Aufwand berechnen zu können. Dabei sollte jedoch die Nachhaltigkeitsbetrachtung nicht vernachlässigt werden. Wesentlich ist es, den Erfassungsaufwand und die Aussagekraft einer zusätzlichen Berechnungsgröße abzugleichen.

Die für die Arbeit festgelegten Systemgrenzen sind insbesondere in Bezug auf die Nichtberücksichtigung von Verpackung sowie der gewählten Nutzungsdauer der Digitalisierungstechnologie und der angenommenen Wartungsfreiheit zu hinterfragen. Der Ausschluss von Verpackung kann aus unterschiedlichen Perspektiven bewertet werden. Einerseits stellt gerade die Verpackung oftmals einen bedeutenden Einflussfaktor auf die Berechnung von Umweltwirkungen dar. Endenergiebedarf und Materialeinsatz können hierbei die Berechnungsgrößen beeinflussen. Ihre Ausklammerung könnte daher die Aussagekraft des Ergebnisses beeinträchtigen. Andererseits steht die Verpackung nicht im unmittelbaren Zusammenhang mit der betrachteten Digitalisierungstechnik und fällt je nach Einkaufsmenge unterschiedlich hoch aus und ist in der Praxis nur schwer zu berücksichtigen bzw. zu erfassen. Weiterhin müssen Fragestellungen der Zurechenbarkeit bei gemeinsamen Umverpackungen von mehreren Produkten beantwortet werden. Hierbei könnten, analog zum vorgeschlagenen, zu entwickelnden Baukastensystem für Umweltwirkungen von Digitalisierungstechnologien, Größen zur Berücksichtigung von Verpackungen mit aufgenommen werden.

Die zeitliche Systemgrenze und die technische Systemgrenze beinhalten die gewählte Laufzeit der Digitalisierungstechnik von 10 Jahren sowie die angenommene Wartungsfreiheit dieser. Mit der Wahl der Laufzeit der Digitalisierungstechnik wurde der Tatsache Rechnung getragen, dass für die Entwicklung einer Vorgehensweise zur nachhaltigen Investitionsbewertung von Digitalisierungstechnologien, ein ausreichend großer Betrachtungszeitraum zur Verfügung stehen muss. Zur Festlegung wurde die maximal mögliche Laufzeit der Digitalisierungshardware aufgrund einer Herstellerangabe verwendet. Hierdurch wird allerdings ein Austausch der Digitalisierungskomponenten während der Betrachtung nicht berücksichtigt. Eine weitere Möglichkeit zur Festlegung der Laufzeit wären die steuerlichen oder kalkulatorischen Abschreibungszeiten der Digitalisierungstechnik, was allerdings gegen die Praxiseignung der Methode spricht, da die Digitalisierungstechnik in der tatsächlichen Nutzung eine längere Laufzeit hat. Eine weitere Möglichkeit hätte darin bestanden, den Worst-Case, also die niedrigste identifizierte Laufzeit für die Digitalisierungstechnik auszuwählen und den Gesamtbetrachtungszeitraum auf 10 Jahre zu belassen, allerdings eine Systemwartung und einen möglichen Ausfall zu berücksichtigen. Dies gilt sowohl für die Hardware als auch für die verwendete Software, die oftmals ebenfalls eine Anpassung bzw. Updates benötigt, was als Wartung definiert werden könnte.

In Stufe 2 der Vorgehensweise wurde eine Vorbewertung hinsichtlich der Digitalisierungseignung eines Systems auf Basis des Anlagenabnutzungsgrades vorgenommen. Hierbei wird auf ökonomischer Basis berücksichtigt, ob eine Maschine oder Anlage eine ausreichend lange Restnutzungsdauer aufweist, um Rückflüsse zu generieren. Die Betrachtung wurde auf die ökonomische Nachhaltigkeitsdimension beschränkt, da hier davon auszugehen ist, dass die geforderten Werte zur Berechnung bei den Unternehmen vorhanden sind und ohne hohen Erfassungsaufwand zur Verfügung stehen. Zudem wurde angenommen, dass selbst bei einer ökologischen Ausrichtung der Bewertung bzw. der Investition zumindest eine Kosten-Neutralität vorliegen muss. Hierdurch wird sichergestellt, dass die Vorbewertung ihren Zweck erfüllt und nicht lohnende Investitionen im Vorfeld ausgeschlossen werden können und hier kein unzumutbar hoher Bearbeitungsaufwand zur Durchführung der Bewertung anfällt.

In der dritten Stufe der Vorgehensweise erfolgt die eigentliche Bewertung der Investitionen für die ökonomische Berechnung mit der Kapitalwertmethode und für die ökologische Berechnung mit der Methode der ökologischen Rückzahlungsdauer. Diese Methoden wurden auf Basis von definierten Kriterien ausgewählt und bieten den Vorteil, dass sie gängige und in der Praxis etablierte Berechnungsverfahren nutzen. Dies minimiert den Berechnungsaufwand und erhöht das Verständnis bzw. die Akzeptanz für das Ergebnis. Die hierdurch generierten Ergebnisse werden in Stufe 4 dargestellt. Hierbei wurde bewusst keine Verrechnung oder Zusammenführung von ökonomischen und ökologischen Ergebnissen vorgenommen. Dies würde zwar die Entscheidungsfindung erleichtern, da hierdurch am Ende eine einzige Kennzahl zur Verfügung stehen würde, allerdings würden hierdurch auch Verrechnungskonflikte entstehen. Mit einer einheitlichen Kennzahl stünde eine klare und leicht verständliche Grundlage für die Bewertung von Alternativen zur Verfügung und die Kommunikation mit Entscheidungsträgern, die nicht mit den Details der ökonomischen und ökologischen Analyse vertraut sind, wäre erleichtert. Somit wäre eine fokussierte Priorisierung möglich. Gleichzeitig würde damit allerdings ein Verlust an Detailgenauigkeit und Aussagekraft einhergehen. Durch die Aggregation der Ergebnisse können wichtige Informationen über die spezifischen ökonomischen und ökologischen Auswirkungen verloren gehen. Dies birgt beispielsweise die Gefahr, dass signifikante ökologische Vorteile durch hohe ökonomische Kosten „ausgeglichen“ werden, was zu einer Verzerrung der tatsächlichen Stärken und Schwächen einer Alternative führen kann. Ein weiterer problematischer Aspekt ist die notwendige Gewichtung zwischen ökonomischen und ökologischen Faktoren. Die Festlegung solcher Gewichtungen ist oft subjektiv und kann stark variieren, was die Vergleichbarkeit und Akzeptanz der Ergebnisse erschwert. Vor dieser Diskussion erscheint die gewählte Vorgehensweise der getrennten Darstellung ökonomischer und ökologischer Werte als sinnvoll.

Die optionale Stufe 5 konnte aufgrund einer fehlenden Serienproduktion und somit aufgrund fehlender Validierungsdaten nicht durchgeführt werden. Diese stellt aber in der Praxis ein wesentliches Instrument zum Abgleich der Ergebnisse und zur Optimierung der Ausgangsdaten dar. Vor allem die Optimierung der Ausgangsdaten trägt dazu bei, die entwickelten methodischen Grundlagen für die Praxis verwendbar zu machen. Dieser Schritt kann einen Ansatzpunkt darstellen, die erwähnten Baukastensysteme zur Abbildung der Aufwandsdaten zu erstellen. Daher besteht weiterer Forschungsbedarf, die Vorgehensweise in der Praxis anzuwenden und die berechneten Ergebnisse mit realen Daten zu validieren.

Zusammenfassend bildet die entwickelte Methodik eine strukturierte Vorgehensweise zur nachhaltigen Investitionsbewertung von Digitalisierungstechnologien ab und bietet einen methodischen Ansatz, um den Einsatz dieser Technologien ganzheitlich zu bewerten. Eine Schwäche stellt der hohe Aufwand zur Ermittlung der Ausgangsdaten dar. Die exemplarische Anwendung am Forschungsdemonstrator hat zudem gezeigt, dass

- die Ergebnisse und der Aufwand zur Datenerfassung stark von den gewählten Berechnungsgrößen abhängig sind.
- die Vorprüfung zur Digitalisierungseignung einen wesentlichen Schritt darstellt, um den Erhebungs- und Berechnungsaufwand zu reduzieren.
- die Datenlage zur Bestimmung des Aufwands sowohl in der Praxis als auch in der Literatur sehr dünn ist und insbesondere die Erhebung von Verbrauchsdaten für Softwareprodukte problematisch ist.
- die Durchführung der Berechnung mit den ausgewählten Verfahren einfach möglich ist und verständliche und klare Ergebnisse liefert.
- die Darstellung der Ergebnisse als getrennte Größen wissenschaftlich und methodisch zwar sinnvoll ist, zur Entscheidungsfindung allerdings neue Herausforderungen mit sich bringt.

7.6.2 Abgleich der entwickelten Vorgehensweise mit den identifizierten Bewertungskriterien

In Kapitel 3 wurden in der Literatur Methoden identifiziert, die sich ebenfalls mit der Bewertung von Investitionen in Digitalisierungstechnik befassen. Zur Bewertung dieser Methoden wurden Kriterien definiert. Bei der Analyse wurde festgestellt, dass vor allem Lücken bei der gemeinsamen Betrachtung ökonomischer und ökologischer Nachhaltigkeitsdimensionen bestehen. Weiterhin werden die Kriterien Umsetzung einer durchgängigen methodischen Vorgehensweise, Abbildung des gesamten Lebenszyklus der Digitalisierungstechnologie, Betrachtung nicht linearer Zusammenhänge bei der Bewertung sowie Betrachtung mehrerer Wirkungskategorien bei der Bewertung nur von wenigen der identifizierten Literaturquellen erfüllt. Lediglich das Kriterium Verwendung gängiger Normen und Methoden wird von einem Großteil der Arbeiten berücksichtigt. Die im Rahmen dieser Arbeit entwickelte Vorgehensweise lässt sich ebenfalls an diesen Kriterien spiegeln (Tabelle 7.11).

Tabelle 7.11 Bewertung der entwickelten Vorgehensweise auf Basis der identifizierten Bewertungskriterien (Tabelle basierend auf Aigner et al., 2022; Bamunuarachchi et al., 2021; Burggräf et al., 2018; X. Chen et al., 2020; Oláh et al., 2020; Rogall et al., 2022; Schebek et al., 2017; Thiede, 2018; Tu et al., 2018)

Kriterien	Umsetzung einer durchgängigen methodischen Vorgehensweise		Abbildung des gesamten Lebenszyklus der Digitalisierungs-technologie		Betrachtung nicht linearer Zusammenhänge bei der Bewertung		Betrachtung mehrerer Wirkungskategorien bei der Bewertung		Verwendung gängiger Normen und Methoden bei der Bewertung		Betrachtung ökonomischer und ökologischer Nachhaltigkeits-dimensionen	
Erfüllung durch ...	Literatur	diese Arbeit	Literatur	diese Arbeit	Literatur	diese Arbeit	Literatur	diese Arbeit	Literatur	diese Arbeit	Literatur	diese Arbeit
Kriterium erfüllt	Schebek et al. 2017; Aigner et al. 2022; Bamunarachchi et al. 2021	•	Schebek et al. 2017; Aigner et al. 2022; Chen et al. 2020	•	Thiede 2018; Rogall et al. 2022; Burggräf et al. 2018		Schebek et al. 2017; Aigner et al. 2022; Chen et al. 2020; Olah et al. 2020	•	Burggräf et al. 2018; Tu et al. 2018; Thiede 2018; Chen et al. 2020; Schebek et al. 2017; Rogall et al. 2022; Aigner et al. 2022	•	Aigner et al. 2022	•
Kriterium teilweise erfüllt						•						
Kriterium nicht erfüllt	Burggräf et al. 2018; Tu et al. 2018; Thiede 2018; Chen et al. 2020; Olah et al. 2020; Rogall et al. 2022		Burggräf et al. 2018; Tu et al. 2018; Thiede 2018; Bamunarachchi et al. 2021; Olah et al. 2020; Rogall et al. 2022		Schebek et al. 2017; Tu et al. 2018; Chen et al. 2020; Bamunarachchi et al. 2021; Olah et al. 2020; Aigner et al. 2022		Burggräf et al. 2018; Tu et al. 2018; Thiede 2018; Bamunarachchi et al. 2021; Rogall et al. 2022		Bamunarachchi et al. 2021; Olah et al. 2020		Burggräf et al. 2018; Tu et al. 2018; Thiede 2018; Chen et al. 2020; Schebek et al. 2017; Rogall et al. 2022; Bamunarachchi et al. 2021; Olah et al. 2020	

* Bei den identifizierten Literaturquellen wurde nur zwischen Kriterium erfüllt und Kriterium nicht erfüllt unterschieden

Im Rahmen der vorgestellten Entwicklung der Vorgehensweise wurde ein fünfstufiges Ablaufschema konzipiert, mit welchem stufenweise die Ergebnisbildung unterstützt wird. Das Vorgehen ist in Teilen an die DIN EN ISO 14040 angelehnt und beinhaltet die schrittweise methodische Begleitung zum Ergebnis. Schebek et al. 2017 stellen ebenfalls eine Vorgehensweise dar, die an die DIN EN ISO 14040 angelehnt ist. Die Ermittlung der Ergebnisse basiert auf dem Prinzip einen IST-Zustand und einen SOLL-Zustand zu ermitteln und diese miteinander zu verrechnen. Der Vorgehensweise fehlt allerdings die methodische Unterteilung bzw. Darstellung der Einzelschritte und es erfolgt nur eine grobe Beschreibung dieser. Zudem hat die Methode ebenfalls die Herausforderung der aufwändigen Datenermittlung für das Nutzensystem und die aufgewendete Digitalisierungstechnik (Schebek et al., 2017, S. 90 ff.). Aigner et al. 2022 und Bamunarachchi et al. 2021 führen ihre Bewertung nach einer methodischen Vorgehensweise durch und nutzen hierzu etablierte Methodenbestandteile wie beispielsweise die DIN EN ISO 14040. Sie stellen dieses Vorgehen, im Gegensatz zu dieser Arbeit und der Arbeit von Schebek et al. 2017, allerdings nicht konkret vor und führen auch keine für die Anwendung in Praxis notwendige methodische Übersicht ein. Sie nutzen die Anlehnung an die DIN EN ISO 14040 lediglich zur Berechnung der eigenen Ergebnisse (Aigner et al., 2022, S. 47 ff.; Bamunuarachchi et al., 2021).

Zur Festlegung der Aufwendungen wird in dieser Arbeit der gesamte Lebenszyklus der Digitalisierungstechnologie betrachtet, beginnend mit der

Herstellungsphase bis zur Verwertungsphase. Hierzu wurde eine umfassende Demontageanalyse einschließlich anschließender Ökobilanzstudie der verwendeten Digitalisierungstechnologie durchgeführt. Hierdurch ist sichergestellt, dass keine Umweltwirkungen bzw. Einflüsse auf das System unberücksichtigt bleiben. In den identifizierten Literaturquellen betrachten Aigner et al. 2022, Chen et al. 2020 und Schebek et al. 2017 ebenfalls den gesamten Lebenszyklus bzw. einen über die reine Nutzungsphase hinausgehenden Lebenszyklus der Digitalisierungstechnologie. Sie führen allerdings keine Demontageanalyse der verwendeten Komponenten durch sondern greifen auf Datenbanken und andere Studien zurück (Aigner et al., 2022, S. 76 ff.; X. Chen et al., 2020, S. 19 f.; Schebek et al., 2017, S. 64 ff.). Dies senkt zwar einerseits den Bearbeitungs- und Erfassungsaufwand, mindert allerdings auch die Genauigkeit und Aussagekraft der Ergebnisse.

Zur Abbildung der in der industriellen Praxis herrschenden Besonderheiten ist es notwendig, neben einer linearen Betrachtung auch nicht lineare Betrachtungen zu berücksichtigen. Dies wird durch die Studien von Thiede 2018, Rogall et al. 2022 und Burggräf et al. 2018 in unterschiedlichen Ausprägungen umgesetzt. Thiede 2018 berücksichtigt für die qualitative Modellierung sowie für die Ergebnisbildung nicht lineare Kurvenverläufe, in Form von „feasibility“ Diagrammen. Zur Darstellung der Berechnung verwendet er allerdings lineare Modelle (Thiede, 2018, S. 645 ff.). Rogall et al. 2022 verwenden ebenfalls die von Thiede eingeführten „feasibility“ Diagramme (Rogall et al., 2022, S. 10 ff.) Burggräf et al. 2018 unterscheiden bei der ökonomischen Berechnung zwischen statischen und dynamischen Modellen. Die verwendeten dynamischen Modelle berücksichtigen nicht lineare Entwicklungen der Kosten eines Digitalisierungssystems (Burggräf et al., 2018). Für diese Arbeit wurden im Rahmen der Herleitung der Berechnungsgleichungen nicht lineare Anfangszustände der Digitalisierungstechnik diskutiert. Die eigentliche Berechnung erfolgt mittels linearer Zustände, da für die Nutzung der nicht linearen Zustände im Forschungsdemonstrator keine Daten erhoben werden konnten, da keine Serienproduktion vorliegt und somit die notwendigen Faktoren nicht zur Verfügung stehen. Im Rahmen der Anwendung der Vorgehensweise wurde mit der Kapitalwertmethode für die ökonomische Berechnung eine dynamische Methode gewählt, welche die Berücksichtigung nicht linearer Zusammenhänge bei den Rückflüssen durch die Digitalisierungstechnik ermöglicht.

Zur differenzierten Betrachtung der Auswirkungen auf die Nachhaltigkeit ist es notwendig, in der Berechnung mehrere Wirkungskategorien (hier Berechnungsgrößen) zu berücksichtigen. Dazu wurden die entwickelten Modellgleichungen und die zugehörige Vorgehensweise so entwickelt, dass zu

Beginn die Berechnungsgrößen/Wirkungskategorien frei gewählt werden können. Hierzu wird eine Zieldefinition getroffen, aus der die Berechnungsgrößen/Wirkungskategorien abgeleitet werden. Dies stellt sicher, dass die Nachhaltigkeit eines Digitalisierungssystems ohne Einschränkungen betrachtet werden kann. Exemplarisch werden in der Anwendung die Kosten, der Primärenergiebedarf, das GWP_{100} und das $ADP_{elementar}$ berücksichtigt. Schebek et al. 2017 berücksichtigen in ihrer Studie Materialien, Primärenergieverbräuche und ein CO_2-Äquivalent. Für diese Größen werden jeweils Daten erhoben. In der Theorie scheint eine Betrachtung weiterer Wirkungskategorien zwar möglich, ist im Rahmen der Studie allerdings nicht vorgesehen (Schebek et al., 2017, S. 70 ff.). Aigner et al. 2022 berücksichtigen mehrere Wirkungskategorien und erheben Daten für das Treibhausgaspotential, den kumulierten Energieaufwand, den kumulierten Rohstoffaufwand, den Wasserverbrauch und die Flächeninanspruchnahme sowie für die Kosten. Die Wirkungskategorien wurden aufgrund verfügbarer Daten in Datenbanken zur Ökobilanzierung oder aus der Literatur ausgewählt. Die Berücksichtigung weiterer Wirkungskategorien ist nicht vorgesehen bzw. im Rahmen der angewandten Vorgehensweise nur eingeschränkt möglich, da diese von der Datenverfügbarkeit abhängig sind. Chen et al. 2020 und Olah et al. 2020 stützen ihre Arbeit bzw. die vorgestellte Methodik jeweils auf eine Literaturstudie und verweisen auf die dort verwendeten Wirkungskategorien, welche hierdurch ein breites Spektrum umfassen und unter anderem Material- und Energiebedarfe sowie Emissionen in Luft und Wasser enthalten (X. Chen et al., 2020, S. 19 ff.; Oláh et al., 2020, S. 8 ff.).

Zur Akzeptanz einer Berechnungsmethodik oder einer Vorgehensweise in der betrieblichen Praxis ist es wesentlich, dass diese auf etablierten Methoden basiert. Hierdurch steigt die Chance, dass die Bewertung mit dem in den Unternehmen vorhandenen Know-How und der verfügbaren Zeit durchgeführt werden kann. Hierzu wird in dieser Studie auf etablierte Berechnungen aus der Kosten- und Umweltrechnung zurückgegriffen und die Kapitalwertmethode sowie die ökologische Rückzahlungsdauer verwendet. Zur Auswahl wurden unterschiedliche Methoden bewertet. Der überwiegende Teil der Autoren verwenden ebenfalls etablierte Methoden, um die Digitalisierungssysteme zu bewerten. Dies umfasst Kosten-Nutzenmodelle, ROI-Berechnungen sowie LCA-Studien (Tomaschko et al., 2024, S. 16). Zudem wurden die Daten zur Berechnung in dieser Arbeit aus einem industrienahen Forschungsdemonstrator erfasst und die entwickelte Vorgehensweise mittels dieser Daten validiert. Hierdurch ist sichergestellt, dass die Vorgehensweise auch für den Einsatz in der industriellen Praxis geeignet ist.

Um eine vollständige Nachhaltigkeit abzubilden ist es notwendig während der Berechnung mehrere Nachhaltigkeitsdimensionen zu berücksichtigen. Im Rahmen dieser Arbeit wurden die ökonomische und ökologische Dimension als zu berücksichtigende Größen ausgewählt und hierfür eine Bewertung entwickelt. Aus der identifizierten Literatur ist die Arbeit von Aigner et al. 2022 die Einzige, die ebenfalls mehr als eine Nachhaltigkeitsdimension berücksichtigt. Auch hier werden die ökonomische und die ökologische Dimension zur Bewertung verwendet (Aigner et al., 2022, S. 47 ff.). Im Rahmen dieser Arbeit wurde argumentiert, dass trotz notwendiger Betrachtung von ökonomischen und ökologischen Größen eine Bildung einer gemeinsamen Ergebniskennzahl bzw. eine Verrechnung der Werte Nachteile aufweist und nicht sinnvoll ist. Auch Aigner et al. 2022 stellen die berechneten Indikatoren getrennt dar (Aigner et al., 2022, S. 102).

Im Vergleich zu einem überwiegenden Teil der identifizierten Literatur, die ebenfalls eine Bewertung von Digitalisierungssystemen durchführt, ist die in dieser Arbeit entwickelte Vorgehensweise bei Betrachtung der identifizierten Bewertungskriterien, den anderen Methoden, aus den oben erwähnten Gründen überlegen. Lediglich die Arbeit von Aigner et al. 2022 und eingeschränkt die Arbeit von Schebek et al. 2017 berücksichtigen ebenfalls einen Großteil der Bewertungskriterien. Das einzige Kriterium, dass von dieser Arbeit nicht vollständig erfüllt wird, ist die Berechnung der Werte unter Berücksichtigung nicht linearer Zusammenhänge. Dies wird von Aigner et al. 2022 und Schebek et al. 2017 gar nicht thematisiert. Beide Arbeiten weisen zudem im Vergleich zu dieser Arbeit Schwächen in der Darstellung der Vorgehensweise und der Auswahl der Berechnungsmethoden auf. Somit stellt diese Arbeit, auch aufbauend auf den Vorarbeiten der anderen Autoren, eine Neuerung bzw. den aktuellen Stand der Wissenschaft dar, wie eine nachhaltige Investitionsbewertung von Digitalisierungstechnologien durchgeführt werden kann. Insbesondere die Berücksichtigung mehrerer Nachhaltigkeitsdimensionen, die Abbildung einer praxisnahen Vorgehensweise, verbunden mit der Abbildung etablierter Berechnungsmethoden und der detaillierten Datenerhebung aus einem praxisnahen Umfeld (Demontageanalyse und Forschungsdemonstrator), die Herleitung und Diskussion nichtlinearer Betrachtungsweisen sowie die Offenheit gegenüber der Auswahl unterschiedlicher Berechnungsgrößen/Wirkungskategorien stellen ein Alleinstellungsmerkmal dar. Damit wird ein Ausgangspunkt für weitere Forschungsaktivitäten auf diesem Gebiet geschaffen und die Anwendbarkeit in der Praxis weiter vorangetrieben.

7.6.3 Abgleich der Berechnungsergebnisse aus der angewandten Vorgehensweise mit den Ergebnissen anderer Arbeiten

In dieser Arbeit wird gezeigt, dass das ökonomische und ökologische Ergebnis abhängig von unterschiedlichen Faktoren ist. Je nach Betrachtungsweise, wie Gesamtbetrachtung oder Betrachtung der Einzelmaschinen, fällt dieses Ergebnis unterschiedlich aus. Zusätzlich beeinflusst der Nutzen über die gewählte Laufzeit und den gewählten Einsparfaktor sowie die betrachteten Berechnungsgrößen, aber auch untergeordnet die Zusammensetzung der Digitalisierungstechnologien, das Ergebnis. Bei Betrachtung der Gesamtanlage ist dies für die ökonomische und ökologische Betrachtung für alle Berechnungsgrößen positiv. Die Ergebnisse der Einzelmaschinen, ob positiv oder negativ unterscheiden sich jeweils entsprechend der genannten Parameter (Abbildung 6.17). Grundsätzlich lässt sich festhalten, dass für die positiven Ergebnisse geringe Amortisationszeiten vorliegen. Ein Abgleich dieser Ergebnisse mit den Ergebnissen der analysierten Literatur ermöglicht eine Validierung dieser, hinsichtlich deren allgemeiner Gültigkeit und deren genereller Aussagekraft (Abbildung 7.1, Tabelle 7.12).

Die Publikationen von Burggräf et al. 2018 und Tu et al. 2018, die beide ausschließlich eine ökonomische Bewertung durchführen, kommen jeweils zu einem positiven Ergebnis. Burggräf et al. 2018 stellen die anfallenden Investitionskosten eines RFID-Systems (radio-frequency-identification) für ein Teilelager den möglichen bzw. prognostizierten Einsparungen gegenüber, die sich aus den reduzierten Prozesskosten und reduzierten Fehlerkosten ergeben. Das Ergebnis ist hierbei abhängig von den generierten Einsparungen, also dem Nutzen sowie der gewählten Betrachtungszeit (Burggräf et al., 2018). Tu et al. 2018 bewerten die durch den Einsatz eines CPS-Systems für Produktionslogistik mögliche Rentabilität in einer Demonstratorumgebung. In der Bewertung überwiegen die Vorteile durch den Nutzen, welcher aus einer Einsparung aus der Reduktion von Arbeitszeit und den damit eingesparten Kosten besteht. Das Ergebnis hängt im Wesentlichen vom angenommenen Nutzen (Einsparung) und der Ausprägung des CPS-Systems ab. Laut den Autoren wurden nicht alle quantifizierbaren Vorteile berücksichtigt, welche die Einsparungen und das positive Endergebnis weiter erhöhen würden. Analog zu der vorgelegten Arbeit sehen die Autoren die Einflüsse auf das Ergebnis auch durch die möglichen Einsparungen bedingt (Tu et al., 2018, S. 110 ff.). Die Abweichung der Ergebnisse bei den Einzelmaschinen KAM und BAZ in dieser Arbeit, die keine ökologische Rentabilität erzielen, ist von den möglichen Einsparungen abhängig. Diese Einsparungen fallen an den beiden Fertigungsmaschinen geringer aus, da kein Fertigungsmaterial zum Einsatz kommt. Dies könnte

Tabelle 7.12 Abgleich der Ergebnisse der entwickelten Vorgehensweise mit Ergebnissen aus der Literatur (Tabelle basierend auf Aigner et al., 2022; Bamunuarachchi et al., 2021; Burggräf et al., 2018; X. Chen et al., 2020; Oláh et al., 2020; Rogall et al., 2022; Schebek et al., 2017; Thiede, 2018; Tu et al., 2018)

Analyse Kriterien	Bewertungs-methodik	Fallstudie zur Bewertung	Ergebnis der Literatur		Vergleich mit dieser Arbeit	
			Ergebnis ökonomische Amortisation	Ergebnis ökologische Amortisation	Ergebnis ökonomische Amortisation	Ergebnis ökologische Amortisation
Beschreibung	Welche übergeordnete Methode wurde in der Literatur zur Bewertung verwendet?	Welche Fallstudie wurde zur Bewertung / Validierung in der Literatur herangezogen?	Wie ist das ökonomische und ökologische Ergebnis aus der analysierten Literaturstudie?		Wie ist das ökonomische und ökologische Ergebnis aus dieser Arbeit?	
Burggräf et al., 2018	Aufwand-Nutzen Bewertung	RFID-System (CPS) (RFID=radio-frequency identification)	Positives Ergebnis (Amortisation nach 2,1 Jahren)	--	Positives Ergebnis Gesamtanlage und PAS; Negatives Ergebnis KAM und BAZ	--
Tu et al., 2018	Aufwand-Nutzen Bewertung	Forschungsdemonstrator	Positives Ergebnis	--	Positives Ergebnis Gesamtanlage und PAS; Negatives Ergebnis KAM und BAZ	--
Bamunuarachchi et al., 2021	Vergleichende Bewertung von Alternativen	Cyber Twins und IOT-Plattform	Kein Vergleich möglich			
Schebek et al., 2017	Aufwand-Nutzen Bewertung	Unterschiedliche Fallstudien für den Einsatz von Digitalisierungssystemen	Kein Vergleich möglich			
Thiede, 2018	Aufwand-Nutzen Bewertung	CPS / CPPS	--	Positives Ergebnis für GWP (Energie) (abhängig vom Einsparfaktor)	--	Positives Ergebnis für Gesamtanlage, Ergebnisse der Einzelmaschinen abhängig vom Einsparfaktor, Maschine und Berechnungsgröße
Chen et al., 2020	Keine direkte Bewertung (Literaturanalyse)					
Olah et al., 2020	Keine direkte Bewertung (Literaturanalyse)					
Rogall et al., 2022	Aufwand-Nutzen Bewertung	CPPS	--	Positives Ergebnis für GWP (Energie) (abhängig vom Einsparfaktor)		Positives Ergebnis für Gesamtanlage, Ergebnisse der Einzelmaschinen abhängig vom Einsparfaktor, Maschine und Berechnungsgröße
Aigner et al., 2022	Vergleichende Bewertung von Alternativen (beinhaltet Aufwand-Nutzen Bewertung)	Retrofit Szenarien für Werkzeugmaschinen	Keine Amortisation	Positives Ergebnis für GWP, Primärenergiebedarf, Wasserverbrauch und Flächeninanspruch-nahme; Negatives Ergebnis für kumulierten Rohstoffaufwand (ADP)	Positives Ergebnis Gesamtanlage und PAS; Negatives Ergebnis KAM und BAZ	Positives Ergebnis für Gesamtanlage, Ergebnisse der Einzelmaschinen abhängig vom Einsparfaktor, Maschine und Berechnungsgröße

möglicherweise durch eine Reduktion im Aufwandsystem, also dem Einsatz einer kostengünstigeren Digitalisierungstechnik kompensiert werden.

Thiede 2018 und Rogall et al. 2022 bewerten die ökologische Rentabilität von CPS bzw. CPPS und nutzen als Berechnungsgröße das sich aus dem Primärenergiebedarf ergebende GWP_{100}. Beide kommen hierfür abhängig von den möglichen Einsparungen zu einem positiven Ergebnis. Die Arbeiten bauen aufeinander auf und beide Autoren sehen ebenfalls im Wesentlichen die prognostizierten Einsparungen sowie die Betriebszeit der Systeme als Treiber. Zusätzlich spielt die Zusammensetzung der Digitalisierungskomponenten eine Rolle. Die möglichen Einsparungen werden über „feasibility" Diagramme dargestellt und sind wiederum abhängig vom Energiebedarf des betrachteten Nutzensystems (Rogall et al., 2022; Thiede, 2018). In der vorgelegten Arbeit ist die ökologische Amortisation für die Gesamtanlage für alle Berechnungsgrößen erfüllt. An den Einzelmaschinen ist es an der PAS für die Endenergie, an der KAM und BAZ jeweils für das $ADP_{elementar}$ nicht erfüllt. Auch hier spielt wesentlich der betrachtete Nutzen, in Verbindung mit den zugehörigen Einsparfaktoren eine Rolle. Zusätzlich besteht eine Abhängigkeit von den Prozessen an den betrachteten Maschinen, was vergleichbar ist, mit der aus der Literatur identifizierten Abhängigkeit vom Energiebedarf. An der KAM ist der direkte und indirekte Endenergiebedarf nicht ausreichend hoch, um eine Einsparung für den gewählten Einsparfaktor von 5 %, zu generieren, welcher die Aufwendungen übersteigt. An KAM und BAZ ist nur wenig bzw. kein Fertigungsmaterial im Einsatz auf dessen Basis für den gewählten Einsparfaktor eine ausreichend hohe Einsparung generiert werden könnte, um für das $ADP_{elementar}$ eine positive Amortisation zu erreichen.

Aigner et al. 2022 führen eine vergleichende Bewertung für das I4.0 Retrofit von Werkzeugmaschinen durch und nutzen hierzu den Abgleich von Aufwand und Nutzen. Für die gewählte Betrachtung ergibt sich für die ökonomische Dimension keine Amortisation und für die ökologischen Größen ergibt sich eine Amortisation für das GWP_{100}, den kumulierten Energieaufwand, den Flächenverbrauch und den Wasserverbrauch und keine Amortisation für den kumulierten Rohstoffaufwand. Als wesentlicher Treiber wurde für die ökonomischen und ökologischen Größen der Endenergiebedarf der Digitalisierungstechnik (Retrofit-Szenario) identifiziert (Aigner et al., 2022). Da in der Studie von Aigner et al. 2022 der Aufwand und Nutzen nicht direkt gegenübergestellt wurde, ist ein Vergleich mit der hier vorliegenden Arbeit nur eingeschränkt möglich. Bei Betrachtung des Aufwands ist in dieser Arbeit ebenfalls der Stromverbrauch

(Endenergiebedarf) der Digitalisierungstechnik in der Nutzungsphase ein Einflussfaktor. Allerdings überwiegen hier die Einflüsse des Nutzens, welcher so nicht direkt von Aigner et al. 2022 betrachtet wurde.

Im Vergleich der Ergebnisse dieser Arbeit mit den Ergebnissen anderer Arbeiten zeigt sich, dass eine ähnliche Tendenz bei den Ergebnissen und bei den Einflussfaktoren auf die Ergebnisse erkennbar ist. Abweichungen bei den Ergebnissen entstehen entweder durch unterschiedliche methodische Ansätze oder bei gleichen Ansätzen durch unterschiedlich gewählte Einsparfaktoren und Berechnungsgrößen. Trotz unterschiedlicher Fallstudien aus unterschiedlichen technischen Bereichen und Branchen (Holz und Metall) zeigt sich, dass vergleichbare Ergebnisse erzielt werden und auch die identifizierten Abhängigkeiten vergleichbar sind. Hieraus kann geschlossen werden, dass die entwickelte methodische Vorgehensweise und auch bedingt die Ergebnisse dieser Arbeit auf andere Anwendungsfälle übertragbar sind.

Schlussfolgerungen 8

8.1 Zusammenfassung der Arbeit

8.1.1 Zusammenfassung des Forschungsbedarfs und der Methodik

Trotz der Bestrebungen und der Annahmen durch den Einsatz von Digitalisierungstechnik Produktionsprozesse nachhaltiger zu gestalten, ist in der Forschung und Praxis nicht bekannt, ob dies tatsächlich möglich ist. Existierende Ansätze betrachten oftmals nur die möglichen Vorteile oder einen möglichen Nutzen, der durch den Einsatz der Digitalisierungstechnik entsteht. Durch die Beschaffung, den Betrieb und die Entsorgung der Digitalisierungstechnik entstehende Aufwendungen werden allerdings meist nicht betrachtet. Dies liegt maßgeblich daran, dass etablierte Bewertungsmethoden und Berechnungsverfahren fehlen. Um die wenigen in der Literatur vorhandenen Ansätze zu prüfen, wurden themenspezifische Bewertungskriterien definiert. Die Analyse zeigt, dass diese Methoden Schwächen in ihrer praktischen Anwendbarkeit aufweisen. Insbesondere die Betrachtungsweise der Eingangsparameter zur Bewertung, der Umfang der Berechnungsergebnisse und das Fehlen eines konsistenten methodischen Rahmens erschweren eine nachhaltigkeitsorientierte Investitionsbewertung. Die systematische Untersuchung der bestehenden Literatur ermöglicht eine differenzierte Einordnung des Forschungsstandes und bildet die Grundlage für weiterführende Analysen.

Ergänzende Information Die elektronische Version dieses Kapitels enthält Zusatzmaterial, auf das über folgenden Link zugegriffen werden kann https://doi.org/10.1007/978-3-658-50270-6_8.

F. Tomaschko, *Nachhaltigkeit und Digitalisierung*,
https://doi.org/10.1007/978-3-658-50270-6_8

Für eine ganzheitliche Nachhaltigkeitsbewertung von Digitalisierungssystemen müssen sowohl der ökonomische als auch der ökologische Aufwand und Nutzen systematisch erfasst werden, um fundierte Investitionsentscheidungen zu ermöglichen. Hierzu hat die Arbeit folgende Ziele erreicht:

- Herleitung einer nachhaltigkeitsorientieren Bewertungsmöglichkeit für Investitionen in Digitalisierungstechnologien unter Berücksichtigung des möglichen Nutzens und der entstehenden Aufwendungen sowie der Entwicklung der zur Bewertung notwendigen Rahmenbedingungen.
- Entwicklung einer Vorgehensweise für die industrielle Praxis zur ökonomischen und ökologischen Investitionsbewertung von Digitalisierungssystemen auf Basis aus der Literatur abgeleiteter Kriterien.
- Praxisnahe Anwendung und Validierung der entwickelten methodischen Vorgehensweise an einem Forschungsdemonstrator und
- Abgleich mit bereits bestehenden Bewertungsmethoden zur Ableitung des wissenschaftlichen und praxisbezogenen Mehrwertes und allgemeiner Erkenntnisse.

Das entwickelte nachhaltigkeitsorientierte Bewertungsschema quantifiziert die positiven und negativen Auswirkungen der Digitalisierung in produzierenden Fertigungsumgebungen. Als zentrale Vergleichsgröße dient die Ressourceneffizienz, die in die Dimensionen Aufwand und Nutzen unterteilt wird. Während das Aufwandsystem sämtliche Aufwendungen über den Lebenszyklus der Digitalisierungstechnik hinweg abbildet, fokussiert das Nutzensystem auf die durch Digitalisierung erzielbaren Einsparpotenziale. Für das Aufwand- und Nutzensystem wurden jeweils Modellgleichungen und die zur Berechnung notwendigen Rahmenbedingungen entwickelt. Auf Basis dieser Modellierung wurde eine methodische Vorgehensweise abgeleitet, die Unternehmen eine fundierte Entscheidungsgrundlage für nachhaltige Investitionen in Digitalisierungstechnologien bietet. Diese umfasst fünf Stufen:

1. Definition der **Zielsetzung und Rahmenbedingungen**,
2. **Vorbewertung der Digitalisierungseignung** eines Systems anhand der Kennzahl Anlagennutzungsgrad,
3. **Nachhaltigkeitsorientierte Investitionsbewertung**, basierend auf der Kapitalwertmethode (ökonomische Dimension) und der ökologischen Rückzahlungsdauer (ökologische Dimension),
4. **Einordnung der Bewertungsergebnisse** zur Entscheidungsfindung,

5. **Abweichungskontrolle** nach Implementierung, um Annahmen und Ausgangsdaten zu validieren;

Ein zentrales Alleinstellungsmerkmal dieser Arbeit liegt in der Entwicklung der strukturierten, methodischen Vorgehensweise zur Investitionsbewertung von Digitalisierungstechnologien und deren praxisnaher Anwendung. Besondere Merkmale sind die integrierte Vorbewertung, die ganzheitliche Berücksichtigung ökonomischer und ökologischer Effekte, die lebenszyklusumfassende Betrachtung, die Flexibilität bei der Wahl der Berechnungsgrößen (Wirkungskategorien) sowie die granulare Datenerfassung. Hierdurch liefert diese Arbeit neue Ansätze zur Bestimmung des optimalen Digitalisierungsgrades, um Fertigungsprozesse nachhaltig zu gestalten und leistet damit einen Beitrag zur nachhaltigen Transformation der Industrie.

8.1.2 Zusammenfassung der Anwendung der Vorgehensweise und der Diskussion

Die Ergebnisse zeigen, dass unter bestimmten Bedingungen durch den Einsatz von Digitalisierungstechnik positive Effekte auf die ökonomische und/oder ökologische Nachhaltigkeit erzielt werden können. Dies wird durch die Anwendung der entwickelten Modellgleichungen sowie der daraus abgeleiteten Vorgehensweise deutlich. Die Analyse eines holztechnischen Fertigungsprozesses verdeutlicht das Potenzial dieser Methodik, wobei eine Musterproduktion auf Basis eines Forschungsdemonstrators als Referenz dient.

Aus der Anwendung der Modellgleichungen ergibt sich, dass die Ergebnisse der Berechnungen maßgeblich von den gewählten Eingangsgrößen abhängen. Diese umfassen die Systemgrenze (einzelne Fertigungsmaschinen oder den gesamten Fertigungsprozess), die definierten Einsparfaktoren (5 %, 10 % und 15 %) sowie die verwendeten Berechnungsgrößen (Kosten, Primärenergiebedarf, GWP_{100} und $ADP_{elementar}$). Die Ergebnisse zeigen, dass die Kombinationen bestimmter Eingangsgrößen zu kurzen Amortisationszeiten von unter einem Jahr führen, wodurch eine hohe Ressourceneffizienz und ein signifikanter Nachhaltigkeitsgewinn erzielt werden können. Insbesondere an der Plattenaufteilsäge (PAS) und an der Kantenanleimmaschine (KAM) ergeben sich bei der ökonomischen Betrachtung erhebliche Einsparungen. Im Bereich des Primärenergiebedarfs überwiegt der Nutzen der Digitalisierungstechnologien deutlich, insbesondere durch Einsparungen beim direkten Endenergiebedarf der Fertigungsmaschinen sowie beim Peripheriemedium Abluft. Die Berechnungen für das GWP_{100} zeigen, dass unter allen betrachteten Szenarien eine Amortisationszeit von weniger als einem Jahr erreicht wird. Diese Ergebnisse verdeutlichen das Potenzial der entwickelten Methodik zur Bewertung der Nachhaltigkeit von Digitalisierungstechnologien. Sie machen zudem deutlich, dass die Auswahl der Eingangsgrößen und Rahmenbedingungen einen entscheidenden Einfluss auf die erzielbaren Effekte hat und daher eine gezielte Analyse für jeden Anwendungsfall erforderlich ist.

Die Validierung der Ergebnisse aus den Modellgleichungen hinsichtlich der Qualität der Ausgangsdaten und der signifikanten Einflussparameter zeigt, dass der Nutzen in Abhängigkeit von den gewählten Einsparfaktoren eine zentrale Stellgröße darstellt. In der ökonomischen Nutzendimension bestimmen vor allem das eingesetzte Fertigungsmaterial an der PAS und and der KAM die Ergebnisse. Für die ökologische Nutzendimension sind der direkte Endenergiebedarf, der Endenergiebedarf für die Abluft sowie das Fertigungsmaterial an der KAM und am CNC-Bearbeitungszentrum (BAZ) maßgeblich. Der ökonomische Aufwand wird durch die der Produktherstellungsphase zugeordneten Anschaffungskosten sowie durch die spezifische Zusammensetzung der Digitalisierungstechnologie aus Hardware- und Softwarekomponenten beeinflusst. Die ökologische Dimension des Aufwands wird primär vom Endenergiebedarf der Digitalisierungstechnik bestimmt, wobei zusätzlich die Produktherstellungs- und Verwertungsphase sowie der verwendete Strommix eine Rolle spielen. Die zur Quantifizierung der identifizierten Einflussgrößen durchgeführte Sensitivitätsanalyse zeigt, dass die Nachhaltigkeit des betrachteten Prozesses maßgeblich von den genannten prozessspezifischen Einflussfaktoren abhängt. Darüber hinaus sind folgende zentrale Erkenntnisse gültig:

- Der Nutzen (Einsparung) als wichtigste Einflussgröße zeigt eine hohe Sensitivität zum Gesamtergebnis.
- In der ökonomischen Nutzendimension haben die Kosten an PAS und KAM den größten Einfluss auf das Ergebnis.
- In der ökologischen Nutzendimension bildet das eingesetzte Fertigungsmaterial einen Haupteinflussfaktor.
- Der Aufwand zeigt je nach Berechnungsgröße stark unterschiedliche Sensitivitäten. Der fixe Aufwand aus der Herstellung und Verwertung der Digitalisierungstechnik hat hierbei eine niedrige und der variable Aufwand aus dem Betrieb der Digitalisierungstechnik eine mittlere Sensitivität.

Die Ergebnisse der Sensitivitätsanalyse bilden die Grundlage für die Optimierung des Einsatzes der Digitalisierungstechnik in der holztechnischen Fertigungsumgebung hinsichtlich ihrer tatsächlichen Nachhaltigkeit. Zudem dienen sie als Basis für ein Bewertungskonzept im Baukastenprinzip, das skalierbare und spezifische Lösungen zur Steigerung der Nachhaltigkeit in verschiedenen Prozessen bietet und einen Ansatz zur Übertragbarkeit der Vorgehensweise darstellt (nicht Teil dieser Arbeit).

Ein zentraler Aspekt der Arbeit ist die Anwendung und Validierung der entwickelten Vorgehensweise an einem praxisnahen Forschungsdemonstrator – einem holzverarbeitenden Fertigungsprozess zur Herstellung von Plattenmöbeln. Diese praxisorientierte Herangehensweise ermöglicht es, nicht nur die theoretischen Grundlagen zu überprüfen, sondern auch konkrete Einflussfaktoren zu identifizieren und die notwendigen methodischen Voraussetzungen für die Implementierung der Vorgehensweise in der Industrie abzuleiten. Dies fördert die Übertragbarkeit der Ergebnisse auf andere Fertigungsbereiche und unterstreicht ihre Relevanz für die industrielle Praxis. Die Ergebnisse aus der Anwendung des Demonstrators verdeutlichen, dass die Digitalisierungseignung des betrachteten Fertigungssystems maßgeblich von der Kombination der Nachhaltigkeitsdimensionen und den jeweiligen Einsparfaktoren abhängt. Unter den betrachteten Bedingungen zeigt sich ein großer Einfluss des Nutzens (der Einsparung) auf die gewählten Zielgrößen. Es lässt sich feststellen, dass alle betrachteten Einzelmaschinen sowie die Gesamtanlage grundsätzlich für die Digitalisierung geeignet sind. Bei Betrachtung der Gesamtanlage werden sowohl ökonomische als auch ökologische Zielsetzungen vollständig erfüllt. Bei Betrachtung der einzelnen Fertigungsmaschinen ist die Zielerfüllung je nach Berechnungsgröße unterschiedlich.

Die kritische Reflexion der Vorgehensweise nach ihrer Anwendung zeigt eine Grenze, insbesondere in Bezug auf den Aufwand für die Datenerhebung auf. Insbesondere die ökologische Bilanzierung des Aufwandsystems stellt für Unternehmen in der Praxis eine Herausforderung dar, die sowohl methodische als auch zeitlich-finanzielle Aspekte umfasst. Durch die integrierte Vorbewertung sieht die Vorgehensweise allerdings eine Möglichkeit vor, den Aufwand auf das Wesentliche zu konzentrieren und sich für die Bewertung nur auf die relevanten Fertigungsmaschinen zu fokussieren. Die gezielte Auswahl der Kapitalwertmethode und der ökologischen Rückzahlungsdauer als ökonomische und ökologische Bewertungsmethoden trägt dabei wesentlich dazu bei, das begrenzte Know-how als auch die verfügbaren Zeitressourcen in den Unternehmen zu berücksichtigen. Dies schafft eine fundierte, valide Grundlage für die Praxisanwendung und unterstützt eine pragmatische Entscheidungsfindung. Zur Ergebnisbildung wurde eine direkte Verrechnung ökonomischer und ökologischer Ergebnisse bewusst vermieden, um Verzerrungen zu vermeiden und eine möglichst objektive und differenzierte Bewertung der Auswirkungen zu gewährleisten. Zwar erschwert diese Entscheidung die direkte Vergleichbarkeit, sie ermöglicht jedoch eine präzisere

Einschätzung der jeweiligen Dimensionen und unterstützt eine fundierte Entscheidung, die sowohl ökonomische als auch ökologische Aspekte gleichermaßen berücksichtigt.

Zusammenfassend bietet die entwickelte Vorgehensweise einen strukturierten und praxisorientierten Ansatz zur Investitionsbewertung von Digitalisierungstechnologien. Dies wird insbesondere durch die Nutzung industrienaher Daten aus dem Forschungsdemonstrator unterstützt, die eine realitätsnahe und fundierte Grundlage für die Bewertung bieten. Die Datenerhebung für das Aufwand- und Nutzensystem stellt zwar eine herausfordernde Aufgabe dar, wird aber wie erwähnt durch die einzelnen Stufen und die ausgewählten Berechnungsmethoden der Vorgehensweise kompensiert. Der Vergleich der erzielten Ergebnisse, mit denen aus der Literatur zeigt übereinstimmende Tendenzen, bezüglich der Allgemeingültigkeit und Übertragbarkeit der Methode auf andere Anwendungsfälle. Gegenüber bestehenden Arbeiten bietet die entwickelte Vorgehensweise, insbesondere in Bezug auf Herleitung nichtlinearer Bewertungszusammenhänge, die Abbildung einer detaillierten und auf etablierten Methodenbausteinen basierenden Vorgehensweise, die Berücksichtigung mehrerer Nachhaltigkeitsdimensionen, einer detaillierten Datenerfassung für das Aufwands- und Nutzensystem sowie die Berücksichtigung unterschiedlicher Wirkungskategorien einen Mehrwert. Mit dieser Arbeit wird ein bedeutender Fortschritt in der nachhaltigkeitsorientierten Investitionsbewertung von Digitalisierungstechnologien erzielt. Die identifizierten Forschungslücken früherer Arbeiten werden gezielt adressiert und durch ausgewählte methodische Ansätze sowie eine praxisorientierte Vorgehensweise weiterentwickelt.

8.1.3 Beantwortung der Forschungsfragen

Die Arbeit verfolgt mit den in Abschnitt 1.2 festgelegten Forschungsfragestellungen die übergeordnete Zielsetzung eine Investitionsbewertung unter Nachhaltigkeitsgesichtspunkten für Digitalisierungstechnologien zu entwickelten (Tabelle 8.1).

Tabelle 8.1 Übersicht über die Beantwortung der Forschungsfragen und des wissenschaftlichen Mehrwerts

Forschungsfrage	Beantwortung in ...	Beantwortung durch ...	Wissenschaftlicher Mehrwert durch ...
FF 1: Wie kann das ökonomische und ökologische Nachhaltigkeitsverhältnis beim Einsatz von Digitalisierungstechnologien im Produktionsumfeld bestimmt werden? **FF 1.1:** Welche Bewertungsmethoden eignen sich zur Bestimmung des ökonomischen und ökologischen Nachhaltigkeitsverhältnis? **FF 1.2:** Wie kann das Verhältnis aus positiven und negativen Nachhaltigkeitseffekten quantifiziert werden? **FF 1.3:** Wie kann eine ökonomische und ökologische Nachhaltigkeitsbewertung von Digitalisierungstechnologien methodisch umgesetzt werden?			
FF 1	Kapitel 3, Kapitel 4.1 und Kapitel 4.2	Identifikation des Stands der Forschung und Bewertung bereits bestehender Arbeiten; Herleitung bzw. Entwicklung der zur Bestimmung notwendiger Grundlagen und Berechnungsgleichungen;	Identifikation und Bewertung bestehender Arbeiten / Methoden mittels auf die Anwendung in der industriellen Praxis abgestimmter Bewertungskriterien; Umfassende Untersuchung und Herleitung einer geeigneten Bestimmungsmöglichkeit; Berücksichtigung mehrerer Nachhaltigkeitsdimensionen;
FF 1.1	Kapitel 2.1.3, Kapitel 3 und Kapitel 4.1	Untersuchung von potenziell geeigneten Bewertungsmethoden und Abgleich mit dem Stand der Forschung; Herleitung der Bewertung in Bezug auf die Problemstellung;	Untersuchung von Bewertungsmethoden hinsichtlich deren Eignung für eine Bewertung in der Theorie und Praxis; Umfassende Untersuchung der notwendigen Rahmenbedingungen und Fallkonstellationen einer Bewertung;
FF 1.2	Kapitel 4.1 und Kapitel 4.2	Untersuchung, Entwicklung und Herleitung geeigneter Quantifizierungsmodelle und deren Rahmenbedingungen;	Detaillierte Bestimmung des Aufwands und Nutzens zur Bewertung, einschließlich Darstellung nicht linearer Zustände;
FF 1.3	Kapitel 4.1, Kapitel 4.2 und Kapitel 4.3	Herleitung der Grundlagen zur Bewertung und Umsetzung in einer methodisch geeigneten Vorgehensweise;	Entwicklung einer Vorgehensweise unter Berücksichtigung der Praxistauglichkeit und der hierzu identifizierten Kriterien (Differenzierung zum Stand der Forschung durch umfassende Erfüllung der Kriterien);
FF 2: Wie verhält sich das ökonomische und ökologische Nachhaltigkeitsverhältnis beim Einsatz von Digitalisierungstechnologien am Beispiel des im Forschungsdemonstrators der Technischen Hochschule Rosenheim vorhandenen holzverarbeitenden Prozesses? **FF 2.1:** Wie viel ökonomischer und ökologischer Investitionsaufwand kann in die Digitalisierung des Prozesses gesteckt werden, um einen relativen positiven Nachhaltigkeitseffekt zu erzielen? **FF 2.2:** An welchen ökonomischen und ökologischen Stellgrößen lässt sich die Nachhaltigkeit im Prozess messen? **FF 2.3:** Lassen sich die Einflussgrößen auf die Nachhaltigkeit in allgemein gültige, also auf andere Prozesse übertragbare Größen, und in prozessspezifische, also nur für den betrachteten holzverarbeitenden Prozess gültige Größen, unterteilen?			
FF 2	Kapitel 5, Kapitel 6 und Kapitel 7	Abbildung und Skalierung eines Musterprozesses einschließlich Anwendung der entwickelten Vorgehensweise;	Detaillierte Bestimmung bzw. Bilanzierung der Aufwendungen und des Nutzens (im Vergleich zu anderen Arbeiten); Skalierung einer holztechnischen Musterproduktion und Anwendung der Vorgehensweise;
FF 2.1	Kapitel 6.5 und Kapitel 6.6	Auswertung der Ergebnisse aus der Anwendung der Vorgehensweise;	Ableitung von allgemein gültigen und spezifischen Stellgrößen im Prozess;
FF 2.2	Kapitel 7.1	Untersuchung der Ergebnisse auf signifikante Parameter;	Darstellung der Übertragbarkeit des Gesamtergebnisses und der Methodik bzw. Vorgehensweise auf andere Prozesse und Branchen;
FF 2.3	Kapitel 7.3	Untersuchung der Einzelergebnisse auf deren Sensitivität auf das Gesamtergebnis;	

Der wissenschaftliche Mehrwert der Arbeit liegt darin, Investitionsentscheidungen in Digitalisierungstechnologien erstmals ganzheitlich sowohl unter ökonomischen als auch ökologischen Nachhaltigkeitsaspekten zu bewerten und dabei die Anforderungen der industriellen Praxis zu berücksichtigen. Hierzu dienen die identifizierten Bewertungskriterien, die auf die industrielle Praxis zugeschnitten sind und bestehende Methoden und Anwendungen vor diesem Hintergrund untersuchen. Hieran wird die entwickelte Investitionsbewertung von Digitalisierungstechnologien unter Berücksichtigung relevanter Rahmenbedingungen und Fallkonstellationen validiert. Ein weiterer wissenschaftlicher Beitrag der Arbeit ist die detaillierte Ermittlung von Aufwand und Nutzen für die Bewertung und die Entwicklung der praxistauglichen Vorgehensweise, die auf den identifizierten Bewertungskriterien basiert und sich durch die umfassende Erfüllung dieser Kriterien vom Stand der Forschung abhebt. Die detaillierte Bilanzierung der Digitalisierungstechnik einschließlich einer Demontageanalyse sowie die ausführliche Darstellung des Fertigungssystems in einer realitätsnahen Fertigungsumgebung und die Skalierung einer holztechnischen Musterproduktion sowie die praktische Anwendung der entwickelten Vorgehensweise stellen weitere Alleinstellungsmerkmale dar. Die industrienahe Datenerhebung am Forschungsdemonstrator sowie die Demontageanalyse des verwendeten Digitalisierungssystems gehen über die Anwendungen der in der Literatur identifizierten Studien hinaus und unterstreichen den wissenschaftlichen Mehrwert der Arbeit und bilden die Grundlage für eine echte bzw. ganzheitliche Nachhaltigkeitsbewertung beim Einsatz von Digitalisierungstechnologien. Somit leistet die Arbeit einen Beitrag zu einer echten nachhaltigen Transformation der Produktion durch Digitalisierungstechnologien in produzierenden Unternehmen.

8.2 Weiterer Forschungsbedarf und Ausblick

Die entwickelte Vorgehensweise zur nachhaltigkeitsorientierten Investitionsbewertung von Digitalisierungstechnologien stellt einen bedeutenden Beitrag zum aktuellen wissenschaftlichen Stand dar, bietet jedoch auch Potenzial für weiterführende Forschungsarbeiten. Der Ausblick auf zukünftige Entwicklungen konzentriert sich insbesondere auf die Vertiefung der analysierten Einflussfaktoren, die Erweiterung der Vorgehensweise sowie auf Fragestellungen zur Datenerfassung und -zurechnung.

- Ein wesentlicher Bereich zukünftiger Forschung ist die Weiterentwicklung von Ansätzen zur Optimierung der Datenerhebung. Aktuell erfordert die nachhaltigkeitsorientierte Investitionsbewertung einen erheblichen Aufwand bei der Datensammlung und -analyse. Daher besteht ein Bedarf, Methoden zu entwickeln, die sowohl Schnelligkeit als auch Genauigkeit in der Datenerhebung gewährleisten und gleichzeitig klare Kriterien für die Auswahl relevanter Daten definieren und Fragestellungen hinsichtlich zu verwendender Abschneidekriterien beantworten. Zusätzlich gilt es vereinfachte Modelle und standardisierte Berechnungsverfahren zu entwickeln, die den Erfassungsaufwand minimieren, jedoch dennoch präzise Ergebnisse liefern. Eine mögliche Lösung wäre die Entwicklung eines Baukastensystems[1], das eine modulare, anpassbare Bewertung ermöglicht. Dies würde Unternehmen in der Praxis die Flexibilität bieten, schnell und effizient die relevanten Parameter auszuwählen und zu bewerten, ohne auf detaillierte, unternehmensspezifische Daten angewiesen zu sein.
- Darüber hinaus sollte die Entwicklung und Bereitstellung eines Softwaretools, das auf den entwickelten Modellgleichungen basiert, vorangetrieben werden. Dieses sollte Daten enthalten, mittels derer unter Eingabe von im Unternehmen verfügbaren Parametern ein spezifisches Bewertungsergebnis ausgegeben werden kann. Hierdurch wird die praxistaugliche Anwendung der Vorgehensweise in den Unternehmen gestärkt.
- Ein weiterer bedeutender Aspekt des zukünftigen Forschungsbedarfs ist die Einbeziehung der sozialen Dimension der Nachhaltigkeit. Derzeit liegt der Fokus der entwickelten Methodik auf ökonomischen und ökologischen Kriterien, doch auch die sozialen Auswirkungen von Digitalisierungstechnologien – etwa in Bezug auf Arbeitsbedingungen, Beschäftigungseffekte oder die langfristige Verfügbarkeit von Arbeitskräften – sollten systematisch erfasst und bewertet werden. Die Erweiterung der Vorgehensweise um diese Dimensionen würde die Betrachtungsweise erweitern und die Basis für umfassendere Investitionsentscheidungen schaffen. Hierbei sind Fragestellungen zur Bewertung nicht quantifizierbarer Faktoren zu beantworten.
- Ein weiterer wesentlicher Bereich für zukünftige Forschung betrifft die Fragestellung der Verrechnung von gemeinsamen Aufwendungen oder Nutzens (Gemeinkosten). Ein zentrales Problem besteht darin, wie Einsparungen oder

[1] Unter einem Ansatz nach dem Baukastenprinzip wird ein Software-Tool oder eine Datenbank verstanden, in der die Umweltwirkungen unterschiedlicher Digitalisierungskomponenten eingetragen sind. Je nach Konfiguration der verwendeten Digitalisierungstechnik kann individuell die Umweltwirkung des gesamten Digitalisierungssystems bestimmt werden, indem es aus einzelnen Komponenten konfiguriert wird.

Aufwendungen, die mehrere Systeme oder Komponenten betreffen korrekt zugeordnet und verursachungsgerecht verrechnet werden. Am Beispiel dieser Arbeit müssen Energie-, Druckluft- und Abluftverbräuche auf unterschiedliche Bauteile verrechnet werden oder Aufwendungen, wie beispielsweise die Umverpackung von mehreren Digitalisierungskomponenten auf diese verteilt werden. Forschungsansätze sollten darauf abzielen, standardisierte und nachvollziehbare Kriterien zu entwickeln, um eine Aufteilung dieser Aufwendungen und Einsparungen zu ermöglichen. Ein möglicher Ansatz zur Lösung dieser Verteil- bzw. Zurechnungsproblematiken wären die in der betriebswirtschaftlichen Kostenrechnung etablierten Gemeinkostenzuschlagssätze.
- Weiterhin bietet der Einsatz von Künstlicher Intelligenz in der Bewertung ebenfalls ein großes Potenzial für zukünftige Forschungsarbeiten. Insbesondere stellt sich die Frage, wie KI den Prozess der Datenerhebung und -analyse unterstützen kann, um den Aufwand für Unternehmen zu verringern und gleichzeitig die Präzision der Bewertungen zu erhöhen. Zudem ist zu klären, welchen Aufwand KI-Technologien selbst in der Fertigung erzeugen und wie dieser in die Gesamtbewertung von Digitalisierungstechnologien einbezogen werden kann.

KI bietet hierbei ein großes Potenzial zur Verbesserung der Investitionsbewertung von Digitalisierungstechnologien, wie sie in dieser Arbeit entwickelt wurde. Ein zentrales Element der Bewertung ist die Amortisationsentscheidung, bei der die eingesetzten Investitionen im Hinblick auf ihren Nutzen und Aufwand bewertet werden. KI kann helfen, den Arbeitsaufwand zu reduzieren und die Genauigkeit der Berechnungen zu verbessern, insbesondere bei der Prognose von Verbrauchsdaten und Umweltwirkungen, die in die Amortisationsberechnung einfließen (Ibn-Mohammed et al., 2023; Liao, Kelley, & Yao, 2019). Ein konkretes Beispiel für den Einsatz von KI in diesem Zusammenhang ist die Vorhersage des Endenergieverbrauchs und der Bearbeitungszeiten für Fertigungsmaschinen. Durch den Einsatz von maschinellen Lernverfahren könnten solche Verbrauchsdaten auf Basis historischer Produktionsdaten und Betriebsbedingungen automatisch prognostiziert werden. Diese Vorhersagen würden die Grundlage für eine präzisere Berechnung der ökonomischen und ökologischen Amortisationszeiten bieten und gleichzeitig den Aufwand bei der Datenerfassung verringern. Voraussetzung ist allerdings eine ausreichende Verfügbarkeit der historischen Daten, um die KI zu trainieren. Zudem könnten KI-Algorithmen, wenn ausreichend Daten verfügbar sind, zur Prognose der Umweltwirkungen der eingesetzten Digitalisierungstechnologien, wie etwa der CO_2-Emissionen genutzt werden (Ibn-Mohammed et al., 2023). Hierzu könnte ein KI-Algorithmus mit bereits in Datenbanken verfügbaren Daten trainiert werden und somit die Umweltwirkungen für spezifische Digitalisierungskomponenten vorhersagen. Dies würde durch die Entwicklung des vorgeschlagenen Baukastensystems begünstigt. Hier könnte KI eine zentrale Rolle spielen, indem sie die Auswahl und Gewichtung relevanter Parameter für die Investitionsbewertung automatisiert und optimiert. Dies würde es Unternehmen ermöglichen, schnell und flexibel auf standardisierte Bewertungsmodelle zuzugreifen, ohne auf detaillierte, unternehmensspezifische Daten angewiesen zu sein. Zusammenfassend könnte die Integration von KI in die entwickelten Bewertungsprozesse den Aufwand für die Datenerhebung und -analyse erheblich reduzieren und gleichzeitig die Genauigkeit und Flexibilität der Amortisationsentscheidungen verbessern. KI bietet die Möglichkeit, die praktischen Anforderungen der Industrie zu berücksichtigen, indem sie die Prozesse der Datensammlung und -verarbeitung automatisiert und so die Anwendbarkeit der entwickelten Vorgehensweise zur nachhaltigen Investitionsbewertung von Digitalisierungstechnologien in der Praxis fördert.

Insgesamt stellt die Arbeit einen wichtigen Schritt auf dem Weg zu einer nachhaltigen Transformation der Produktion dar. Sie rückt die Bedeutung der Bewertung des Einsatzes von Digitalisierungstechnik als Hebel für eine ressourcenschonende und zukunftsorientierte Fertigung in den Vordergrund und schafft eine Grundlage für weitere Entwicklungen zum Einsatz der Bewertung in der Forschung und Praxis. Das Thema wird in Zukunft noch stärker an Bedeutung gewinnen, da Unternehmen und die Gesellschaft auf „echte" nachhaltige Produktionsweisen angewiesen sind, um den ökonomischen und ökologischen Herausforderungen der kommenden Jahrzehnte gerecht zu werden (Übersicht über Konferenzbeiträge, angefertigte Veröffentlichungen und begleitend betreute Abschlussarbeiten sind in Anhang 13 im elektronischen Zusatzmaterial einsehbar).

Literaturverzeichnis

Adolphs, P. (2017). Referenzarchitektur als Grundlage für neue Produkte zur Cloud-basierten Kommunikation In T. Schulz (Hrsg.), Industrie 4.0 Potentiale erkennen und umsetzen (S. 109–124). Würzburg: Vogel Business Media.

Adolphs, P., Bedenbender, H., Dirzus, D., Ehlich, M., Epple, U., Hankel, M., . . . Wollschlaeger, M. (2015). *Referenzarchitekturmodell Industrie 4.0 (RAMI4.0)*. Düsseldorf, Frankfurt am Main: Verein Deuscher Ingenieure e. V.; ZVEI -Zentralverband Elektrotechnik und Elektroindustrie e. V.

AfA-Tabelle. (2000). *AfA-Tabelle für die allgemein verwendbaren Anlagegüter (AfA-Tabelle „AV") – § 193ff AO, § 7 Abs 1 EStG*: Bundesministerium der Finanzen (juris).

Aigner, J., Zettl, E., Kühnl, M., Castellani, F., Greßmann, A., Gyenge, P., . . . Arafat, R. (2022). *Ökologische und ökonomische Bewertung des Ressourcenaufwandes: Industrie-4.0-Retrofit-Maßnahmen an Werkzeugmaschinen.* Berlin: VDI Zentrum Ressourceneffizienz (VDI ZRE).

Andes, L., Lützkendorf, T., Ströble, B., Kopfmüller, J., & Rösch, C. (2019). *Methodensammlung zur Nachhaltigkeitsbewertung – Grundlagen, Indikatoren, Hilfsmittel.* Karlsruhe: Karlsruher Institut für Technologie (KIT).

Andrae, S. G. A., & Andersen, O. (2010). Life cycle assessments of consumer electronics—are they consistent? The International Journal of Life Cycle Assessment, 15, 827–836. https://doi.org/10.1007/s11367-010-0206-1.

Annan, K. (2021). *Investitionscontrolling: Kennzahlen zur ökonomischen Bewertung der Ressourceneffizienz-Potentiale mittels Digitalisierung am Beispiel einer Holzbearbeitungsmaschine (Bachelorarbeit Wirtschaftsingenieurwesen).* Technische Hochschule Rosenheim, Rosenheim.

Badakhshan, E., & Ball, P. (2021). Reviewing the Application of Data Driven Digital Twins in Manufacturing Systems: A Business and Management Perspective. In A. Dolgui, D. Lemoine, D. Romero, A. Bernard, & G. von Cieminski (Hrsg.), Advances in Production Management Systems Artificial Intelligence for Sustainable and Resilient Production Systems. Cham: Springer Nature Switzerland.

Bamunuarachchi, D., Georgakopoulos, D., Banerjee, A., & Jayaraman, P. P. (2021). Digital Twins Supporting Efficient Digital Industrial Transformation. Sensors, 21, 6829. https://doi.org/10.3390/s21206829.

Bartmann, E. (2018). *IoT-Programmierung mit Node-RED.* Aachen: Elektor Verlag.

F. Tomaschko, *Nachhaltigkeit und Digitalisierung*,
https://doi.org/10.1007/978-3-658-50270-6

Bauernhansl, T. (2014). Die Vierte Industrielle Revolution – Der Weg in ein wertschaffendes Produktionsparadigma. In T. Bauernhansl, t. M. Hompel, & B. Vogel-Heuser (Hrsg.), IIndustrie 4.0 in Produktion, Automatisierung und Logistik (S. 5–35). Wiesbaden: Springer Vieweg.

Bauernhansl, T., Hompel, t. M., & Vogel-Heuser, B. H. (2014). *Industrie 4.0 in Produktion, Automatisierung und Logistik* Wiesbaden: Springer Fachmedien Wiesbaden.

Bayer, S. (2001). Nachhaltigkeit via Diskontierung? Zeitschrift für Wirtschafts- und Unternehmensethik (zfwu), 2(2), 257–261. https://doi.org/10.5771/1439-880X-2001-2-257.

Beltrami, M., Orzes, G., Sarkis, J., & Sartor, M. (2021). Industry 4.0 and sustainability: Towards conceptualization and theory. Journal of Cleaner Production, 312, 127733. https://doi.org/10.1016/j.jclepro.2021.127733.

Berkhout, F., & Hertin, J. (2004). De-materialising and re-materialising: digital technologies and the environment. FUTURES, 36(8), 903–920. https://doi.org/10.1016/j.futures.2004.01.003.

Berwald, A., Faninger, T., Bayramoglu, S., Tinetti, B., Mudgal, S., Stobbe, L., & Nissen, N. (2015). *Preparatory study for implementing measures of the Ecodesign Directive 2009/125/EC – DG ENTR Lot 9 – Enterprise servers and data equipment – Task 5: Environment & Economics – July 2015 – Final report*: Bio by Deloitte, Fraunhofer IZM.

Biedermann, H., & Topic, M. (2020). Digitalisierung im Kontext von Nachhaltigkeit und Klimawandel – Chancen und Herausforderungen für produzierende Unternehmen. In A. Sihn-Weber & F. Fischler (Hrsg.), CSR und Klimawandel – Unternehmenspotenziale und Chancen einer nachhaltigen und klimaschonenden Wirtschaftstransformation (S. 41–62). Berlin: Springer-Verlag.

Bischoff, J., Taphorn, C., Wolter, D., Braun, N., Fellbaum, M., Goloverov, A., . . . Scheffler, D. (2015). *Erschließen der Potentiale der Anwendung von „Industrie 4.0" im Mittelstand.* Mülheim an der Ruhr: Bischoff, Jürgen (agiplan).

Bonilla, S. H., Silva, H. R. O., Terra da Silva, M., Franco Gonçalves, R., & Sacomano, J. B. (2018). Industry 4.0 and Sustainability Implications: A Scenario-Based Analysis of the Impacts and Challenges. SUSTAINABILITY, 10(10), 3740. https://doi.org/10.3390/su10103740.

Bonvoisin, J., Lelah, A., Mathieux, F., & Brissaud, D. (2012). An environmental assessment method for wireless sensor networks. Journal of Cleaner Production, 33, 145–154. https://doi.org/10.1016/j.jclepro.2012.04.016.

Borchardt, I. (2020). *Entwicklung eines messdatenbasierten Prognosemodells für die Energie- und Stoffstrombilanzierung eines Holzverarbeitungsprozesses (Masterarbeit Ingenieurwissenschaften).* Technische Hochschule Rosenheim, Rosenheim.

Bounin, K., Eckhard, M., Hammerl, D., Krämer, G., Letsch, B., Nutsch, T., . . . Willgerodt, F. (2019). *Holztechnik Fachkunde* (25 Aufl.). Haan-Gruiten: Europa-Lehrmittel.

Brand, K.-W., & Jochum, G. (2000). *Der deutsche Diskurs zu nachhaltiger Entwicklung – Abschlussbericht eines DFG-Projekts zum Thema „Sustainable Development/Nachhaltige Entwicklung – Zur sozialen Konstruktion globaler Handlungskonzepte im Umweltdiskurs"* (Bd. MPS-Texte – Nr.1 / 2000). München: Münchner Projektgruppe für Sozialforschung * MPS e. V.

Brecher, C., Herfs, W., Özdemir, D., Obdenbusch, M., Nittinger, J., Wellmann, F., . . . Sittig, S. (2017). Die vernetzte Werkzeugmaschine. In G. Reinhart (Hrsg.), Handbuch Industrie 4.0 – Geschäftsmodelle, Prozesse, Technik (S. 341–378). München: Carl Hanser Verlag.

Brenzke, D., & Mietke, R. (2016). Rechnungswesen. In J. Härdler & T. Gonschorek (Hrsg.), Betriebswirtschaftslehre für Ingenieure – Lehr- und Praxisbuch (6 Aufl., S. 403–446). München: Carl Hanser Verlag.

Broy, M. (2010). Cyber-Physical Systems – Wissenschaftliche Herausforderungen bei der Entwicklung. In M. Broy (Hrsg.), Cyber-Physical Systems – Innovation durch software-intensive eingebettete Systeme (S. 17–32). Berlin, Heidelberg: Springer-Verlag.

Bundesumweltministerium, & Umweltbundesamt. (2001). *Handbuch Umweltcontrolling* (2 Aufl.). München: Verlag Vahlen.

Burger, A., Lang, A., & Müller, Y. (2017). Mögliche Veränderungen von System-Architekturen im Bereich der Produktion. In P. V. Andelfinger & T. Hänisch (Hrsg.), Industrie 4.0 – Wie cyber-physische Systeme die Arbeitswelt verändern (S. 57–68). Wiesbaden: Springer Gabler.

Burggräf, P., Dannapfel, M., Bertling, M., & Xu, T. (2018). *Return on CPS (RoCPS): An Evaluation Model to Assess the Cost Effectiveness of Cyber-Physical Systems for Small and Medium-Sized Enterprises.* Paper presented at the PICMET '18: Technology Management for Interconnected World, Honolulu.

Busse von Colbe, W., & Laßmann, G. (1991). *Betriebswirtschaftstheorie Band 1 – Grundlagen, Produktions- und Kostentheorie* (5 Aufl.). Berlin, Heidelberg: Springer-Verlag.

Chen, F., Schneider, J.-G., Yang, Y., Grundy, J., & He, Q. (2012). An Energy Consumption Model and Analysis Tool for Cloud Computing Environments. IEEE. https://doi.org/10.1109/GREENS.2012.6224255.

Chen, H.-M., Kuo, T.-C., & Chen, J.-L. (2022). Impacts on the ESG and financial performances of companies in the manufacturing industry based on the climate change related risks. Journal of Cleaner Production, 380(1), 134951. https://doi.org/10.1016/j.jclepro.2022.134951.

Chen, X., Despeisse, M., & Johansson, B. (2020). Environmental Sustainability of Digitalization in Manufacturing: A Review. SUSTAINABILITY, 12(24), 10298. https://doi.org/10.3390/su122410298.

Ching, T. N., Ghobakhloo, M., Iranmanesh, M., Maroufkhani, P., & Asadi, S. (2021). Industry 4.0 applications for sustainable manufacturing: A systematic literature review and a roadmap to sustainable development. Journal of Cleaner Production, 334, 130133. https://doi.org/10.1016/j.jclepro.2021.130133.

Colsman, B. (2016). *Nachhaltigkeitscontrolling – Strategien, Ziele, Umsetzung* (2 Aufl.). Wiesbaden: Springer Gabler.

Corsten, H., & Roth, S. (2012). Nachhaltigkeit als integriertes Konzept. In H. Corsten & S. Roth (Hrsg.), Nachhaltigkeit – Unternehmerisches Handeln in globaler Verantwortung (S. 1–14). Wiesbaden: Springer Gabler.

Corsten, H., & Roth, S. (2021). Nachhaltigkeit als integriertes Konzept. In H. Corsten & S. Roth (Hrsg.), Nachhaltigkeit – Unternehmerisches Handeln in globaler Verantwortung Kaiserslautern: Gabler Verlag Wiesbaden.

Czichos, H. (2015). *Mechatronik – Grundlagen und Anwendungen technischer Systeme* (3 Aufl.). Wiesbaden: Springer Vieweg.

Danos, A., & Boulouta, K. (2011). The Impact of Climate Change in the Modern Enterprise. International Journal of Knowledge Society Research, 2(3), 26–35. https://doi.org/10.4018/jksr.2011070103.

Deutscher Bundestag 13. Wahlperiode. (1998). *Abschlussbericht der Enquete-Kommission „Schutz des Menschen und der Umwelt – Ziele und Rahmenbedingungen einer nachhaltig zukunftsverträglichen Entwicklung“* (Bd. Drucksache 13/11200).

Deutscher Bundestag 14. Wahlperiode. (2002). *Unterrichtung durch die Bundesregierung: Umweltgutachten 2002 des Rates von Sachverständigen für Umweltfragen – Für eine neue Vorreiterrolle* (Bd. Drucksache 14/8792).

DIN 8580. (2022). *DIN 8580 Fertigungsverfahren – Begriffe, Einteilung*. Berlin: DIN Deutsches Institut für Normung e. V.

DIN 8589-6. (2003). *DIN 8589-6 Fertigungsverfahren Spanen – Teil 6: Sägen – Einordnung, Unterteilung, Begriffe*. Berlin DIN Deutsches Institut für Normung e. V.

DIN 8593-8. (2003). *Fertigungsverfahren Fügen – Teil 8: Kleben – Einordnung, Unterteilung, Begriffe*. Berlin: DIN Deutsches Institut für Normung e. V.

DIN EN 312. (2010). *DIN EN 312 – Spanplatten, Anforderungen*. Berlin: DIN Deutsches Institut für Normung e. V.

DIN EN 415-11. (2021). DIN EN 415-11 – Sicherheit von Verpackungsmaschinen In *Teil 11: Ermittlung von Effizienz und Verfügbarkeit*. Berlin: DIN Deutsches Institut für Normung e. V.

DIN EN 13986. (2015). *DIN EN 13986 Holzwerkstoffe zur Verwendung im Bauwesen Eigenschaften, Bewertung der Konformität und Kennzeichnung*. Berlin: DIN Deutsches Institut für Normung e. V.

DIN EN ISO 14008. (2021). *DIN EN ISO 14008 – Monetäre Bewertung von Umweltauswirkungen und damit verbundenen Umweltaspekten*. Berlin: DIN Deutsches Institut für Normung e. V.

DIN EN ISO 14031. (2021). DIN EN ISO 14031 – Umweltmanagement – Umweltleistungsbewertung – Leitlinien. In *Leitlinien*. Berlin: DIN Deutsches Institut für Normung e. V.

DIN EN ISO 14040. (2021). *DIN EN ISO 14040 Umweltmanagement – Ökobilanz – Grundsätze und Rahmenbedingungen*. Berlin: DIN Deutsches Institut für Normung e. V.

DIN EN ISO 14044. (2021). *DIN EN ISO 14044 – Umweltmanagement – Ökobilanz – Anforderungen und Anleitungen*. Berlin DIN Deutsches Institut für Normung e. V.

DIN EN ISO 14045. (2012). *DIN EN ISO 14045 – Umweltmanagement – Ökoeffizienzbewertung von Produktsystemen – Prinzipien, Anforderungen und Leitlinien*. Berlin: DIN Deutsches Institut für Normung e. V.

Drath, R. (2018). The digital Twin: The Evolution of a key concept of industry 4.0. visIT, 19. Jahr, 6–7.

Düsing, R. (2006). Knowledge Discovery in Databases – Begriff, Forschungsgebiet, Prozess und System. In P. Chamoni & P. Gluchowski (Hrsg.), Analytische Informationssysteme – Business Intelligence-Technologien und -Anwendungen (3 Aufl., S. 263–282). Berlin, Heidelberg: Springer.

Dyckhoff, H., & Spengler, S. T. (2010). *Produktionswirtschaft – Eine Einführung* (3 Aufl.). Berlin, Heidelberg: Springer-Verlag.

Eltkington, J. (1997). *Cannibals with forks – The Triple Bottom Line of 21st Century Business*. Oxford: Capstone Publishing.

Emec, S. (2013). Analyse von Potenzialen der Material- und Energieeffizienz in ausgewählten Branchen der Metall verarbeitenden Industrie. VDI ZRE Publikationen: Studien.

Erben, S. M. (2022). *Bewertung des Lastmanagementpotentials eines holzverarbeitenden Prozesses mittels Data Mining und Analytics (Masterarbeit Wirtschaftsingenieurwesen).* Technische Hochschule Rosenheim, Rosenheim.

Ewert, R., Wagenhofer, A., & Rohlfing-Bastian, A. (2023). *Interne Unternehmensrechnung* (9 Aufl.). Berlin: Springer Gabler.

Fayyad, U., Piatetsky-Shapiro, G., & Smyth, P. (1996). Knowledge Discovery and Data Mining: Towards a Unifying Framework. AAAI-Press, 82–88.

Feil, A. (2017). Aufbereitung fester Abfallstoffe. In M. Kranert (Hrsg.), Einführung in die Kreislaufwirtschaft Planung - Recht - Verfahren (5 Aufl., S. 189–252). Wiesbaden: Springer Vieweg.

Fieber, A. (2024). *Handbuch Nachhaltigkeit – Ziele, Klimawandel, Politik.* München: UVK Verlag.

Forstner, L., & Dümmler, M. (2014). Integrierte Wertschöpfungsnetzwerke – Chancen und Potenziale durch Industrie 4.0. e & i Elektrotechnik und Informationstechnik, 131(7), 199–201. https://doi.org/10.1007/s00502-014-0224-y.

Frischknecht, R. (2020). *Lehrbuch der Ökobilanzierung.* Berlin: Springer Spektrum.

Frochte, J. (2019). *Maschinelles Lernen – Grundlagen und Algorithmen in Phyten* (2 Aufl.). München: Carl Hanser Verlag.

Gessler, R. (2014). *Entwicklung Eingebetteter Systeme – Vergleich von Entwicklungsprozessen für FPGA- und Mikroprozessor-Systeme Entwurf auf Systemebene.* Wiesbaden: Springer Vieweg.

Gill, H. (2008). *From Vision to Reality: Cyber-Physical Systems.* Paper presented at the HCSS National Workshop on New Research Directions for High Confidence Transportation CPS: Automotive, Aviation, and Rail.

Götze, U. (2006). *Investitionsrechnung – Modelle und Analysen zur Beurteilung von Investitionsvorhaben* (5 Aufl.). Berlin: Springer-Verlag.

Grober, U. (2013a). *Die Erfindung der Nachhaltigkeit – Leben, Werk und Wirkung des Hans Carl von Carlowitz* (S. c. Carlowitz-Gesellschaft Aufl.). München: oekom verlag.

Grober, U. (2013b). Urtexte - Carlowitz und die Quellen unseres Nachhaltigkeitsbegriffs. Natur und Landschaft, 88(2), 46–71.

Gröger, J. (2020). *Digitaler CO2-Fußabdruck – Datensammlung zur Abschätzung von Herstellungsaufwand, Energieverbrauch und Nutzung digitaler Endgeräte und Dienste.* Berlin: Öko-Institut e. V.

Gronemann, S., & Döring, R. (2001). Nachhaltigkeit und Diskontierung. Zeitschrift für Wirtschafts- und Unternehmensethik (zfwu), 2(2), 232–256. https://doi.org/10.5771/1439-880X-2001-2-233.

Günther, T., & Fischer, J. (1999). Investitionsentscheidungen unter besonderer Berücksichtigung ökologischer Aspekte. In H.-G. Baum, A. G. Coenenberg, & E. Günther (Hrsg.), Betriebliche Umweltökonomie in Fällen, Band I: Anwendung betriebswirtschaftlicher Instrumente (S. 11–43). Berlin: Walter de Gruyter.

Hamberger, J. (2021). *Hans Carl von Carlowitz – Sylvicultura oeconomica oder Haußwirthliche Nachricht und Naturmäßige Anweisung zur Wilden Baum-Zucht.* München: oekom.

Hänisch, T. (2017). Grundlagen Industrie 4.0. In P. V. Andelfinger & T. Hänisch (Hrsg.), Industrie 4.0 Wie cyber-physische Systeme die Arbeitswelt verändern (S. 9–32). Wiesbaden: Springer Gabler.

Hankel, M. (2017). Unterwegs laufen zu lernen: Smarte Produkte und Lösungen explorativ und agil entwickeln. In T. Schulz (Hrsg.), Industrie 4.0 Potentiale erkennen und umsetzen (S. 127–150). Würzburg: Vogel Business Media.

Hanschke, I. (2018). *Digitalisierung und Industrie 4.0 – einfach und effektiv – Systematisch und lean die Digitale Transformation meistern.* München Carl Hanser Verlag.

Härdler, J., & Gonschorek, T. (2016). Anlagenwirtschaft. In J. Härdler & T. Gonschorek (Hrsg.), Betriebswirtschaft für Ingenieure – Lehr und Praxisbuch (6 Aufl., S. 140–197). München: Carl Hanser Verlag.

Hasenbein, M. (2023). *Mensch und KI in Organisationen: Einfluss und Umsetzung Künstlicher Intelligenz in wirtschaftspsychologischen Anwendungsfeldern.* Berlin, Heidelberg: Springer.

Henriques, A., & Richardson, J. (2004). Introduction: The Triple Bottom Line: Does it All Add Up? In A. Henriques & J. Richardson (Hrsg.), The Triple Bottom Line: Does it All Add Up? London, Sterling: Earthscan.

Hilty, L., Aebischer, B., & Rizzoli, A. (2014). Modeling and evaluating the sustainability of smart solutions. Environmental Modelling & Software, 56, 1–5. https://doi.org/10.1016/j.envsoft.2014.04.001.

Hilty, L., Lohmann, W., Behrendt, S., Evers-Wölk, M., Fichter, K., & Hintemann, R. (2015). *Grüne Software Ermittlung und Erschließung von Umweltschutzpotenzialen der Informations- und Kommunikationstechnik (Green IT) – Teilvorhaben 3: Potenzialanalyse zur Ressourcenschonung optimierter Softwareentwicklung und -einsatz.* Dessau-Roßlau: Umweltbundesamt.

Hinrichs, B. (2023). *Nachhaltigkeit als Unternehmensstrategie – Roadmap für unternehmerische Nachhaltigkeit & Innovation* (2 Aufl.). Freiburg, München, Stuttgart: Haufe Group.

Holzbaur, U. (2020). *Nachhaltige Entwicklung – Der Weg in eine lebenswerte Zukunft.* Wiesbaden: Springer.

Hoppe, G. (2017). High Performance Automation verbindet IT und Produktion. In B. Vogel-Heuser, T. Bauernhansl, & M. ten Hompel (Hrsg.), Handbuch Industrie 4.0 – Automatisierung (2 Aufl., S. 119–144). Berlin: Springer Vieweg.

Huber, M., & Oppermann, H. (2017). Machine Analytics – Wie aus Daten Werte für Industrie 4.0 entstehen. In T. Schulz (Hrsg.), Industrie 4.0 Potentiale erkennen und umsetzen (S. 215–238). Würzburg: Vogel Business Media GmbH.

Hübscher, M., & Mueller, M. (2001). Wo bleibt das Individuum in der Nachhaltigkeitsdebatte? Eine Integrative Ethik für eine Nachhaltige Entwicklung. Zeitschrift für Wirtschafts- und Unternehmensethik, 2(3), 365–384.

Hübschle, K. (2017). Big Data – Vom Hype zum realen Nutzen in der industriellen Anwendung. In T. Schulz (Hrsg.), Industrie 4.0 Potentiale erkennen und umsetzen (S. 189–193). Würzburg: Vogel Business Media.

Ibn-Mohammed, T., Mustapha, K. B., Abdulkareem, M., Ucles Fuensanta, A., Pecunia, V., & Dancer, C. E. J. (2023). Toward artificial intelligence and machine learning-enabled frameworks for improved predictions of lifecycle environmental impacts of functional materials and devices. MRS Communications, 13, 795–811. https://doi.org/10.1557/s43579-023-00480-w.

Icha, P., Lauf, T., & Kuhs, G. (2022). *Entwicklung der spezifischen Treibhausgas-Emissionen des deutschen Strommix in den Jahren 1990–2021.* Dessau-Roßlau: Umweltbundesamt.

IEA-EDGAR CO2. (2022). *a component of the EDGAR (Emissions Database for Global Atmospheric Research) Community GHG database version 7.0 (2022) including or based on data from IEA (2021) Greenhouse Gas Emissions from Energy (Luxembourg).* Verfügbar unter www.iea.org/data-and-statistics.

IVF Report 07004. (2007). *Lot 3 Personal Computers (desktops and laptops) and Computer Monitors – Final Report (Task 1–8).* Mölndal: IVF Industrial Research and Development Corporation.

Jamwal, A., Agrawal, R., Sharma, M., & Giallanza, A. (2021). Industry 4.0 Technologies for Manufacturing Sustainability: A Systematic Review and Future Research Directions. applied sciences, 11, 5725. https://doi.org/10.3390/app11125725.

Jena, C. M., Mishra, K. S., & Moharana, S. H. (2019). Application of Industry 4.0 to enhance sustainable manufacturing. SUSTAINABILITY, 39(1). https://doi.org/10.1002/ep.13360.

Kagermann, H., Wahlster, W., & Helbig, J. (2013). *Umsetzungsempfehlungen für das Zukunftsprojekt Industrie 4.0 – Abschlussbericht des Arbeitskreises Industrie 4.0.* Frankfurt/Main: Promotorengruppe Kommunikation der Forschungsunion Wirtschaft – Wissenschaft.

Kasemsap, K. (2018). Global Warming and Climate Change: Challenges and Impacts. In A. O. Gezerman, B. D. Corbacioglu, & B. R. Gurjar (Hrsg.), Effective Solutions to Pollution Mitigation for Public Welfare (S. 44–68). Hershey, New York, Beijing: IGI Global.

Kaufmann, T., & Forstner, L. (2014). Die horizontale Integration der Wertschöpfungskette in der Halbleiterindustrie – Chancen und Herausforderungen. In T. Bauernhansl, M. t. Hompel, & B. Vogel-Heuser (Hrsg.), Industrie 4.0 in Produktion, Automatisierung und Logistik – Anwendungen – Technologien – Migration (S. 359–368). Wiesbaden: Springer Vieweg.

Kern, E., Dick, M., Naumann, S., Guldner, A., & Johann, T. (2013). *Green software and green software engineering – definitions, measurements, and quality aspects.* Paper presented at the First International Conference on Information and Communication for Sustainability, Zürich.

Kinkel, S., & Richter, D. (2023). Strategische Optionen für resiliente Wertschöpfungsketten – Ein Vergleich lokal integrierter und global diversifizierter Alternativen. Industrie 4 0 Management, 4, 31–35. https://doi.org/10.30844/IM_23-4_31-35.

Klöpffer, W. (2010). Wirkungsabschätzungsmethoden und Querverbindungen im Rahmen der Ökobilanz – Unterschiede zum Risk Assessment. Environ Sci Eur, 22, 123–127. https://doi.org/10.1007/s12302-010-0114-9.

Kogler, M., & Keuschnigg, C. (2021). Politik und Wirtschaft im Wandel. In M. Kogler & C. Keuschnigg (Hrsg.), Die Wirtschaft im Wandel – Innovation, soziale Sicherheit, und Wohlfahrt (S. 3–16). Wiesbaden: Springer Gabler.

Kolk, A., & Pinkse, J. (2010). Business and Climate Change: Key Strategic and Policy Challenges. Amsterdam Law Forum. https://doi.org/10.37974/ALF.117.

Kolotzek, C. (2018). *Entwicklung einer nachhaltigkeitsorientierten Rohstoffbewertung zur Unterstützung von Entscheidungsprozessen in Unternehmen (Dissertation Mathematisch-Naturwissenschaftlich-Technischen Fakultät der Universität Augsburg).* Wiesbaden: Springer Gabler.

Koplin, J. (2005). *Nachhaltigkeit im Beschaffungsmanagement – Ein Konzept zur Integration von Umwelt- und Sozialstandards.* Wiesbaden: Deutscher Universitats-Verlag.

Krause, D. R., Vachon, S., & Klassen, R. D. (2009). Special Topic Forum on Sustainable Supply Chain Management: Introduction and Reflections on the Role of Purchasing Management. Journal of Supply Chain Management, 45(4), 18–25. https://doi.org/10.1111/j.1745-493X.2009.03173.x.

Krcmar, H. (2018). Charakteristika digitaler Transformation. In G. Oswald & H. Krcmar (Hrsg.), Digitale Transformation – Fallbeispiele und Branchenanalysen (S. 5–10). Wiesbaden: Springer Gabler.

Kritzinger, W., Karner, M., Traar, G., Henjes, J., & Sihn, W. (2018). Digital Twin in manufacturing: A categorical literature review and classification. IFAC-PapersOnLine, 51(11), 1016–1022. https://doi.org/10.1016/j.ifacol.2018.08.474.

Krommes, S., & Tomaschko, F. (2021). Chance für mehr Ressourceneffizienz: Methode der Wert- und Stoffstromanalyse im Kontext der digitalen Transformation bestehender Fertigungsanlagen. ZWF Zeitschrift für Wirtschaftlichen Fabrikbetrieb, 116(1–2), 58–63. https://doi.org/10.1515/zwf-2021-0012.

Krommes, S., & Tomaschko, F. (2023). Conceptual Framework of a Digital Twin Fostering Sustainable Manufacturing in a Brownfield Approach of Small Volume Production for SMEs. In H. Kohl, G. Seliger, & F. Dietrich (Hrsg.), Manufacturing Driving Circular Economy Proceedings of the 18th Global Conference on Sustainable Manufacturing, October 5–7, 2022, Berlin (S. 519–527). Cham: Springer.

Krüger, J., Vick, A., Chemnitz, M., Rosenstrauch, M., Hügle, J., Fechteler, M., & Blankenburg, M. (2017). Daten, Information und Wissen in Industrie 4.0 – Geschäftsmodelle, Prozesse, Technik. In G. Reinhart (Hrsg.), Handbuch Industrie 4.0 (S. 89–110). Carl Hanser Verlag: München.

Kuchler, F. (2020). *Entwicklung und Konzeption von Kennzahlen zum Monitoring und Benchmarking der Ressourceneffizienz eines holzverarbeitenden Prozesses auf Basis von Industrie 4.0 Technologien (Masterarbeit Ingenieurwissenschaften).* Technische Hochschule Rosenheim, Rosenheim.

Kuhn, T. (2017). Digitaler Zwilling. Informatik Spektrum 40(5), 440 – 444. https://doi.org/10.1007/s00287-017-1061-2.

Laney, D. (2001). *3D Data Management: Controlling Data Volume, Velocity, and Variety.* Stamford: META Group Research Note.

Lee, E. A., & Seshia, S. A. (2011). *Introduction to Embedded Systems – A Cyber-Physical Systems Approach*: LeeSeshia.org.

Liao, M., Kelley, S., & Yao, Y. (2019). Generating Energy and Greenhouse Gas Inventory Data of Activated Carbon Production Using Machine Learning and Kinetic Based Process Simulation. ACS Sustainable Chemistry & Engineering, 8, 1252–1261. https://doi.org/10.1021/acssuschemeng.9b06522.

Loew, T., Fichter, K., Müller, U., Schulz, W. F., & Strobel, M. (2003). *Ansätze der Umweltkostenrechnung im Vergleich – Vergleichende Beurteilung von Ansätzen der Umweltkostenrechnung auf ihre Eignung für die betriebliche Praxis und ihren Beitrag für eine ökologische Unternehmensführung.* Berlin: Umweltbundesamt.

Lukasik, K., & Stachowiak, T. (2020). Intelligent Management in the Age of Industry 4.0 – An Example of a Polymer Processing Company. Management and Production Engineering Review, 11(2), 38–49. https://doi.org/10.24425/mper.2020.133727.

Luo, Y. R., & Xu, W. (2023). Optimization of Panel Furniture Plates Rework Based on Intelligent Manufacturing. Bioresources, 18(3), 5198–5208. https://doi.org/10.15376/biores.18.3.5198-5208.

Maga, D., Hiebel, M., & Knermann, C. (2012). Comparison of two ICT solutions: desktop PC versus thin client computing. The International Journal of Life Cycle Assessment, 18(4), 861–871. https://doi.org/10.1007/s11367-012-0499-3.

Martens, H., & Goldmann, D. (2016). *Recyclingtechnik – Fachbuch für Lehre und Praxis* (2 Aufl.). Wiesbaden: Springer Vieweg.

Marwedel, P. (2008). *Eingebettete Systeme.* Berlin, Heidelberg: Springer-Verlag.

Meyer, C. (2011). *Betriebswirtschaftliche Kennzahlen und Kennzahlen Systeme* (6 Aufl.). Sternenfels: Verlag Wissenschaft und Praxis.

Mittermaier, B. (2019). *Entwicklung und Anwendung eines parametrisierten Sachbilanzierungsmodells einer Holzbearbeitungsmaschine zur Ökobilanzierung mittels realer Prozessdaten im Rahmen von Industrie 4.0 (Bachelorarbeit Holztechnik).* Technische Hochschule Rosenheim, Rosenheim.

Mockenhaupt, A. (2021). *Künstliche Intelligenz in der Produktion – Grundlagen und Anwendung.* Wiesbaden: Springer Vieweg.

Mosch, C. (2017). Die digital vernetze Zukunft des Maschinen- und Anlagenbaus. In T. Schulz (Hrsg.), Industrie 4.0 – Potentiale erkennen und umsetzen (S. 51–54). Würzburg: Vogel Business Media.

Nagel, M., Mieke, C., & Teuber, S. (2020). *Methodenhandbuch der Betriebswirtschaft* (2 Aufl.). München: UVK Verlag.

Neligan, A., & Schmitz, E. (2017). *IW-Report 3/2017 – Digitale Strategien für mehr Materialeffizienz in der Industrie – Ergebnisse aus dem IW-Zukunftspanel.* Köln: Institut der deutschen Wirtschaft.

Niebauer, J., & Riemath, A. (2017). Wandel des klassischen Büroarbeitsplatzes. In V. P. Andelfinger & T. Hänisch (Hrsg.), Industrie 4.0 – Wie cyber-physische Systeme die Arbeitswelt verändern (S. 215–227). Wiesbaden: Springer Gabler.

Obermaier, R. (2017). Industrie 4.0 als unternehmerische Gestaltungsaufgabe – Strategische und operative Handlungsfelder für Industriebetriebe. In R. Obermaier (Hrsg.), Industrie 4.0 als unternehmerische Gestaltungsaufgabe (2 Aufl., S. 3–34). Wiesbaden: Springer Gabler.

Oberneder, M. (2021). *Industrie 4.0: Entwicklung und Implementierung eines Kennzahlenmodells zur Bewertung der Ressourceneffizienz eines Fertigungsprozesses mittels eines Digitalen Zwillings (Bachelorarbeit Wirtschaftsingenieurwesen).* Technische Hochschule Rosenheim, Rosenheim.

Okereke, C., Wittneben, B., & Bowen, F. (2012). Climate Change: Challenging Business, Transforming Politics. Business & Society, 51(1), 7–30. https://doi.org/10.1177/000765 0311427659.

Oláh, J., Aburumman, N., Popp, J., Kahn, M. A., Haddad, H., & Kitukutha, N. (2020). Impact of Industry 4.0 on Environmental Sustainability. SUSTAINABILITY, 12(11). https://doi.org/10.3390/su12114674.

Oswald, G., & Krcmar, H. (2022). *Digitale Transformation – Fallbeispiele und Branchenanalysen* (H. Krcmar Aufl. 2 Aufl.). Wiesbaden: Springer Gabler.

Ovtcharova, J., & Grethler, M. (2018). Beyond the digital twin – making analytics come alive. visIT, 19, 4–5.

Pater, J., & Stadnicka, D. (2021). Towards Digital Twins Development and Implementation to Support Sustainability – Systematic Literature Review. Management and Production Engineering Review, 12(3), 63–73. https://doi.org/10.24425/mper.2021.138531.

Pawellek, G. (2014). *Ganzheitliche Fabrikplanung – Grundlagen, Vorgehensweise, EDV-Unterstützung* (2 Aufl.). Berlin, Heidelberg: Springer Vieweg.

Petersen, T. (2025). *Markt- und Staatsversagen*. München: UVK Verlag.

Pistorius, J. (2020). *Industrie 4.0 – Schlüsseltechnologien für die Produktion – Grundlagen, Potenziale, Anwendungen*. Berlin: Springer Vieweg.

Przyborski, A., & Wohlrab-Sahr, M. (2014). *Qualitative Sozialforschung: Ein Arbeitsbuch*. München: Oldenbourg Wissenschaftsverlag.

Regulin, D., & Vogel-Heuser, B. (2024). Agentenorientierte Verknüpfung existierender heterogener automatisierter Produktionsanlagen durch mobile Roboter zu einem Industrie-4.0-System. In B. Vogel-Heuser, M. ten Hompel, & T. Bauernhansl (Hrsg.), Handbuch Industrie 4.0 – Band 2: Automatisierung (3 Aufl., S. 363–388). Berlin: Springer Vieweg.

Reichelt, L. (2023). *Sachbilanz eines digitalisierten Fertigungsprozesses: Datenerhebung und Parametrisierung zur allgemein gültigen Verwendung in einer Ökobilanz (Masterarbeit Wirtschaftsingenieurwesen)*. Technische Hochschule Rosenheim, Rosenheim.

Renner, I., & Klöpffer, W. (2005). *Untersuchung der Anpassung von Ökobilanzen an spezifische Erfordernisse biotechnischer Prozesse und Produkte*. Berlin: Umweltbundesamt.

Richtlinie 2009/125/EG. (2012). *Richtlinie 2009/125/EG des Europäischen Parlaments und des Rates vom 21. Oktober 2009 zur Schaffung eines Rahmens für die Festlegung von Anforderungen an die umweltgerechte Gestaltung energieverbrauchsrelevanter Produkte*: Das Europäische Parlament und der Rat der Europäischen Union.

Richtlinie 2012/19/EU. (2012). *Richtlinie 2012/19/EU des Europäischen Parlaments und des Rates vom 4. Juli 2012 über Elektro- und Elektronik-Altgeräte*: Das Europäische Parlament und der Rat der Europäischen Union.

Rogall, C., Mennenga, M., Herrmann, C., & Thiede, S. (2022). Systematic Development of Sustainability-Oriented Cyber-Physical Production Systems. SUSTAINABILITY, 14(4), 2080. https://doi.org/10.3390/su14042080.

Runkler, A. T. (2015). *Data Mining – Modelle und Algorithmen intelligenter Datenanalyse* (2 Aufl.). Wiesbaden: Springer Vieweg.

Sailer, U. (2015). Controlling. In D. Ernst & U. Sailer (Hrsg.), Sustainable Business Management (S. 175–192). Konstanz: UVK Verlagsgesellschafts.

Sailer, U. (2020). *Nachhaltigkeitscontrolling* (3 Aufl.). München: UVK Verlag.

Sauer, O. (2018). The digital twin – a key technology for Industrie 4.0. visIT, 19, 8–9.

Schaltegger, S., & Sturm, A. (2000). *Ökologieorientierte Entscheidungen in Unternehmen – Ökologisches Rechnungswesen statt Ökobilanzierung: Notwendigkeit, Kriterien, Konzepte* (3 Aufl.). Bern.

Schebek, L., Kannengießer, J., Campitelli, A., Fischer, J., Abele, E., Bauerdick, C., . . . Bergweiler, S. (2017). *Ressourceneffizienz durch Industrie 4.0: Potenziale für KMU des verarbeitenden Gewerbes*. Berlin: VDI Zentrum Ressourceneffizienz GmbH (VDI ZRE).

Schmidheiny, S. (1992). *Kurs-Wechsel – Globale unternehmerische Perspektiven für Entwicklung und Umwelt* München: Artemis & Winkler Verlag.

Schneider, A. (2015). Reifegradmodell CSR – eine Begriffsklärung und -abgrenzung. In A. Schneider & R. Schmidpeter (Hrsg.), Corporate Social Responsibility – Verantwortungsvolle Unternehmensführung in Theorie und Praxis (2 Aufl., S. 21–42). Berlin, Heidelberg: Springer Gabler.

Schnell, H. (2015). Kennzahlen zur Effizienzsicherung in der Produktion. In A. Klein (Hrsg.), Unternehmenssteuerung mit Kennzahlen – Auswahl, Ermittlung, Analyse, Kommunikation (S. 87–110). Freiburg, München: Haufe-Lexware.

Schuster, T., & Rüdt von Collenberg, L. (2017). *Investitionsrechnung: Kapitalwert, Zinsfuß, Annuität, Amortisation.* Mannheim: Springer-Verlag GmbH Deutschland.

Seitz, M. (2012). *Speicherprogrammierbare Steuerungen für die Fabrik- und Prozessautomation – Strukturierte und objektorientierte SPS-Programmierung, Motion Control, Sicherheit, vertikale Integration* (3 Aufl.). München: Carl Hanser Verlag.

Shearer, C. (2000). The CRISP-DM Model: The New Blueprint for Data Mining Journal of Data Warehousing, 5(4), 13–22.

Sienkiewicz-Malyjurek, K. (2013). Impact of Climate Changes on the European Industry. METALURGIJA 53(2), 254–256.

Siepmann, D. (2016). Industrie 4.0 – Struktur und Historie. In A. Roth (Hrsg.), Einführung und Umsetzung von Industrie 4.0 – Grundlagen, Vorgehensmodell und Use Cases aus der Praxis (S. 17–34). Berlin, Heidelberg: Springer Gabler.

Sony, M. (2020). Pros and cons of implementing Industry 4.0 for the organizations: a review and synthesis of evidence. Production & Manufacturing Research, 8(1), 244–272. https://doi.org/10.1080/21693277.2020.1781705.

Spath, D., Ganschar, O., Gerlach, S., Hämmerle, M., Krause, T., & Schlund, S. (2013). *Produktionsarbeit der Zukunft – Industrie 4.0.* Stuttgart: Frauenhofer-Verlag.

Statistisches Bundesamt. (2020). *Produzierendes Gewerbe. Kostenstruktur der Rechtlichen Einheiten des Verarbeitenden Gewerbes sowie des Bergbaus und der Gewinnung von Steinen und Erden 2018 (Fachserie 4 Reihe 4.3)*: Statistisches Bundesamt.

Steger, J. (2017). *Kennzahlen und Kennzahlensysteme* (3 Aufl.). Herne: NWB Verlag.

Stock, T., & Seliger, G. (2016). Opportunities of Sustainable Manufacturing in Industry 4.0. Procedia CIRP, 40, 536–541. https://doi.org/10.1016/j.procir.2016.01.129.

Suleiman, Z., Shaiholla, S., Dikhanbayeva, D., Shehab, E., & Turkyilmaz, A. (2022). Industry 4.0: Clustering of concepts and characteristics. Cogent Engineering, 9(1). https://doi.org/10.1080/23311916.2022.2034264.

Suter, P., & Hofstetter, P. (1989). Die ökologische Rückzahlungsdauer: ein Instrument der Umwelttechnik. Schweizer Ingenieur und Architekt, 107(49), 1342–1346.

Tesch da Silva, F. S., da Costa, C. A., Paredes Crovato, C. D., & da Rosa Righi, R. (2020). Looking at energy through the lens of Industry 4.0: A systematic literature review of concerns and challenges. Computers & Industrial Engineering, 143, 106426. https://doi.org/10.1016/j.cie.2020.106426.

Thiede, S. (2018). Environmental Sustainability of Cyber Physical Production Systems. Procedia CIRP, 69, 644–649. https://doi.org/10.1016/j.procir.2017.11.124.

Tomaschko, F., Annan, K., & Krommes, S. (2022). Digitalisierung der Produktion: Ganzheitliche Bewertung: Kennzahlen zur ökonomischen Bewertung der Digitalisierung in der Produktion (Brownfield-Ansatz). Zeitschrift für wirtschaftlichen Fabrikbetrieb, 117, 321–326. https://doi.org/10.1515/zwf-2022-1050.

Tomaschko, F., & Krommes, S. (2023). Holistic Approach to the Ecological Evaluation of Digitalization Systems in the Production Environment. In H. Kohl, G. Seliger, & F. Dietrich (Hrsg.), Manufacturing Driving Circular Economy Proceedings of the 18th Global Conference on Sustainable Manufacturing, October 5–7, 2022, Berlin (S. 883–891). Cham: Springer.

Tomaschko, F., Reichelt, L., & Krommes, S. (2024). Digitalisation of Manufacturing Systems: A Literature Review of Approaches to Assess the Sustainability of Digitalisation Technologies in Production Systems. SUSTAINABILITY, 16(15), 6275. https://doi.org/10.3390/su16156275.

Trojan, W. (2017). *Das MQTT-Praxisbuch.* Aachen: Elektor Verlag.

Tschiggerl, K., & Topic, M. (2018). Potenziale durch Industrie 4.0 zur Steigerung der Ressourceneffizienz. WINGbusiness, 51(1/2018), 25–28.

Tu, M., Lim, M. K., & Yang, M.-F. (2018). IoT-based production logistics and supply chain system – Part 2 IoT-based cyber-physical system: a framework and evaluation. INDUSTRIAL MANAGEMENT & DATA SYSTEMS, 118(1), 96–125. https://doi.org/10.1108/IMDS-11-2016-0504.

Umweltbundesamt. (2024). Kohlendioxid-Emissionen. Verfügbar unter https://www.umweltbundesamt.de/daten/klima/treibhausgas-emissionen-in-deutschland/kohlendioxid-emissionen#kohlendioxid-emissionen-im-vergleich-zu-anderen-treibhausgasen.

VDI 2206. (2004). *VDI 2206 – Entwicklungsmethodik für mechatronische Systeme* Düsseldorf: Verein Deutscher Ingenieure e. V.

VDI 4070. (2016). *VDI 4070 – Nachhaltiges Wirtschaften in kleinen und mittelständischen Unternehmen – Anleitung zum nachhaltigen Wirtschaften.* Düsseldorf: Verein Deutscher Ingenieure e. V.

VDI 4800 Blatt 1. (2016). *VDI 4800 Blatt 1 Ressourceneffizienz – Methodische Grundlagen, Prinzipien und Strategien.* Düsseldorf: Verein Deutscher Ingenieure e. V.

VDI 5200. (2011). *VDI 5200 Fabrikplanung – Planungsvorgehen.* Düsseldorf: Verein Deutscher Ingenieure e. V.

VDI / VDE-Gesellschaft Mess- und Automatisierungstechnik. (2013). *Cyber-Physical Systems: Chancen und Nutzen aus Sicht der Automation.* Düsseldorf: Verein Deutscher Ingenieure e. V.

VDI-MT 3800. (2023). *VDI-MT 3800 – Ermittlung der Aufwendungen für Maßnahmen zum betrieblichen Umweltschutz.* Düsseldorf: Verein Deutscher Ingenieure e. V.

Vereinte Nationen. (1992). Agenda 21 – Konferenz der Vereinten Nationen für Umwelt und Entwicklung.

Verl, A., & Lechler, A. (2014). Steuerung aus der Cloud. In T. Bauernhansl, M. ten Hompel, & B. Vogel-Heuser (Hrsg.), Industrie 4.0 in Produktion, Automatisierung und Logistik – Anwendungen – Technologien – Migration (S. 235–247). Wiesbaden: Springer Vieweg.

Voegele, A. A., & Sommer, L. (2012). *Kosten- und Wirtschaftlichkeitsrechnung für Ingenieure – Kostenmanagement im Engineering.* München: Carl Hanser Verlag.

Vollmar, B. H. (2022). Controlling und Nachhaltigkeit. In W. Becker & P. Ulrich (Hrsg.), Praxishandbuch Controlling (2 Aufl., S. 1095–1133). Wiesbaden: Springer Gabler.

von Hauff, M. (2021). *Nachhaltige Entwicklung – Grundlagen und Umsetzung* (3 Aufl.). Oldenburg: De Gruyter.

Vrchota, J., Pech, M., Rolínek, L., & Bednár, J. (2020). Sustainability Outcomes of Green Processes in Relation to Industry 4.0 in Manufacturing: Systematic Review. SUSTAINABILITY, 12(15), 5968. https://doi.org/10.3390/su12155968.

Wagenführ, A., Scholz, F., Emmler, R., Faix, O., Gittel, H.-J., Gottlöber, C., . . . Wagenführ, R. (2012). *Taschenbuch der Holztechnik* (A. Wagenführ & F. Scholz Eds. 2 Aufl.). München: Carl Hanser Verlag.

Weber, J., Georg, J., Janke, R., & Mack, S. (2012). *Nachhaltigkeit und Controlling*. Weinheim: Wiley-VCH Verlag.

Wellbrock, W., Ludin, D., & Krauter, S. (2020). *Nachhaltigkeitscontrolling – Instrumente und Kennzahlen für die strategische und operative Unternehmensführung*. Wiesbaden: Springer Gabler.

Wenker, L. J. (2015). *Ökobilanzierung komplexer Holzprodukte am Beispiel industriell hergestellter Möbel (Dissertation Fakultät Wissenschaftszentrum Weihenstephan für Ernährung, Landnutzung und Umwelt)*. Technischen Universität München, München.

Westermann, T. (2017). *Systematk zur Reifegradmodell-basierten Planung von Cyber-Physical Systems des Maschinen- und Anlagenbaus (Dissertation Fakultät Maschinenbau)*. (Dr.-Ing. Dissertation). Universität Paderborn, Paderborn.

Wischmann, S., Wangler, L., & Botthof, A. (2015). *Industrie 4.0 – Volks- und betriebswirtschaftliche Faktoren für den Standort Deutschland*. Berlin: Bundesministerium für Wirtschaft und Energie (BMWi).

Wöltje, J. (2017). *Investition und Finanzierung – Grundlagen, Verfahren, Übungsaufgaben und Lösungen* (2 Aufl.). Freiburg: Haufe-Lexware.

Wöltje, J. (2022). *Kosten- und Leistungsrechnung – Alle Verfahren und Systeme auf einen Blick* (3 Aufl.). Freiburg, München, Stuttgart: Haufe Group.

Zimmermann, M. F. (2016). Was ist Nachhaltigkeit – eine Perspektivenfrage? In M. F. Zimmermann (Hrsg.), Nachhaltigkeit wofür? – Von Chancen und Herausforderungen für eine nachhaltige Zukunft (S. 1–24). Berlin, Heidelberg: Springer Spektrum.

Kolibri 360 GmbH
Ferdinand-Jühlke-Straße 7
99095 Erfurt, Deutschland
produktsicherheit@kolibri360.de